“十三五”国家重点出版物出版规划项目

线性代数

杜　红　张向华　姜文彪　编
母丽华　主审

机械工业出版社

本书的编写符合教育部颁发的工科本科线性代数课程教学大纲的基本要求。全书共分5章：第1章，行列式；第2章，矩阵及其初等变换；第3章，线性方程组；第4章，矩阵的特征值和二次型；第5章，线性空间与线性变换，每节末配有练习，章末配有两套综合练习，书末附有习题答案。书中第1至4章的教学学时约为40学时，第5章可供对数学要求较高的专业选用。

本书可作为大学工科专业的基础课教材，也可作为科技人员的参考书。

图书在版编目（CIP）数据

线性代数/杜红，张向华，姜文彪编. —北京：机械工业出版社，2018.4（2020.1重印）
“十三五”国家重点出版物出版规划项目
ISBN 978-7-111-58923-5

Ⅰ.①线… Ⅱ.①杜…②张…③姜… Ⅲ.①线性代数-高等学校-教材 Ⅳ.①O151.2

中国版本图书馆CIP数据核字（2018）第003223号

机械工业出版社（北京市百万庄大街22号 邮政编码100037）
策划编辑：韩效杰 责任编辑：韩效杰 汤 嘉
责任校对：陈 越 封面设计：鞠 杨
责任印制：孙 炜
保定市中画美凯印刷有限公司印刷
2020年1月第1版第2次印刷
184mm×260mm·12.5印张·232千字

标准书号：ISBN 978-7-111-58923-5
定价：32.00元

凡购本书，如有缺页、倒页、脱页，由本社发行部调换

电话服务	网络服务
服务咨询热线：010-88379833	机 工 官 网：www.cmpbook.com
读者购书热线：010-88379649	机 工 官 博：weibo.com/cmp1952
	教育服务网：www.cmpedu.com
封面无防伪标均为盗版	金 书 网：www.golden-book.com

前　　言

“线性代数”在高等理工科学校的教学计划中是一门必修的基础理论课。本书的编写是以国家精品在线开放课程建设为契机，注重结合学生专业背景，立足应用，由授课教师结合多年的教学经验及课程建设成果编写而成的，适合于一般高等理工科院校各专业的学生使用。

本书符合教育部颁发的工科本科线性代数课程教学大纲的基本要求。编者注重知识点之间的衔接和基本理论知识的引入。针对线性代数应用性强这一特点，注重对基础知识的应用，进而提高学生应用理论知识解决实际问题的能力。本书每节末配有练习，利于学生对基础知识和基本概念的理解。每章末配有两套综合练习，重在考查综合运用基本知识解决问题的能力。同时，还介绍了行列式、二次型等历史发展过程及数学家的轶事，在带有一定趣味性的同时激发学生的兴趣，并使学生能了解数学的历史。

本书的编写受到了哈尔滨工业大学、佳木斯大学等院校老师的帮助和支持，他们对教材的编写提出了宝贵的意见，谨在此表示衷心的感谢。编者付出了很多努力，但由于水平有限，书中存在着一定的欠缺和不足，恳请各位同行不吝指正，从而使我们更明确教材中的短长，进而扬长避短，改进教学。

编　者

目　　录

第 1 章

行列式

行列式的理论起源于线性方程组，它是一个重要的数学工具，在数学的许多分支及其他学科的研究中都有广泛的应用．本章主要介绍全排列、逆序数、n 阶行列式的定义，研究 n 阶行列式的性质、计算方法及用行列式求解 n 元线性方程组的克拉默法则等内容．

1.1 二阶行列式和三阶行列式

1.1.1 二阶行列式

在许多实际问题中，人们常常会遇到求解线性方程组的问题．我们在初等数学中曾经学过如何求解二元一次方程组和三元一次方程组．例如，二元一次方程组

$$\begin{cases} a_{11}x_1 + a_{12}x_2 = b_1, \\ a_{21}x_1 + a_{22}x_2 = b_2. \end{cases} \tag{1.1}$$

其中 x_i（$i=1,2$）表示未知量，a_{ij}（$i=1,2$；$j=1,2$）表示未知量的系数，b_i（$i=1,2$）表示常数项．当 $a_{11}a_{22}-a_{12}a_{21}\neq 0$ 时，用消元法可求得方程组（1.1）的唯一解

$$\begin{cases} x_1 = \dfrac{b_1a_{22}-b_2a_{12}}{a_{11}a_{22}-a_{12}a_{21}}, \\ x_2 = \dfrac{a_{11}b_2-a_{21}b_1}{a_{11}a_{22}-a_{12}a_{21}}. \end{cases} \tag{1.2}$$

观察式（1.2）的特点，式中分子、分母都是四个数分两对相乘再相减而得．其中分母是由方程组（1.1）的四个系数确定，把这四个数按它们在方程组（1.1）中的位置，做两行两列的数表

$$\begin{matrix} a_{11} & a_{12} \\ a_{21} & a_{22} \end{matrix} \tag{1.3}$$

定义 1.1 代数和 $a_{11}a_{22}-a_{12}a_{21}$ 称为数表（1.3）的二阶行列式（second order determinant）. 记作

$$\begin{vmatrix} a_{11} & a_{12} \\ a_{21} & a_{22} \end{vmatrix} = a_{11}a_{22}-a_{12}a_{21}. \tag{1.4}$$

其中 a_{ij}（$i=1,2$；$j=1,2$）称为行列式的元素. a_{ij} 的下标 i 表示它所在行的序号，称为行标，j 表示它所在列的序号，称为列标.

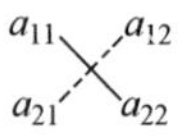

图 1.1

二阶行列式的计算可遵循如图 1.1 所示的对角线法则（diagonal principle），图 1.1 中实线称为行列式的主对角线，虚线称为行列式的副对角线，二阶行列式的值等于它的主对角线上两个元素的乘积减去副对角线上两个元素的乘积.

根据二阶行列式的定义，方程组（1.1）的唯一解可用行列式表示为

$$x_1=\frac{\begin{vmatrix} b_1 & a_{12} \\ b_2 & a_{22} \end{vmatrix}}{\begin{vmatrix} a_{11} & a_{12} \\ a_{21} & a_{22} \end{vmatrix}}, \qquad x_2=\frac{\begin{vmatrix} a_{11} & b_1 \\ a_{21} & b_2 \end{vmatrix}}{\begin{vmatrix} a_{11} & a_{12} \\ a_{21} & a_{22} \end{vmatrix}}.$$

若记

$$D=\begin{vmatrix} a_{11} & a_{12} \\ a_{21} & a_{22} \end{vmatrix}, \quad D_1=\begin{vmatrix} b_1 & a_{12} \\ b_2 & a_{22} \end{vmatrix}, \quad D_2=\begin{vmatrix} a_{11} & b_1 \\ a_{21} & b_2 \end{vmatrix},$$

则当 $D\neq 0$ 时，方程组（1.1）的唯一解可简单表示为 $x_j=\dfrac{D_j}{D}$（$j=1$，2）.

其中 D 称作方程组（1.1）的系数行列式，D_j（$j=1,2$）就是用方程组的常数列代替系数行列式的第 j 列所得的行列式.

例 1.1 求解方程组 $\begin{cases} 2x_1-x_2=5, \\ 3x_1+2x_2=11. \end{cases}$

解 计算二阶行列式

$D=\begin{vmatrix} 2 & -1 \\ 3 & 2 \end{vmatrix}=7$，$D_1=\begin{vmatrix} \underline{\quad} & -1 \\ 11 & \underline{\quad} \end{vmatrix}=21$，$D_2=\begin{vmatrix} 2 & 5 \\ 3 & \underline{\quad} \end{vmatrix}=7$，由于 $D=7\neq 0$，方程组有唯一解 $x_1=\dfrac{D_1}{D}=3$，$x_2=\dfrac{\underline{\quad}}{D}=1$.

例 1.2 设 $D=\begin{vmatrix} \lambda^2 & \lambda \\ 3 & 1 \end{vmatrix}$，问：（1）当 λ 为何值时 $D=0$，（2）当 λ 为何值时 $D\neq 0$?

解
$$D=\begin{vmatrix} \lambda^2 & \lambda \\ 3 & 1 \end{vmatrix}=\lambda^2-3\lambda,$$

若 $\lambda^2-3\lambda=0$，则 $\lambda=0$ 或 $\lambda=3$. 因此可得

（1）当 $\lambda=0$ 或 $\lambda=3$ 时，$D=0$；（2）当 $\lambda\neq 0$，$\lambda\neq 3$ 时，$D\neq 0$.

1.1.2 三阶行列式

类似地，对于三元一次方程组

$$\begin{cases} a_{11}x_1 + a_{12}x_2 + a_{13}x_3 = b_1, \\ a_{21}x_1 + a_{22}x_2 + a_{23}x_3 = b_2, \\ a_{31}x_1 + a_{32}x_2 + a_{33}x_3 = b_3. \end{cases} \tag{1.5}$$

用消元法求方程组的解．我们引入三阶行列式的定义．把方程组（1.5）的 9 个系数做成三行三列的数表

$$\begin{matrix} a_{11} & a_{12} & a_{13} \\ a_{21} & a_{22} & a_{23} \\ a_{31} & a_{32} & a_{33} \end{matrix} \tag{1.6}$$

定义 1.2 代数和

$a_{11}a_{22}a_{33} + a_{12}a_{23}a_{31} + a_{13}a_{21}a_{32} - a_{11}a_{23}a_{32} - a_{12}a_{21}a_{33} - a_{13}a_{22}a_{31}$ 称为数表（1.6）的三阶行列式的值，记作

$$\begin{vmatrix} a_{11} & a_{12} & a_{13} \\ a_{21} & a_{22} & a_{23} \\ a_{31} & a_{32} & a_{33} \end{vmatrix} = a_{11}a_{22}a_{33} + a_{12}a_{23}a_{31} + a_{13}a_{21}a_{32} - a_{11}a_{23}a_{32} - a_{12}a_{21}a_{33} - a_{13}a_{22}a_{31}. \tag{1.7}$$

为了便于记忆，三阶行列式的计算可采用如图 1.2 所示的对角线法则．

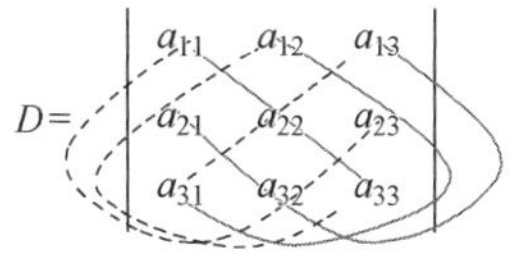

图 1.2 对角线法则

三条实线看作是平行于主对角线的连线，实线上的三个元素的乘积赋予"+"号，三条虚线看作是平行于副对角线的连线，虚线上的三个元素的乘积赋予"-"号．

三阶行列式的计算也可采用如图 1.3 所示的**添补法**．

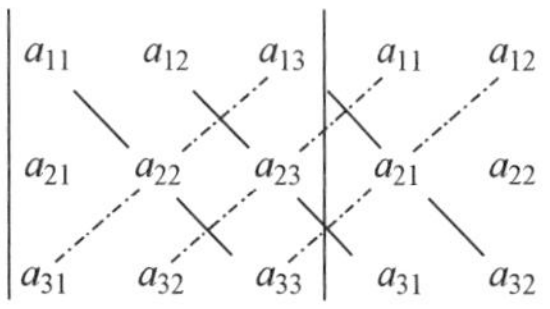

图 1.3 添补法

三条实线上的三个元素的乘积赋予"+"号，三条虚线上的三个元素的乘积赋予"-"号．

例 1.3 计算三阶行列式 $D = \begin{vmatrix} 2 & -4 & 1 \\ 1 & -5 & 3 \\ 1 & -1 & 1 \end{vmatrix}$．

解 $D = 2\times(-5)\times1 + (-4)\times3\times1 + 1\times1\times$ ___ $-1\times$ ___ $\times1 - (-4)\times1\times1 - 2\times(-1)\times3 = -8.$

例 1.4 求解方程

$$\begin{vmatrix} 1 & 1 & 1 \\ 2 & 3 & x \\ 4 & 9 & x^2 \end{vmatrix} = 0.$$

解 方程左端的三阶行列式

$D = 3x^2 + 4x + 18$ _____ $- 2x^2$ ___

$= x^2 - 5x + 6,$

由 $x^2-5x+6=0$，解得 $x=$____或 $x=$____.

练习1

一、选择题

1. 与行列式 $\begin{vmatrix} 2 & 1 \\ -1 & 3 \end{vmatrix}$ 的值相等的是（　　）.

(A) $\begin{pmatrix} 2 & -1 \\ 1 & 3 \end{pmatrix}$；　(B) $\begin{vmatrix} 2 & -1 & 0 \\ 1 & 3 & 0 \\ 0 & 1 & 0 \end{vmatrix}$；

(C) $\begin{pmatrix} -2 & 1 \\ 1 & 3 \end{pmatrix}$；　(D) $\begin{vmatrix} 2 & -1 \\ 1 & 3 \end{vmatrix}$.

2. 行列式 $\begin{vmatrix} 0 & 0 & 1 \\ 0 & 1 & 0 \\ -1 & 0 & 1 \end{vmatrix}$ 的值等于（　　）.

(A) 1；　(B) -1；　(C) 0；　(D) 2.

3. 方程 $\begin{vmatrix} x & 3 & 4 \\ -1 & x & 0 \\ 0 & x & 1 \end{vmatrix}=0$ 的根是（　　）.

(A) $x_1=1$，$x_2=3$；　(B) $x_1=2$，$x_2=3$；

(C) $x_1=0$，$x_2=1$；　(D) $x_1=-1$，$x_2=1$.

4. 行列式 $\begin{vmatrix} k-1 & 2 \\ 2 & k-1 \end{vmatrix}\neq 0$ 的充要条件是（　　）.

(A) $k\neq -2$ 且 $k\neq -3$；　(B) $k\neq -1$ 且 $k\neq 3$；

(C) $k\neq 1$ 且 $k\neq -3$；　(D) $k=-1$ 且 $k=3$.

二、填空题

1. 二阶行列式的代数和共________项，每一项是________个元素乘积，三阶行列式的代数和共________项，每一项是________个元素乘积.

2. 已知二元线性方程组 $\begin{cases} a_{11}x_1+a_{12}x_2=b_1, \\ a_{21}x_1+a_{22}x_2=b_2, \end{cases}$ 称 $\begin{vmatrix} a_{11} & a_{12} \\ a_{21} & a_{22} \end{vmatrix}$ 是方程组的________行列式.

3. 若行列式 $\begin{vmatrix} 3 & -4 \\ 9 & a \end{vmatrix}\geqslant 0$，则 a 应满足________.

4. 三阶行列式 $D_3=\begin{vmatrix} x & y & z \\ z & x & y \\ y & z & x \end{vmatrix}=$________.

1.2 全排列及其逆序数

观察二阶行列式和三阶行列式

$$\begin{vmatrix} a_{11} & a_{12} \\ a_{21} & a_{22} \end{vmatrix} = a_{11}a_{22} - a_{12}a_{21},$$

$$\begin{vmatrix} a_{11} & a_{12} & a_{13} \\ a_{21} & a_{22} & a_{23} \\ a_{31} & a_{32} & a_{33} \end{vmatrix} = a_{11}a_{22}a_{33} + a_{12}a_{23}a_{31} + a_{13}a_{21}a_{32} - a_{11}a_{23}a_{32} - a_{12}a_{21}a_{33} - a_{13}a_{22}a_{31},$$

可以发现二阶、三阶行列式的项数与行（列）标的排列有关，而且当行标按自然顺序排好以后，其符号与列标有关．于是为了给出 n 阶行列式的概念，这里引入全排列与逆序数的概念．

定义 1.3 把自然数 1，2，…，n 组成一个有序数列，称为这 n 个元素的全排列（total permutation），简称排列（permutation）．

例如：(1) 自然数 1，2，3 构成的不同排列有 3!，共 6 种．即

123，231，312，132，213，321.

(2) 有 n 个互异元素 p_1，p_2，…，p_n构成的不同排列有______种．

定义 1.4 在 n 个元素全排列中，规定自然数从小到大次序的排列为标准排列．设 $p_1p_2\cdots p_n$为一个全排列，如果某两个元素的先后次序与标准排列不同时，称这两个元素之间有 1 个逆序（inverse order）．排列中逆序的总和称为排列的逆序数，记作 $\tau(p_1p_2\cdots p_n)$．

一般地，可以按照下面的方法计算逆序数：设一个排列 $p_1p_2\cdots p_n$，考虑数 p_i，若排在 p_i 前面比 p_i 大的元素有 t_i 个（$i=1, 2, \cdots, n$），则该排列的逆序数为

$$\tau(p_1p_2\cdots p_n) = t_1 + t_2 + \cdots + t_n.$$

定义 1.5 逆序数为偶数的排列称为偶排列（even permutation），逆序数为奇数的排列称为奇排列（odd permutation）．

例如：在 321 这个排列中，构成逆序的数对有 32，31，21，因此 $\tau(321)=3$，排列 321 为奇排列．

在 51423 这个排列中，构成逆序的数对有 51，54，52，53，42，43，因此 $\tau(51423)=$________，51423 为________排列．

排列 2754613 的逆序数，也可以这样计算：

(1) 3 前面有 6，4，5，7 四个大于 3 的数；

(2) 1 前面有 6，4，_______五个大于 1 的数；

(3) 6 前面有 7 比 6 大；

(4) 4 前面有 5，___两个大于 4 的数；

(5) 5 前面有 7 比 5 大．

至此，再没有大数排在小数的前面了，于是

$$\tau(2754613) = 4 + \_\_\_ + 1 + 2 + \_\_\_ = 13,$$

这是一个奇排列．

定义 1.6 把一个排列中某两个元素的位置互换，而其余元素的

位置不动，就得到一个新的排列，这样从一个排列到另一个排列的变换称为对换（transposition），元素 i 与 j 的对换记作 (i,j). 将两个相邻的元素对换，称为相邻对换.

例如，排列 321，经过 1，2 对换，就变成 312，我们知道 321 是奇排列，而 312 是偶排列，这样施行一次对换改变了排列的奇偶性.

定理 1.1 一个排列中的任意两个元素对换，排列改变奇偶性.

证 先证相邻对换的特殊情形. 即排列

$$\cdots\cdots ij\cdots\cdots$$

经相邻对换 (i,j)，变成排列

$$\cdots\cdots ji\cdots\cdots,$$

比较上面两个排列的逆序数. 显然，i，j 以外的数彼此间的逆序情况在两个排列中是一样的；i，j 以外的数与 i 或 j 的逆序情况在两个排列中也是一样的. 现在看 i，j，若 $i<j$，则经对换 (i,j) 后，逆序数增加 1，即后一排列的逆序数比前一排列多 1；若 $i>j$，则经对换 (i,j) 后，逆序数减少 1，即后一排列的逆序数比前一排列少 1. 无论哪种情形，都改变了排列的奇偶性. 这就证明了相邻对换改变排列的奇偶性.

再证一般情形. 设排列

$$\cdots\cdots ik_1k_2\cdots k_sj\cdots\cdots$$

经对换 (i,j)，变成排列

$$\cdots\cdots jk_1k_2\cdots k_si\cdots\cdots,$$

容易看出，这一对换 (i,j) 可以通过如下 $2s+1$ 次相邻对换来实现. 即将排列

$$\cdots\cdots ik_1k_2\cdots k_sj\cdots\cdots$$

经 s 次相邻对换变成如下排列

$$\cdots\cdots k_1k_2\cdots k_sij\cdots\cdots,$$

再经 $s+1$ 次相邻对换变成排列

$$\cdots\cdots jk_1k_2\cdots k_si\cdots\cdots,$$

由于每做一次相邻对换便改变一次排列的奇偶性，而 $2s+1$ 为奇数，因此排列 $\cdots\cdots ik_1k_2\cdots k_sj\cdots\cdots$ 与排列 $\cdots\cdots jk_1k_2\cdots k_si\cdots\cdots$ 的奇偶性相反. 这就证明了在一般情形下，对换改变排列的奇偶性.

推论 1.1 奇（偶）排列变成标准排列的对换次数为奇（偶）数.

例 1.5 在 1，2，3，4，5，6，7，8，9 组成的下列排列中，选择 i 和 j，使得 $58i419j73$ 为奇排列.

解 若 $i=2$，$j=6$，求得 $\tau(582419673)=18$，再由定理 1.1 得到，对换改变排列的奇偶性，从而可以得到，当 $i=6$，$j=2$ 时，$58i419j73$ 为奇排列.

练习2

一、选择题

1. 排列41325867的逆序数为（　　）.

（A）4；（B）7；（C）6；（D）5.

2. 下列排列是偶排列的是（　　）.

（A）53214；（B）654321；（C）12345；（D）32145.

3. 求出 i 和 j，使得排列 $1274i56j9$ 成为偶排列（　　）.

（A）$i=8$，$j=3$；（B）$i=3$，$j=8$；

（C）$i=10$，$j=3$；（D）$i=3$，$j=10$.

二、填空题

1. 排列6427531的逆序数为________，该排列为________排列.

2. 在1，2，3，4四个数的排列中，共有________个排列，其中奇排列________个，偶排列________个.

3. 排列中对任意两个元素进行一次对换________排列的奇偶性（填“改变或不改变”）.

1.3 n 阶行列式的定义

由全排列及逆序数的定义，总结二阶、三阶行列式的规律如下：

（1）项数正好是阶数的阶乘，即二阶行列式的项数为2！，三阶行列式的项数为3！；

（2）每一项都是由每一行、每一列的一个元素组成的乘积，而且这些元素取自不同的行和不同的列；

（3）带“+”号和“-”号的项数各占一半，而且当行标按自然顺序排好以后，其符号与列标排列的逆序数有关，偶排列的带“+”号，奇排列的带“-”号.

于是，二阶、三阶行列式可分别记为

$$\begin{vmatrix} a_{11} & a_{12} \\ a_{21} & a_{22} \end{vmatrix} = \sum_{j_1j_2}(-1)^{\tau(j_1j_2)}a_{1j_1}a_{2j_2},$$

$$\begin{vmatrix} a_{11} & a_{12} & a_{13} \\ a_{21} & a_{22} & a_{23} \\ a_{31} & a_{32} & a_{33} \end{vmatrix} = \sum_{j_1j_2j_3}(-1)^{\tau(j_1j_2j_3)}a_{1j_1}a_{2j_2}a_{3j_3},$$

其中 $\sum\limits_{j_1j_2}$ 表示对1，2两个数的所有排列 j_1j_2 求和，$\sum\limits_{j_1j_2j_3}$ 表示对1，2，3三个数的所有排列 $j_1j_2j_3$ 求和.

根据这个规律，我们给出 n 阶行列式的定义.

定义1.7 用 n^2 个元素 a_{ij}（$i,j=1,2,\cdots,n$）做成 n 行 n 列的数表

$$\begin{matrix} a_{11} & a_{12} & \cdots & a_{1n} \\ a_{21} & a_{22} & \cdots & a_{2n} \\ \vdots & \vdots & & \vdots \\ a_{n1} & a_{n2} & \cdots & a_{nn} \end{matrix}$$

该数表中所有取自不同的行不同的列的 n 个元素乘积的代数和

$$D = \sum_{j_1j_2\cdots j_n} (-1)^{\tau(j_1j_2\cdots j_n)} a_{1j_1}a_{2j_2}\cdots a_{nj_n}$$

称为 ***n* 阶行列式**（n-order determinant）. 其中 $\sum\limits_{j_1j_2\cdots j_n}$ 表示对所有 n 阶排列求和. 记为

$$D = \begin{vmatrix} a_{11} & a_{12} & \cdots & a_{1n} \\ a_{21} & a_{22} & \cdots & a_{2n} \\ \vdots & \vdots & & \vdots \\ a_{n1} & a_{n2} & \cdots & a_{nn} \end{vmatrix} = \sum_{j_1j_2\cdots j_n} (-1)^{\tau(j_1j_2\cdots j_n)} a_{1j_1}a_{2j_2}\cdots a_{nj_n}$$

或

$$D = \begin{vmatrix} a_{11} & a_{12} & \cdots & a_{1n} \\ a_{21} & a_{22} & \cdots & a_{2n} \\ \vdots & \vdots & & \vdots \\ a_{n1} & a_{n2} & \cdots & a_{nn} \end{vmatrix} = \sum_{i_1i_2\cdots i_n} (-1)^{\tau(i_1i_2\cdots i_n)} a_{i_11}a_{i_22}\cdots a_{i_nn}$$

简记为 $\det(a_{ij})$ 或 $|a_{ij}|$.

特别地，一阶行列式 $|a_{11}| = a_{11}$（注意：这里符号“$|\ |$”不是绝对值）.

例 1.6 计算行列式

$$D = \begin{vmatrix} a_{11} & a_{12} & a_{13} & \cdots & a_{1n} \\ 0 & a_{22} & a_{23} & \cdots & a_{2n} \\ 0 & 0 & a_{33} & \cdots & a_{3n} \\ \vdots & \vdots & \vdots & & \vdots \\ 0 & 0 & 0 & \cdots & a_{nn} \end{vmatrix}.$$

解 该行列式的特点是主对角线以下的元素全为零（以后称这种行列式为上三角行列式）. 根据定义 $D = \sum\limits_{j_1j_2\cdots j_n} (-1)^{\tau(j_1j_2\cdots j_n)} a_{1j_1}a_{2j_2}\cdots a_{nj_n}$，在此行列式中，当 $j_p < p$ 时，元素 $a_{pj_p} = 0$，故在定义式中，可能不为零的项中的任意因子 a_{pj_p} 必须满足 $j_p \geqslant p$，即

$$j_1 \geqslant 1,\ j_2 \geqslant 2,\ \cdots,\ j_{n-1} \geqslant n-1,\ j_n \geqslant n.$$

能满足上述关系的列标排列只有一个标准排列 $12\cdots n$，$\tau(12\cdots n) = 0$. 故有

$$D = a_{11}a_{22}\cdots a_{nn}.$$

同理可得下三角行列式

$$D=\begin{vmatrix} a_{11} & 0 & 0 & \cdots & 0 \\ a_{21} & a_{22} & 0 & \cdots & 0 \\ a_{31} & a_{32} & a_{33} & \cdots & 0 \\ \vdots & \vdots & \vdots & & \vdots \\ a_{n1} & a_{n2} & a_{n3} & \cdots & a_{nn} \end{vmatrix}=a_{11}a_{22}\cdots a_{nn}$$

和对角行列式

$$\begin{vmatrix} a_{11} & 0 & 0 & \cdots & 0 \\ 0 & a_{22} & 0 & \cdots & 0 \\ 0 & 0 & a_{33} & \cdots & 0 \\ \vdots & \vdots & \vdots & & \vdots \\ 0 & 0 & 0 & \cdots & a_{nn} \end{vmatrix}=a_{11}a_{22}\cdots a_{nn},$$

即三角行列式和对角行列式的值都等于主对角线元素的乘积.

例 1.7 计算 n 阶行列式（其副对角线以上的元素都为零）

$$D_n=\begin{vmatrix} 0 & \cdots & 0 & 0 & a_{1,n} \\ 0 & \cdots & 0 & a_{2,n-1} & a_{2,n} \\ 0 & \cdots & a_{3,n-2} & a_{3,n-1} & a_{3,n} \\ \vdots & & \vdots & \vdots & \vdots \\ a_{n,1} & \cdots & a_{n,n-2} & a_{n,n-1} & a_{n,n} \end{vmatrix}.$$

解 在 D_n 的 $n!$ 项中，仅剩下一项 $(-1)^{\tau(n(n-1)\cdots 21)}a_{1,n}a_{2,n-1}\cdots a_{n-1,2}a_{n,1}$ 可能不为零，该项列标排列的逆序数

$\tau(n(n-1)\cdots 21)=(n-1)+(n-2)+\cdots+2+1+0=$______，

故

$$D_n=(-1)^{\frac{n(n-1)}{2}}a_{1,n}a_{2,n-1}\cdots a_{n-1,2}a_{n,1}.$$

同理可得行列式

$$\begin{vmatrix} 0 & \cdots & 0 & a_{1,n} \\ 0 & \cdots & a_{2,n-1} & 0 \\ \vdots & & \vdots & \vdots \\ a_{n,1} & \cdots & 0 & 0 \end{vmatrix}=\_\_\_\_\_\_\_\_\_\_\_\_ a_{1,n}a_{2,n-1}\cdots a_{n,1}.$$

练习3

一、选择题

1. $D=\begin{vmatrix} a_{11} & 0 & 0 & \cdots & 0 \\ a_{21} & a_{22} & 0 & \cdots & 0 \\ a_{31} & a_{32} & a_{33} & \cdots & 0 \\ \vdots & \vdots & \vdots & & \vdots \\ a_{n1} & a_{n2} & a_{n3} & \cdots & a_{nn} \end{vmatrix}=(\qquad).$

(A) 0;　　　　　　　　　　(B) 1;

(C) $-a_{11}a_{22}\cdots a_{nn}$;　　　　(D) $a_{11}a_{22}\cdots a_{nn}$.

2. 下列构成 6 阶行列式展开式的各项中，取“+”的是(　　).

(A) $a_{15}a_{23}a_{32}a_{44}a_{51}a_{66}$;　　(B) $a_{11}a_{26}a_{32}a_{44}a_{53}a_{65}$;

(C) $a_{21}a_{53}a_{16}a_{42}a_{65}a_{34}$;　　(D) $a_{31}a_{52}a_{13}a_{44}a_{65}a_{26}$.

3. $D=\begin{vmatrix} 0 & a & 0 & 0 \\ a & 0 & 0 & 0 \\ 0 & 0 & a & 0 \\ 0 & 0 & 0 & a \end{vmatrix}=$(　　).

(A) $-a^4$;　　(B) a^3;　　(C) a^4;　　(D) 0.

二、填空题

1. n 阶行列式由________项的代数和组成，其中每一项为行列式中位于不同行不同列的________个元素的乘积，若将每一项的各元素所在行标按自然顺序排列，那么列标构成一个 n 级排列．若该排列为奇排列，则该项的符号为________号；若为偶排列，该项的符号为________号．

2. n 阶行列式 $D=\begin{vmatrix} a_{11} & a_{12} & \cdots & a_{1n} \\ a_{21} & a_{22} & \cdots & a_{2n} \\ \vdots & \vdots & & \vdots \\ a_{n1} & a_{n2} & \cdots & a_{nn} \end{vmatrix}=\sum\limits_{j_1j_2\cdots j_n}(-1)^{\tau(j_1j_2\cdots j_n)}a_{1j_1}a_{2j_2}\cdots a_{nj_n}$，

其中 $j_1j_2\cdots j_n$ 表示自然数________的一个排列，$\tau(j_1j_2\cdots j_n)$ 表示这个排列的________，$\sum\limits_{j_1j_2\cdots j_n}$ 表示所有 n 阶排列________．

3. 四阶行列式中含有因子 $a_{11}a_{24}$ 的项是________和________．

4. $D_n=\begin{vmatrix} 0 & \cdots & 0 & a \\ 0 & \cdots & a & 0 \\ \vdots & & \vdots & \vdots \\ a & \cdots & 0 & 0 \end{vmatrix}=$________．

1.4　行列式的性质

直接根据行列式的定义来计算 n 阶行列式往往是比较烦琐的．因此，我们将推导行列式的一些基本性质，利用这些性质不仅可以简化行列式的计算，而且这些性质在行列式的理论研究中也有着非常重要的作用．

定义 1.8　设

$$D=\begin{vmatrix} a_{11} & a_{12} & \cdots & a_{1n} \\ a_{21} & a_{22} & \cdots & a_{2n} \\ \vdots & \vdots & & \vdots \\ a_{n1} & a_{n2} & \cdots & a_{nn} \end{vmatrix},$$

将 D 的行与列互换，得到一个新的行列式，记为

$$D^{\mathrm{T}}=\begin{vmatrix} a_{11} & a_{21} & \cdots & a_{n1} \\ a_{12} & a_{22} & \cdots & a_{n2} \\ \vdots & \vdots & & \vdots \\ a_{1n} & a_{2n} & \cdots & a_{nn} \end{vmatrix},$$

则称 D^{T}为 D 的转置行列式（transposed determinant）.

性质 1.1 行列式与其转置行列式的值相等，即 $D^{\mathrm{T}}=D$.

证 设 $D^{\mathrm{T}}=\begin{vmatrix} b_{11} & b_{12} & \cdots & b_{1n} \\ b_{21} & b_{22} & \cdots & b_{2n} \\ \vdots & \vdots & & \vdots \\ b_{n1} & b_{n2} & \cdots & b_{nn} \end{vmatrix}$，则 $b_{ij}=a_{ji}(i,j=1,2,\cdots,n)$.

由定义 1.7 知

$$\begin{aligned} D^{\mathrm{T}} &= \sum_{i_1i_2\cdots i_n}(-1)^{\tau(i_1i_2\cdots i_n)}b_{i_11}b_{i_22}\cdots b_{i_nn} \\ &= \sum_{i_1i_2\cdots i_n}(-1)^{\tau(i_1i_2\cdots i_n)}a_{1i_1}a_{2i_2}\cdots a_{ni_n}=D. \end{aligned}$$

性质 1.1 说明，在行列式中行与列的地位是对称的，所有对行成立的性质对列同样成立，反之亦然.

性质 1.2 互换行列式的两行（列），行列式的值变号. 即

$$\begin{vmatrix} a_{11} & a_{12} & \cdots & a_{1n} \\ \vdots & \vdots & & \vdots \\ a_{p1} & a_{p2} & \cdots & a_{pn} \\ \vdots & \vdots & & \vdots \\ a_{q1} & a_{q2} & \cdots & a_{qn} \\ \vdots & \vdots & & \vdots \\ a_{n1} & a_{n2} & \cdots & a_{nn} \end{vmatrix} = -\begin{vmatrix} a_{11} & a_{12} & \cdots & a_{1n} \\ \vdots & \vdots & & \vdots \\ a_{q1} & a_{q2} & \cdots & a_{qn} \\ \vdots & \vdots & & \vdots \\ a_{p1} & a_{p2} & \cdots & a_{pn} \\ \vdots & \vdots & & \vdots \\ a_{n1} & a_{n2} & \cdots & a_{nn} \end{vmatrix}.$$

证 显然

$$\text{左端}=\sum_{j_1j_2\cdots j_n}(-1)^{\tau(j_1\cdots j_p\cdots j_q\cdots j_n)}a_{1j_1}\cdots a_{pj_p}\cdots a_{qj_q}\cdots a_{nj_n},$$

该展开式中的每一项 $a_{1j_1}\cdots a_{pj_p}\cdots a_{qj_q}\cdots a_{nj_n}$也是右端展开式中的项.

现在确定项 $a_{1j_1}\cdots a_{pj_p}\cdots a_{qj_q}\cdots a_{nj_n}$在右端展开式中应带的符号. 由于交换第 p 行和第 q 行后，a_{pj_p}在右端行列式中位于第 q 行第 j_p列；而 a_{qj_q}则位于第 p 行第 j_q列. 所以这一项 $a_{1j_1}\cdots a_{pj_p}\cdots a_{qj_q}\cdots a_{nj_n}$的行标与列标所成的排列分别是

$$1\cdots q\cdots p\cdots n$$

和

$$j_1\cdots j_p\cdots j_q\cdots j_n.$$

所以 $a_{1j_1}\cdots a_{pj_p}\cdots a_{qj_q}\cdots a_{nj_n}$作为右端行列式的展开式中的项，它的前面所带的符号是

$$(-1)^{\tau(1\cdots q\cdots p\cdots n)+\tau(j_1\cdots j_p\cdots j_q\cdots j_n)}=-(-1)^{\tau(j_1\cdots j_p\cdots j_q\cdots j_n)},$$

故有左端=右端.

例如，$\begin{vmatrix} a & b & c \\ 1 & 2 & 3 \\ 1 & 0 & 0 \end{vmatrix} \xlongequal{r_1\leftrightarrow r_3} -\begin{vmatrix} 1 & 0 & 0 \\ 1 & 2 & 3 \\ a & b & c \end{vmatrix}=-(2c-3b).$

推论 1.2 如果行列式有两行（列）完全相同，则此行列式等于零.

性质 1.3 用一个数 k 乘行列式，等于将行列式某一行（列）中的所有元素都乘同一个数 k，即

$$k\begin{vmatrix} a_{11} & a_{12} & \cdots & a_{1n} \\ \vdots & \vdots & & \vdots \\ a_{i1} & a_{i2} & \cdots & a_{in} \\ \vdots & \vdots & & \vdots \\ a_{n1} & a_{n2} & \cdots & a_{nn} \end{vmatrix}=\begin{vmatrix} a_{11} & a_{12} & \cdots & a_{1n} \\ \vdots & \vdots & & \vdots \\ ka_{i1} & ka_{i2} & \cdots & ka_{in} \\ \vdots & \vdots & & \vdots \\ a_{n1} & a_{n2} & \cdots & a_{nn} \end{vmatrix}.$$

换句话说，若行列式某行（列）元素有公因子 k，则可以把它提到行列式符号外面.

证 由行列式的定义有

$$k\begin{vmatrix} a_{11} & a_{12} & \cdots & a_{1n} \\ \vdots & \vdots & & \vdots \\ a_{i1} & a_{i2} & \cdots & a_{in} \\ \vdots & \vdots & & \vdots \\ a_{n1} & a_{n2} & \cdots & a_{nn} \end{vmatrix}=k\sum_{j_1j_2\cdots j_n}(-1)^{\tau(j_1j_2\cdots j_n)}a_{1j_1}\cdots a_{ij_i}\cdots a_{nj_n}$$

$$=\sum_{j_1j_2\cdots j_n}(-1)^{\tau(j_1j_2\cdots j_n)}a_{1j_1}\cdots(ka_{ij_i})\cdots a_{nj_n}$$

$$=\begin{vmatrix} a_{11} & a_{12} & \cdots & a_{1n} \\ \vdots & \vdots & & \vdots \\ ka_{i1} & ka_{i2} & \cdots & ka_{in} \\ \vdots & \vdots & & \vdots \\ a_{n1} & a_{n2} & \cdots & a_{nn} \end{vmatrix}.$$

例如，若 $k\neq 0$，

$$\begin{vmatrix} ka & kb & kc \\ d & e & f \\ g & h & u \end{vmatrix}=k\begin{vmatrix} a & b & c \\ d & e & f \\ g & h & u \end{vmatrix}.$$

$$\begin{vmatrix} ka & kb & kc \\ kd & ke & kf \\ kg & kh & ku \end{vmatrix}=\underline{\qquad}\begin{vmatrix} a & b & c \\ d & e & f \\ g & h & u \end{vmatrix}.$$

性质 1.4 如果行列式中有两行（列）元素对应成比例，则行列式的值等于零.

证　利用性质3可将这两行（列）的比例系数提到行列式的外面，则余下的行列式有两行（列）对应元素相同，由性质2可知行列式的值为零.

例如，$\begin{vmatrix} ka & kb & kc \\ d & e & f \\ a & b & c \end{vmatrix}=0$，$\begin{vmatrix} 2 & 6 & -5 \\ 1 & 2 & 3 \\ -4 & -12 & 10 \end{vmatrix}=$________.

性质1.5　如果行列式中某一行（列）的每一个元素都可写成两数之和，则该行列式可以表示成两个相应行列式的和. 即如果

$$D=\begin{vmatrix} a_{11} & a_{12} & \cdots & a_{1n} \\ \vdots & \vdots & & \vdots \\ a_{i1}+a'_{i1} & a_{i2}+a'_{i2} & \cdots & a_{in}+a'_{in} \\ \vdots & \vdots & & \vdots \\ a_{n1} & a_{n2} & \cdots & a_{nn} \end{vmatrix},$$

$$D_1=\begin{vmatrix} a_{11} & a_{12} & \cdots & a_{1n} \\ \vdots & \vdots & & \vdots \\ a_{i1} & a_{i2} & \cdots & a_{in} \\ \vdots & \vdots & & \vdots \\ a_{n1} & a_{n2} & \cdots & a_{nn} \end{vmatrix},\qquad D_2=\begin{vmatrix} a_{11} & a_{12} & \cdots & a_{1n} \\ \vdots & \vdots & & \vdots \\ a'_{i1} & a'_{i2} & \cdots & a'_{in} \\ \vdots & \vdots & & \vdots \\ a_{n1} & a_{n2} & \cdots & a_{nn} \end{vmatrix},$$

则 $D=D_1+D_2$.

证　因为行列式 D 的值为

$$\begin{aligned} D &= \sum_{j_1j_2\cdots j_n}(-1)^{\tau(j_1j_2\cdots j_n)}a_{1j_1}\cdots(a_{ij_i}+a'_{ij_i})\cdots a_{nj_n} \\ &= \sum_{j_1j_2\cdots j_n}(-1)^{\tau(j_1j_2\cdots j_n)}a_{1j_1}\cdots a_{ij_i}\cdots a_{nj_n}+ \\ &\quad \sum_{j_1j_2\cdots j_n}(-1)^{\tau(j_1j_2\cdots j_n)}a_{1j_1}\cdots a'_{ij_i}\cdots a_{nj_n} \\ &= D_1+D_2, \end{aligned}$$

所以 $D=D_1+D_2$.

例1.8　证明 $\begin{vmatrix} a+b & b+c & c+a \\ u+v & v+w & w+u \\ x+y & y+z & z+x \end{vmatrix}=2\begin{vmatrix} a & b & c \\ u & v & w \\ x & y & z \end{vmatrix}$.

证

$$\begin{aligned} &\begin{vmatrix} a+b & b+c & c+a \\ u+v & v+w & w+u \\ x+y & y+z & z+x \end{vmatrix} \\ =&\begin{vmatrix} a & \underline{\qquad} & c+a \\ u & v+w & \underline{\qquad} \\ x & \underline{\qquad} & z+x \end{vmatrix}+\begin{vmatrix} b & \underline{\qquad} & c+a \\ v & v+w & \underline{\qquad} \\ y & \underline{\qquad} & z+x \end{vmatrix} \\ =&\begin{vmatrix} a & b & \underline{\qquad} \\ u & v & w+u \\ x & y & \underline{\qquad} \end{vmatrix}+\begin{vmatrix} a & c & \underline{\qquad} \\ u & w & w+u \\ x & z & \underline{\qquad} \end{vmatrix}+\begin{vmatrix} b & \underline{\quad} & c+a \\ v & \underline{\quad} & w+u \\ y & \underline{\quad} & z+x \end{vmatrix}+\begin{vmatrix} b & \underline{\quad} & \underline{\qquad} \\ v & w & w+u \\ y & \underline{\quad} & z+x \end{vmatrix} \end{aligned}$$

$$=\begin{vmatrix} a & b & c \\ u & v & w \\ x & y & z \end{vmatrix}+\begin{vmatrix} b & c & a \\ v & w & u \\ y & z & x \end{vmatrix}=\_\_\begin{vmatrix} a & b & c \\ u & v & w \\ x & y & z \end{vmatrix}.$$

性质 1.6 将行列式中某行（列）的所有元素同乘以数 k 加到另一行（列）对应的元素上，行列式的值不变.

证 利用性质 1.4 和性质 1.5 可得性质 1.6 的证明.

利用这些性质可简化行列式的计算. 今后为表示方便，记 r_i 表示第 i 行，c_j 表示第 j 列. $r_i \leftrightarrow r_j$（$c_i \leftrightarrow c_j$）表示交换 i 行（列）和 j 行（列）的元素；$r_i \times k$（$c_i \times k$）表示第 i 行（列）的元素乘以数 k；$r_i + kr_j$（$c_i + kc_j$）表示第 j 行（列）的元素乘以 k 再加到第 i 行（列）上去.

例 1.9 计算行列式

$$D=\begin{vmatrix} 3 & 1 & -1 & 2 \\ -5 & 1 & 3 & -4 \\ 2 & 0 & 1 & -1 \\ 1 & -5 & 3 & -3 \end{vmatrix}.$$

解

$$D \xlongequal{c_1 \leftrightarrow c_2} -\begin{vmatrix} 1 & 3 & -1 & 2 \\ 1 & -5 & 3 & -4 \\ 0 & 2 & 1 & -1 \\ -5 & 1 & 3 & -3 \end{vmatrix}$$

$$\xlongequal[r_4+5r_1]{r_2-r_1} -\begin{vmatrix} 1 & 3 & -1 & 2 \\ 0 & \_\_ & \_\_ & -6 \\ 0 & 2 & 1 & \_\_ \\ 0 & \_\_ & -2 & 7 \end{vmatrix}$$

$$\xlongequal{r_2 \leftrightarrow r_3}\begin{vmatrix} 1 & 3 & -1 & 2 \\ 0 & 2 & 1 & \_\_ \\ 0 & \_\_ & 4 & -6 \\ 0 & \_\_ & -2 & \_\_ \end{vmatrix}\xlongequal[r_4-8r_2]{r_3+4r_2}\begin{vmatrix} 1 & 3 & -1 & 2 \\ 0 & 2 & 1 & -1 \\ 0 & 0 & \_\_ & \_\_ \\ 0 & 0 & \_\_ & 15 \end{vmatrix}$$

$$\xlongequal{r_4+\frac{5}{4}r_3}\begin{vmatrix} 1 & 3 & -1 & 2 \\ 0 & 2 & 1 & -1 \\ 0 & 0 & 8 & -10 \\ 0 & 0 & 0 & \frac{5}{2} \end{vmatrix}=40.$$

注 计算行列式常用的一种方法就是运用 $r_i + kr_j(c_i + kc_j)$ 把行列式化为上三角行列式（或下三角行列式），从而计算行列式的值.

例 1.10 计算 $D=\begin{vmatrix} a & b & c & d \\ a & a+b & a+b+c & a+b+c+d \\ a & 2a+b & 3a+2b+c & 4a+3b+2c+d \\ a & 3a+b & 6a+3b+c & 10a+6b+3c+d \end{vmatrix}.$

解 从第4行开始，依次后行减前行：

$$D\xlongequal[r_2-r_1]{\substack{r_4-r_3\\ r_3-r_2}}\begin{vmatrix} a & b & c & d \\ 0 & a & a+b & a+b+c \\ 0 & a & 2a+b & 3a+2b+c \\ 0 & a & 3a+b & 6a+3b+c \end{vmatrix}$$

$$\xlongequal[r_3-r_2]{r_4-r_3}\begin{vmatrix} a & b & c & d \\ 0 & a & \underline{\qquad} & a+b+c \\ 0 & 0 & a & \underline{\qquad} \\ 0 & 0 & a & 3a+b \end{vmatrix}$$

$$\xlongequal{r_4-r_3}\begin{vmatrix} a & b & c & d \\ 0 & a & \underline{\qquad} & a+b+c \\ 0 & 0 & a & 2a+b \\ 0 & 0 & 0 & \underline{\quad} \end{vmatrix}=a^4.$$

例 1.11 计算 n 阶行列式

$$D=\begin{vmatrix} a & b & b & b \\ b & a & b & b \\ b & b & a & b \\ b & b & b & a \end{vmatrix}.$$

解 该行列式除了主对角线元素外全是 a 外，其余元素全是 b，即每一行（列）的和相等．我们将第2、第3、直到第4列全部加到第一列上去，得

$$D=\begin{vmatrix} a+3b & b & b & b \\ a+3b & a & b & b \\ a+3b & b & a & b \\ a+3b & b & b & a \end{vmatrix}=(a+3b)\begin{vmatrix} 1 & b & b & b \\ 1 & a & b & b \\ 1 & b & a & b \\ 1 & b & b & a \end{vmatrix}$$

$$=(a+3b)\begin{vmatrix} 1 & b & b & b \\ 0 & a-b & 0 & 0 \\ 0 & 0 & a-b & 0 \\ 0 & 0 & 0 & a-b \end{vmatrix}=(a+3b)(a-b)^3.$$

练习4

一、选择题

1. 行列式 $\begin{vmatrix} a & b & c \\ d & e & f \\ ka & kb & kc \end{vmatrix}=$（ ）．

（A）0；（B）k；（C）$kabc$；（D）$kabcdef$.

2. 如果 n 阶行列式的所有元素变号，则（ ）．

（A）行列式一定变号；（B）行列式一定不变号；

（C）偶数阶行列式一定变号；（D）奇数阶行列式一定变号．

3. 若 $\begin{vmatrix} a_{11} & a_{12} & a_{13} \\ a_{21} & a_{22} & a_{23} \\ a_{31} & a_{32} & a_{33} \end{vmatrix} = m$，则 $\begin{vmatrix} -a_{11} & a_{12} & a_{13}-3a_{12} \\ -a_{21} & a_{22} & a_{23}-3a_{22} \\ -a_{31} & a_{32} & a_{33}-3a_{32} \end{vmatrix} =$（　　）.

（A）m；　　（B）$-m$；

（C）$3m$；　　（D）$-3m$.

4. 若 $\begin{vmatrix} a_1 & a_2 & a_3 \\ b_1 & b_2 & b_3 \\ c_1 & c_2 & c_3 \end{vmatrix} = 1$，则 $\begin{vmatrix} 2a_1 & 2a_2 & 2a_3 \\ 2b_1 & 2b_2 & 2b_3 \\ 2c_1 & 2c_2 & 2c_3 \end{vmatrix} =$（　　）.

（A）2；　（B）0；　（C）8；　（D）1.

5. $\begin{vmatrix} a_1+a_2 & b_1+b_2 \\ c_1+c_2 & d_1+d_2 \end{vmatrix}$的值是四个行列式① $\begin{vmatrix} a_1 & b_1 \\ c_1 & d_1 \end{vmatrix}$，② $\begin{vmatrix} a_1 & b_1 \\ c_2 & d_2 \end{vmatrix}$，③ $\begin{vmatrix} a_2 & b_2 \\ c_1 & d_1 \end{vmatrix}$，④ $\begin{vmatrix} a_2 & b_2 \\ c_2 & d_2 \end{vmatrix}$ 中（　　）的和.

（A）①④；　　（B）①③；

（C）②④；　　（D）①②③④.

二、填空题

1. 若 $D_n = |a_{ij}| = a$，则 $D_n = |-a_{ij}| =$ ________.

2. 行列式 $\begin{vmatrix} 103 & 100 & 204 \\ 199 & 200 & 395 \\ 301 & 300 & 600 \end{vmatrix} =$ ________.

3. 若 $\begin{vmatrix} a & b & c & d \\ 1 & 0 & 2 & 4 \\ 3 & 1 & 0 & 6 \\ 1 & 1 & 1 & 1 \end{vmatrix} = 8$，则行列式 $\begin{vmatrix} a+1 & 2 & 2 & 2 \\ b & 1 & 0 & 2 \\ c+2 & 3 & -1 & 2 \\ d+4 & 5 & 5 & 2 \end{vmatrix} =$ ________.

1.5 行列式的按行（列）展开

由于高阶行列式计算较复杂，因此我们考虑能否将其化为低阶行列式进行计算，本节我们介绍一种逐步降阶法，简化高阶行列式的计算．例如，求下面的三阶行列式的值为

$$\begin{vmatrix} 1 & 0 & 0 \\ a & b & c \\ d & e & f \end{vmatrix} = (bf-ce) = \begin{vmatrix} b & c \\ e & f \end{vmatrix},$$

$$\begin{vmatrix} 0 & 1 & 0 \\ a & b & c \\ d & e & f \end{vmatrix} = -(af-cd) = -\begin{vmatrix} a & c \\ d & f \end{vmatrix}.$$

上面的两个三阶行列式的值与去掉1所在的行和列剩余的降一阶的行列

式的值有着密切的关系．为此，这里引进余子式和代数余子式的概念．

定义 1.9 在 n 阶行列式 $D=\det(a_{ij})$ 中，将元素 a_{ij} 所在的第 i 行第 j 列的元素划去后剩下的 $n-1$ 行 $n-1$ 列元素按原来的位置组成的 $n-1$ 阶行列式，称为元素 a_{ij} 的**余子式**（cofactor），记作 M_{ij}，称 $A_{ij}=(-1)^{i+j}M_{ij}$ 为元素 a_{ij} 的**代数余子式**（algebraic cofactor）.

例如，三阶行列式

$$D=\begin{vmatrix}1&0&4\\0&1&2\\1&3&1\end{vmatrix}$$

中元素 a_{31}，a_{32}，a_{33} 的余子式和代数余子式分别为

$$M_{31}=\begin{vmatrix}0&4\\1&2\end{vmatrix}=-4,\ A_{31}=\_\_\_\_\_\ M_{31}=-4,$$

$$M_{32}=\begin{vmatrix}1&4\\0&2\end{vmatrix}=2,\ A_{32}=\_\_\_\_\_\ M_{32}=-2,$$

$$M_{33}=\begin{vmatrix}1&0\\0&1\end{vmatrix}=1,\ A_{33}=\_\_\_\_\_\ M_{33}=1.$$

下面讨论将 n 阶行列式转化为 $n-1$ 阶行列式的计算问题．

引理 1.1 如果 n 阶行列式 $D=\det(a_{ij})$ 的第 i 行（列）所有元素除 a_{ij} 外都是零，则 D 等于 a_{ij} 与它的代数余子式 A_{ij} 的乘积，即 $D=a_{ij}A_{ij}$. 其中

$$D=\begin{vmatrix}a_{11}&\cdots&a_{1j}&\cdots&a_{1n}\\\vdots&&\vdots&&\vdots\\0&\cdots&a_{ij}&\cdots&0\\\vdots&&\vdots&&\vdots\\a_{n1}&\cdots&a_{nj}&\cdots&a_{nn}\end{vmatrix}.$$

证 （1）先证 i，$j=1$ 的情形，此时

$$D=\begin{vmatrix}a_{11}&0&\cdots&0\\a_{21}&a_{22}&\cdots&a_{2n}\\\vdots&\vdots&&\vdots\\a_{n1}&a_{n2}&\cdots&a_{nn}\end{vmatrix},$$

D 中第 1 行除 a_{11} 外，其余的元素全为零，根据行列式的定义有

$$\begin{aligned}D&=\sum(-1)^{\tau(j_1j_2\cdots j_n)}a_{1j_1}a_{2j_2}\cdots a_{nj_n}\\&=\sum_{j_1=1}(-1)^{\tau(1j_2\cdots j_n)}a_{11}a_{2j_2}\cdots a_{nj_n}+\sum_{j_1\neq 1}(-1)^{\tau(j_1j_2\cdots j_n)}a_{1j_1}a_{2j_2}\cdots a_{nj_n},\end{aligned}$$

由于当 $j_1\neq 1$ 时，$a_{1j_1}=0$，故

$$D=\sum_{j_2\cdots j_n}(-1)^{\tau(1j_2\cdots j_n)}a_{11}a_{2j_2}\cdots a_{nj_n}$$

$$= a_{11}\sum_{j_2\cdots j_n}(-1)^{\tau(j_2\cdots j_n)}a_{2j_2}\cdots a_{nj_n}$$

$$= a_{11}M_{11} = a_{11}(-1)^{1+1}M_{11} = a_{11}A_{11}.$$

（2）再证一般情形，此时

$$D = \begin{vmatrix} a_{11} & \cdots & a_{1j} & \cdots & a_{1n} \\ \vdots & & \vdots & & \vdots \\ 0 & \cdots & a_{ij} & \cdots & 0 \\ \vdots & & \vdots & & \vdots \\ a_{n1} & \cdots & a_{nj} & \cdots & a_{nn} \end{vmatrix},$$

D 中第 i 行除 a_{ij} 外其余的元素都为零．为了利用（1）的结果，可将行列进行调换，使得 a_{ij} 位于行列式的左上角．首先把第 i 行依次与第 $i-1$ 行，第 $i-2$ 行，…，第 1 行做相邻对换，这样就把第 i 行移到第 1 行上，相邻对换的次数为 $i-1$ 次；再把第 j 列依次与第 $j-1$ 列，第 $j-2$ 列，…，第 1 列做相邻对换，这样又做了 $j-1$ 次相邻对换，把 a_{ij} 调换到行列式的左上角，总共做了 $i+j-2$ 次对换，根据行列式的性质有

$$D = (-1)^{i+j-2}\begin{vmatrix} a_{ij} & 0 & \cdots & 0 & 0 & \cdots & 0 \\ a_{1j} & a_{11} & \cdots & a_{1,j-1} & a_{1,j+1} & \cdots & a_{1n} \\ \vdots & \vdots & & \vdots & \vdots & & \vdots \\ a_{i-1,j} & a_{i-1,1} & \cdots & a_{i-1,j-1} & a_{i-1,j+1} & \cdots & a_{i-1,n} \\ a_{i+1,j} & a_{i+1,1} & \cdots & a_{i+1,j-1} & a_{i+1,j+1} & \cdots & a_{i+1,n} \\ \vdots & \vdots & & \vdots & \vdots & & \vdots \\ a_{nj} & a_{n1} & \cdots & a_{n,j-1} & a_{n,j+1} & \cdots & a_{nn} \end{vmatrix},$$

利用（1）的结果得 $D = (-1)^{i+j-2}a_{ij}M_{ij} = (-1)^{i+j}a_{ij}M_{ij} = a_{ij}A_{ij}$.

定理 1.2 n 阶行列式 $D=\det(a_{ij})$ 等于它的任一行（列）的各元素与其对应元素的代数余子式乘积之和，即

$$D = a_{i1}A_{i1} + a_{i2}A_{i2} + \cdots + a_{in}A_{in} = \sum_{k=1}^{n} a_{ik}A_{ik}\ (i=1,\ 2,\ \cdots,\ n),$$

或

$$D = a_{1j}A_{1j} + a_{2j}A_{2j} + \cdots + a_{nj}A_{nj} = \sum_{k=1}^{n} a_{kj}A_{kj}\ (j=1,\ 2,\ \cdots,\ n).$$

证 由行列式的性质知

$$D = \begin{vmatrix} a_{11} & a_{12} & \cdots & a_{1n} \\ \vdots & \vdots & & \vdots \\ a_{i1}+0+\cdots+0 & 0+a_{i2}+\cdots+0 & \cdots & 0+0+\cdots+a_{in} \\ \vdots & \vdots & & \vdots \\ a_{n1} & a_{n2} & \cdots & a_{nn} \end{vmatrix}$$

$$=\begin{vmatrix} a_{11} & a_{12} & \cdots & a_{1n} \\ \vdots & \vdots & & \vdots \\ a_{i1} & 0 & \cdots & 0 \\ \vdots & \vdots & & \vdots \\ a_{n1} & a_{n2} & \cdots & a_{nn} \end{vmatrix} + \begin{vmatrix} a_{11} & a_{12} & \cdots & a_{1n} \\ \vdots & \vdots & & \vdots \\ 0 & a_{i2} & \cdots & 0 \\ \vdots & \vdots & & \vdots \\ a_{n1} & a_{n2} & \cdots & a_{nn} \end{vmatrix} + \cdots +$$

$$\begin{vmatrix} a_{11} & a_{12} & \cdots & a_{1n} \\ \vdots & \vdots & & \vdots \\ 0 & 0 & \cdots & a_{in} \\ \vdots & \vdots & & \vdots \\ a_{n1} & a_{n2} & \cdots & a_{nn} \end{vmatrix},$$

根据上述引理1.1有

$$D = a_{i1}A_{i1} + a_{i2}A_{i2} + \cdots + a_{in}A_{in} = \sum_{k=1}^{n} a_{ik}A_{ik} \quad (i=1, 2, \cdots, n).$$

类似可证

$$D = a_{1j}A_{1j} + a_{2j}A_{2j} + \cdots + a_{nj}A_{nj} = \sum_{k=1}^{n} a_{kj}A_{kj} \quad (j=1, 2, \cdots, n).$$

此定理称为行列式按行（列）展开法则.

例1.12 计算四阶行列式

$$D = \begin{vmatrix} 4 & 1 & 3 & 1 \\ 2 & 2 & 2 & 3 \\ 2 & -1 & 0 & 1 \\ 1 & 2 & 1 & 3 \end{vmatrix}.$$

解 这类行列式的计算方法是：选取某一行（列），尽可能利用行列式的性质化该行（列）的元素为零，然后按该行（列）展开.

$$D \xlongequal{c_1 + (-2)c_4,\ c_2 + c_4} \begin{vmatrix} 2 & 2 & 3 & 1 \\ \underline{\quad} & 5 & 2 & 3 \\ 0 & 0 & 0 & 1 \\ \underline{\quad} & 5 & 1 & 3 \end{vmatrix}$$

$$= 1 \times (-1)^{3+4} \begin{vmatrix} 2 & 2 & 3 \\ -4 & 5 & 2 \\ -5 & 5 & 1 \end{vmatrix}$$

$$\xlongequal{r_2 - r_3} -\begin{vmatrix} 2 & 2 & 3 \\ \underline{\quad} & 0 & 1 \\ -5 & 5 & 1 \end{vmatrix} \xlongequal{c_3 - c_1} -\begin{vmatrix} 2 & 2 & 1 \\ 1 & 0 & 0 \\ -5 & 5 & \underline{\quad} \end{vmatrix}$$

$$= (-1) \times (-1)^{2+1} \begin{vmatrix} 2 & 1 \\ 5 & 6 \end{vmatrix} = 7.$$

例1.13 计算 n 阶行列式

$$D_n=\begin{vmatrix} a & -1 & 0 & \cdots & 0 & 0 \\ 0 & a & -1 & \cdots & 0 & 0 \\ 0 & 0 & a & \cdots & 0 & 0 \\ \vdots & \vdots & \vdots & & \vdots & \vdots \\ 0 & 0 & 0 & \cdots & a & -1 \\ 1 & 1 & 1 & \cdots & 1 & 1+a \end{vmatrix}.$$

解 行列式按第一列展开，得

$$D_n=a\begin{vmatrix} a & -1 & \cdots & 0 & 0 \\ 0 & a & \cdots & 0 & 0 \\ \vdots & \vdots & & \vdots & \vdots \\ 0 & 0 & \cdots & a & -1 \\ 1 & 1 & \cdots & 1 & 1+a \end{vmatrix}+$$

$$(-1)^{n+1}\begin{vmatrix} -1 & 0 & \cdots & 0 & 0 \\ a & -1 & \cdots & 0 & 0 \\ \vdots & \vdots & & \vdots & \vdots \\ 0 & 0 & \cdots & a & -1 \end{vmatrix}$$

$$=aD_{n-1}+(-1)^{n+1}\cdot(-1)^{n-1}$$

$$=aD_{n-1}+1.$$

利用递推公式，得

$$D_n=aD_{n-1}+1=a(aD_{n-2}+1)+1=a^2D_{n-2}+a+1$$

$$=a^2(aD_{n-3}+1)+a+1$$

$$=a^3D_{n-3}+a^2+a+1=\cdots$$

$$=a^{n-2}D_2+a^{n-3}+\cdots+a+1.$$

由于 $D_2=\begin{vmatrix} a & -1 \\ 1 & 1+a \end{vmatrix}=a^2+a+1$，故

$$D_n=a^{n-2}(a^2+a+1)+a^{n-3}+\cdots+a+1$$

$$=a^n+a^{n-1}+\cdots+a+1$$

$$=\begin{cases} n+1, & \text{当 } a=1 \text{ 时}, \\ \dfrac{1-a^{n+1}}{1-a}, & \text{当 } a\neq 1 \text{ 时}. \end{cases}$$

例 1.14 证明范德蒙德（Vandermonde）行列式

$$D_n=\begin{vmatrix} 1 & 1 & \cdots & 1 \\ x_1 & x_2 & \cdots & x_n \\ x_1^2 & x_2^2 & \cdots & x_n^2 \\ \vdots & \vdots & & \vdots \\ x_1^{n-1} & x_2^{n-1} & \cdots & x_n^{n-1} \end{vmatrix}=\prod_{1\leqslant i<j\leqslant n}(x_j-x_i).$$

而 $\prod\limits_{1\leqslant i<j\leqslant n}(x_j-x_i)$ 表示所有因子 (x_j-x_i)，$i<j$ 的连乘积，即

$$\prod_{1\leqslant i<j\leqslant n}(x_j-x_i)=(x_n-x_1)(x_{n-1}-x_1)\cdots(x_2-x_1)\cdot$$
$$(x_n-x_2)(x_{n-1}-x_2)\cdots(x_3-x_2)\cdot$$
$$\vdots$$
$$(x_n-x_{n-2})(x_{n-1}-x_{n-2})\cdot$$
$$(x_n-x_{n-1}).$$

证 对行列式的阶数 n 用数学归纳法.

当 $n=2$ 时，$D_2=\begin{vmatrix}1 & 1\\ x_1 & x_2\end{vmatrix}=x_2-x_1$，结论成立.

假设对 $n-1$ 阶行列式结论也成立，即 $D_{n-1}=\prod\limits_{1\leqslant i<j\leqslant n-1}(x_j-x_i)$.

由 D_n 的最后一行开始，由下而上，依次地用下一行减去上一行的 x_1 倍，得

$$D_n=\begin{vmatrix}1 & 1 & 1 & \cdots & 1\\ 0 & x_2-x_1 & x_3-x_1 & \cdots & x_n-x_1\\ 0 & x_2(x_2-x_1) & x_3(x_3-x_1) & \cdots & x_n(x_n-x_1)\\ \vdots & \vdots & \vdots & & \vdots\\ 0 & x_2^{n-2}(x_2-x_1) & \underline{\qquad\qquad} & \cdots & \underline{\qquad\qquad}\end{vmatrix}.$$

然后依第一列展开，并提取各列元素的公因子，得

$$D_n=(x_n-x_1)(x_{n-1}-x_1)\cdots(x_2-x_1)\begin{vmatrix}1 & 1 & \cdots & 1\\ x_2 & x_3 & \cdots & x_n\\ \vdots & \vdots & & \vdots\\ x_2^{n-2} & x_3^{n-2} & \cdots & x_n^{n-2}\end{vmatrix},$$

上式右端的行列式是 $n-1$ 阶范德蒙德行列式，根据归纳假定，得

$$D_n=(x_n-x_1)(x_{n-1}-x_1)\cdots(x_2-x_1)\prod_{2\leqslant i<j\leqslant n}(x_j-x_i)=\prod_{1\leqslant i<j\leqslant n}(x_j-x_i).$$

例如：$D=\begin{vmatrix}1 & 1 & 1 & 1\\ 1 & 2 & 3 & 4\\ 1 & 2^2 & 3^2 & 4^2\\ 1 & 2^3 & 3^3 & 4^3\end{vmatrix}$

$$=(4-1)(3-1)(2-1)(4-2)(3-2)(4-3)=12.$$

定理 1.3 n 阶行列式 $D=\det(a_{ij})$ 中某一行（列）的各元素和另一行（列）对应元素的代数余子式的乘积之和等于零. 即

$$a_{i1}A_{j1}+a_{i2}A_{j2}+\cdots+a_{in}A_{jn}=\sum_{k=1}^{n}a_{ik}A_{jk}=0\ (i\neq j),$$

$$a_{1i}A_{1j}+a_{2i}A_{2j}+\cdots+a_{ni}A_{nj}=\sum_{k=1}^{n}a_{ki}A_{kj}=0\ (i\neq j).$$

证 在 n 阶行列式 D 中，取 $a_{ip}=a_{jp}$（$p=1,2,\cdots,n$），记为行列式 D_1，由行列式的性质 1.2 的推论知 $D_1=0$；再由定理 1.2，行列式

D_1按第 j 行展开有

$$a_{i1}A_{j1}+a_{i2}A_{j2}+\cdots+a_{in}A_{jn}=\begin{vmatrix}a_{11}&\cdots&a_{1n}\\ \vdots&&\vdots\\ a_{i1}&\cdots&a_{in}\\ \vdots&&\vdots\\ a_{j1}&\cdots&a_{jn}\\ \vdots&&\vdots\\ a_{n1}&\cdots&a_{nn}\end{vmatrix}\begin{matrix}\\ \\ \rightarrow 第\ i\ 行\\ \\ \rightarrow 第\ j\ 行\\ \\ \\ \end{matrix},$$

所以当 $i\neq j$ 时，右端行列式中有两行对应元素相同，故行列式等于 0，即

$$a_{i1}A_{j1}+a_{i2}A_{j2}+\cdots+a_{in}A_{jn}=\sum_{k=1}^{n}a_{ik}A_{jk}=0\ (i\neq j),$$

同理可证

$$a_{1i}A_{1j}+a_{2i}A_{2j}+\cdots+a_{ni}A_{nj}=\sum_{k=1}^{n}a_{ki}A_{kj}=0\ (i\neq j).$$

综合定理 1.2 和定理 1.3 得到关于代数余子式的重要性质：

$$\sum_{k=1}^{n}a_{ik}A_{jk}=\begin{cases}D, & 当\ i=j,\\ 0, & 当\ i\neq j;\end{cases}\qquad \sum_{k=1}^{n}a_{ki}A_{kj}=\begin{cases}D, & 当\ i=j,\\ 0, & 当\ i\neq j.\end{cases}$$

例 1.15 设

$$D=\begin{vmatrix}1&2&-1&2\\ 3&1&0&5\\ 1&-2&0&3\\ 2&4&0&0\end{vmatrix},$$

求 $A_{11}+A_{12}+A_{13}+A_{14}$，$M_{11}-M_{12}+M_{13}-M_{14}$.

解 行列式 D 第一行各元素对应的代数余子式 A_{11}，A_{12}，A_{13}，A_{14}与行列式

$$D_1=\begin{vmatrix}1&1&1&1\\ 3&1&0&5\\ 1&-2&0&3\\ 2&4&0&0\end{vmatrix}$$

第一行各元素对应的代数余子式相同，由定理 1.2 知 $D_1=A_{11}+A_{12}+A_{13}+A_{14}$，于是，将 D_1 按第三列展开得到

$$D_1=\underline{\qquad}\begin{vmatrix}3&1&5\\ 1&-2&3\\ 2&4&0\end{vmatrix}\xlongequal{c_2-2c_1}\begin{vmatrix}3&-5&5\\ 1&-4&3\\ 2&0&0\end{vmatrix}=\underline{\qquad}\begin{vmatrix}-5&5\\ -4&3\end{vmatrix}=10,$$

因此

$$\begin{aligned}M_{11}-M_{12}+M_{13}-M_{14}&=A_{11}+A_{12}+A_{13}+A_{14}\\ &=10.\end{aligned}$$

练习5

一、选择题

1. 行列式 $\begin{vmatrix} 3 & -2 & 1 \\ 1 & 1 & 4 \\ 2 & -1 & 1 \end{vmatrix}$ 的代数余子式 A_{32} 为（　　）.

（A）$\begin{vmatrix} 3 & -2 \\ 2 & -1 \end{vmatrix}$；　　（B）$-\begin{vmatrix} 3 & 1 \\ 1 & 4 \end{vmatrix}$；

（C）$-\begin{vmatrix} 3 & -2 \\ 2 & -1 \end{vmatrix}$；　　（D）$\begin{vmatrix} 3 & 1 \\ 1 & 4 \end{vmatrix}$.

2. 某四阶行列式 D 的值为1，它的第一行元素为1，5，2，-1，而第一行元素对应的余子式分别为 -1，0，k，4，则 $k=$（　　）.

（A）-2；　　（B）1；

（C）-1；　　（D）2.

二、填空题

1. 三阶行列式 $D=\begin{vmatrix} -1 & 0 & -4 \\ 0 & 1 & 2 \\ 1 & 3 & 1 \end{vmatrix}$，则元素 a_{21} 的余子式 $M_{21}=$ ________，元素 a_{32} 的代数余子式 $A_{32}=$ ________.

2. 若 $\begin{vmatrix} 1 & 0 & 2 \\ k & 3 & 1 \\ 4 & k & 5 \end{vmatrix}$ 的代数余子式 $A_{12}=-1$，则代数余子式 $A_{21}=$ ________.

3. 设 A_{i3} $(i=1,2,3,4)$ 是行列式 $\begin{vmatrix} 1 & 2 & 3 & 4 \\ 5 & 6 & 7 & 8 \\ 2 & 3 & 4 & 8 \\ 6 & 7 & 8 & 9 \end{vmatrix}$ 中元素 a_{i3} 的代数余子式，则 $A_{13}+5A_{23}+2A_{33}+6A_{43}=$ ________.

4. 行列式 $D=\begin{vmatrix} 3 & 1 & -1 & 2 \\ 0 & 1 & 0 & 0 \\ 0 & 0 & 1 & 0 \\ 0 & -5 & 3 & -3 \end{vmatrix}=$ ________.

1.6 克拉默法则

本节我们将应用行列式讨论一类线性方程组的求解问题．这里只讨论未知量个数和方程个数相等的情形．

设含有 n 个未知量、n 个方程的线性方程组为

$$\begin{cases} a_{11}x_1 + a_{12}x_2 + \cdots + a_{1n}x_n = b_1, \\ a_{21}x_1 + a_{22}x_2 + \cdots + a_{2n}x_n = b_2, \\ \qquad \vdots \\ a_{n1}x_1 + a_{n2}x_2 + \cdots + a_{nn}x_n = b_n. \end{cases} \tag{1.8}$$

可简写为 $\sum_{j=1}^{n} a_{ij}x_j = b_i$，$i=1, 2, \cdots, n$. 其中 a_{ij}（$i,j=1,2,\cdots,n$）称为方程组的系数，b_i（$i=1, 2, \cdots, n$）称为方程组的常数项.

$$D = \begin{vmatrix} a_{11} & a_{12} & \cdots & a_{1n} \\ a_{21} & a_{22} & \cdots & a_{2n} \\ \vdots & \vdots & & \vdots \\ a_{n1} & a_{n2} & \cdots & a_{nn} \end{vmatrix}$$

称为方程组的系数行列式.

定义 1.10 若方程组（1.8）的右边的常数 b_i 都为零，即

$$\begin{cases} a_{11}x_1 + a_{12}x_2 + \cdots + a_{1n}x_n = 0, \\ a_{21}x_1 + a_{22}x_2 + \cdots + a_{2n}x_n = 0, \\ \qquad \vdots \\ a_{n1}x_1 + a_{n2}x_2 + \cdots + a_{nn}x_n = 0. \end{cases} \tag{1.9}$$

称它为齐次线性方程组，否则，把方程组（1.8）称为非齐次线性方程组.

定理 1.4 （克拉默法则）若方程组（1.8）的系数行列式 $D \neq 0$，则它有唯一解，其解为 $x_j = \frac{D_j}{D}$，$j=1, 2, \cdots, n$. 其中 D_j 是用常数项的元素替换 D 的第 j 列所得到的行列式，即

$$D_j = \begin{vmatrix} a_{11} & \cdots & a_{1,j-1} & b_1 & a_{1,j+1} & \cdots & a_{1n} \\ a_{21} & \cdots & a_{2,j-1} & b_2 & a_{2,j+1} & \cdots & a_{2n} \\ \vdots & & \vdots & \vdots & \vdots & & \vdots \\ a_{n1} & \cdots & a_{n,j-1} & b_n & a_{n,j+1} & \cdots & a_{nn} \end{vmatrix} \quad (j=1, 2, \cdots, n). \tag{1.10}$$

证 首先证明 $x_j = \frac{D_j}{D}$（$j=1,2,\cdots,n$）是方程组（1.8）的解.

把 $x_j = \frac{D_j}{D}$（$j=1,2,\cdots,n$）代入方程组（1.8）的第 i 个方程的左边，再按第 j 列展开行列式 D_j，得

$$\begin{aligned} a_{i1}\frac{D_1}{D} + a_{i2}\frac{D_2}{D} + \cdots + a_{in}\frac{D_n}{D} &= \frac{1}{D}\sum_{j=1}^{n} a_{ij}D_j = \frac{1}{D}\sum_{j=1}^{n} a_{ij}\sum_{s=1}^{n} b_s A_{sj} \\ &= \frac{1}{D}\sum_{s=1}^{n}\sum_{j=1}^{n} b_s a_{ij}A_{sj} = \frac{1}{D}\sum_{s=1}^{n} b_s \sum_{j=1}^{n} a_{ij}A_{sj}, \end{aligned}$$

由定理 1.2 和定理 1.3 可知

$$\sum_{j=1}^{n} a_{ij}A_{sj} = a_{i1}A_{s1} + a_{i2}A_{s2} + \cdots + a_{in}A_{sn} = \begin{cases} D, & i=s, \\ 0, & i \neq s, \end{cases}$$

所以

$$a_{i1}\frac{D_1}{D} + a_{i2}\frac{D_2}{D} + \cdots + a_{in}\frac{D_n}{D} = \frac{1}{D}b_i\sum_{j=1}^{n} a_{ij}A_{ij} = \frac{1}{D}b_i \cdot D = b_i \ (i=1,2,\cdots,n),$$

这就证明了 $x_j = \frac{D_j}{D}$ $(j=1,2,\cdots,n)$ 是方程组（1.8）的解．

再证方程组（1.8）的解唯一．

设方程组（1.8）有另一个解为 $x_1 = m_1$，$\cdots$，$x_j = m_j$，$\cdots$，$x_n = m_n$．于是有

$$\sum_{j=1}^{n} a_{ij}m_j = b_i \ (i=1,2,\cdots,n),$$

分别用 D 中第 j 列的代数余子式 A_{1j}，A_{2j}，$\cdots$，A_{nj} 依次乘上式中各方程的两端并相加，左端为

$$\left(\sum_{k=1}^{n} a_{k1}A_{kj}\right)m_1 + \cdots + \left(\sum_{k=1}^{n} a_{kj}A_{kj}\right)m_j + \cdots + \left(\sum_{k=1}^{n} a_{kn}A_{kj}\right)m_n = D \cdot m_j,$$

右端为 $b_1A_{1j} + b_2A_{2j} + \cdots + b_nA_{nj} = \sum_{k=1}^{n} b_kA_{kj} = D_j$.

于是 $m_j = \frac{D_j}{D}$ $(j=1,2,\cdots,n)$ 与 $x_j = \frac{D_j}{D}$ $(j=1,2,\cdots,n)$ 为同一个解，与假设矛盾．所以 $x_j = \frac{D_j}{D}$ $(j=1,2,\cdots,n)$ 是方程组（1.8）的唯一解．

克拉默（Cramer）法则蕴涵两个结论：（1）方程组有解且解是唯一的；（2）方程组的解可用求解公式 $x_j = \frac{D_j}{D}$ $(j=1,2,\cdots,n)$ 给出．

推论 1.3 如果线性方程组（1.8）无解或有无穷多解，则它的系数行列式必为零．

例 1.16 解线性方程组

$$\begin{cases} 2x_1 + x_2 - 5x_3 + x_4 = 8, \\ x_1 - 3x_2 - 6x_4 = 9, \\ 2x_2 - x_3 + 2x_4 = -5, \\ x_1 + 4x_2 - 7x_3 + 6x_4 = 0. \end{cases}$$

解 因为

$$D = \begin{vmatrix} 2 & 1 & -5 & 1 \\ 1 & -3 & 0 & -6 \\ 0 & 2 & -1 & 2 \\ 1 & 4 & -7 & 6 \end{vmatrix} = 27,$$

所以 $D \neq 0$，由克拉默法则知道方程组有唯一解．

$$D_1=\begin{vmatrix}8&1&-5&1\\9&-3&0&-6\\-5&2&-1&2\\0&4&-7&6\end{vmatrix}=81,$$

$$D_2=\begin{vmatrix}2&8&-5&1\\1&9&0&-6\\0&-5&-1&2\\1&0&-7&6\end{vmatrix}=-108,$$

$$D_3=\begin{vmatrix}2&1&8&1\\1&-3&9&-6\\0&2&-5&2\\1&4&0&6\end{vmatrix}=-27,$$

$$D_4=\begin{vmatrix}2&1&-5&8\\1&-3&0&9\\0&2&-1&-5\\1&4&-7&0\end{vmatrix}=27.$$

故方程的解为 $x_1=3$，$x_2=-4$，$x_3=-1$，$x_4=1$.

显然，对于齐次方程组总有解 $x_1=x_2=\cdots=x_n=0$，我们称它为零解．若一组解 x_1，x_2，$\cdots$，x_n不全为零，则称为非零解．若齐次线性方程组（1.9）的系数行列式 $D\neq0$，因 D_j中有一列为零，故 $D_j=0$，$x_j=\dfrac{D_j}{D}=0$（$j=1,2,\cdots,n$）．从而齐次线性方程组（1.9）仅有零解．于是有如下等价的结论：

定理 1.5 如果齐次线性方程组（1.9）的系数行列式 $D\neq0$，则齐次线性方程组（1.9）仅有零解．

推论 1.4 如果齐次线性方程组（1.9）有非零解，则 $D=0$.

例 1.17 设齐次线性方程组

$$\begin{cases}kx_1+x_4=0,\\x_1+2x_2-x_4=0,\\(k+2)x_1-x_2+4x_4=0,\\2x_1+x_2+3x_3+kx_4=0\end{cases}$$

有非零解，问 k 应满足什么条件?

解 方程组的系数行列式为

$$D=\begin{vmatrix}k&0&0&1\\1&2&0&-1\\k+2&-1&0&4\\2&1&3&k\end{vmatrix}=-3(5k-5).$$

如果齐次线性方程组有非零解，则 $D=0$，得到 $k=1$.

例1.18 若平面上三条不同的直线 $ax-y+1=0$，$bx+2y+1=0$，$cx+y+1=0$ 相交于一点，证明：$a+2b-3c=0$.

证 由三条不同的直线相交于一点，有

$$D=\begin{vmatrix} a & -1 & 1 \\ b & 2 & 1 \\ c & 1 & 1 \end{vmatrix}=2a+b-c-2c-a+b=a+2b-3c=0.$$

练习6

一、选择题

1. 克拉默法则适用于下面哪种类型的方程组（　　）.

（A）方程的个数小于未知数的个数；

（B）方程的个数等于未知数的个数；

（C）方程的个数大于未知数的个数；

（D）任意.

2. 若 $\begin{vmatrix} a_{11} & a_{12} \\ a_{21} & a_{22} \end{vmatrix}=0$，则方程组 $\begin{cases} a_{11}x_1+a_{12}x_2=0, \\ a_{21}x_1+a_{22}x_2=0 \end{cases}$（　　）.

（A）无解；　　（B）有无穷多解；

（C）有唯一解；　　（D）不一定.

3. 方程组 $\begin{cases} (3-\lambda)x-y=0, \\ -x+(3-\lambda)y=0 \end{cases}$ 有非零解的条件是 λ 取（　　）.

（A）3；　（B）2；　（C）4 或 2；　（D）0.

4. 下列说法正确的是（　　）.

（A）若线性方程组存在非零解，则必有系数行列式等于零；

（B）若线性方程组的系数行列式不等于零，则它只有零解；

（C）只有当线性方程组无解时才有它的系数行列式等于零；

（D）若齐次线性方程组的系数行列式不等于零，则它只有零解.

二、填空题

1. 当 $a=$________时，方程组 $\begin{cases} x_1+x_2+x_3=0, \\ x_1+2x_2+ax_3=0, \\ x_1+4x_2+a^2x_3=0 \end{cases}$ 有非零解.

2. 若齐次线性方程组 $\begin{cases} a_{11}x_1+a_{12}x_2+\cdots+a_{1n}x_n=0, \\ a_{21}x_1+a_{22}x_2+\cdots+a_{2n}x_n=0, \\ \vdots \\ a_{n1}x_1+a_{n2}x_2+\cdots+a_{nn}x_n=0 \end{cases}$ 的系数行列式不等于零，则它的解的情况是________；若存在非零解，则必有________.

3. 若非齐次线性方程组$\begin{cases} a_{11}x_1 + a_{12}x_2 + \cdots + a_{1n}x_n = b_1, \\ a_{21}x_1 + a_{22}x_2 + \cdots + a_{2n}x_n = b_2, \\ \vdots \\ a_{n1}x_1 + a_{n2}x_2 + \cdots + a_{nn}x_n = b_n \end{cases}$的系数行列式不等于零，则它的解的情况是________.

1.7 应用实例

本节介绍行列式在实际问题中的几个应用.

实例 1 有向面积和有向平行六面体体积的计算

如图 1.4a 所示，向量 $\boldsymbol{x}=(a,c)$，$\boldsymbol{y}=(b,d)$，计算两个向量形成的平行四边形的有向面积. 如图 1.4b 所示，向量 $\boldsymbol{u}=(2,-1,0)$，$\boldsymbol{v}=(1,2,-1)$，$\boldsymbol{w}=(1,-1,2)$，计算三个向量形成的有向平行六面体的体积.

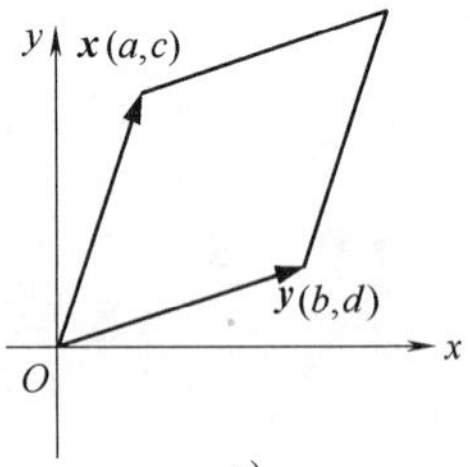

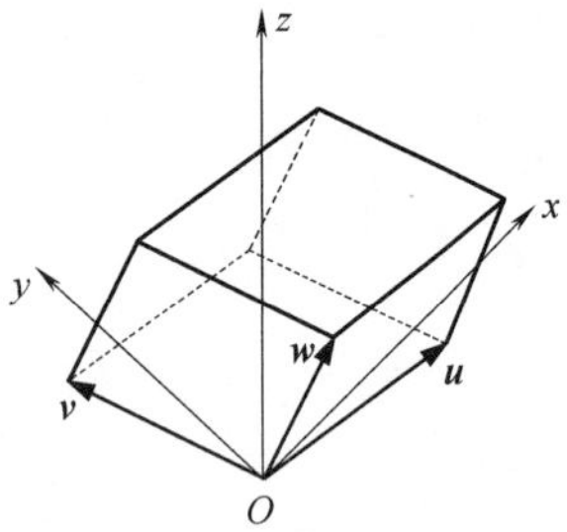

图 1.4 有向平行四边形和有向平行六面体

解 $\boldsymbol{x}$，$\boldsymbol{y}$ 两个向量形成的平行四边形的有向面积为

$$\begin{vmatrix} a & b \\ c & d \end{vmatrix} = ad - bc.$$

$\boldsymbol{u}$，$\boldsymbol{v}$，$\boldsymbol{w}$ 三个向量形成的平行六面体的体积为

$$\begin{vmatrix} 2 & -1 & 0 \\ 1 & 2 & -1 \\ 1 & -1 & 2 \end{vmatrix} = 2\times2\times\_\_ + 1\times\_\_\times0 + 1\times\_\_\times\_\_ - 2\times1\times\_\_ - \_\_\times1\times\_\_ - 2\times(-1)\times\_\_ = 9.$$

实例 2 欧拉四面体的体积的计算

1752—1753 年间，数学大师欧拉曾经提出并解答了一个初等几何问题：“已知一四面体的六条棱长，试确定它的体积计算公式”.

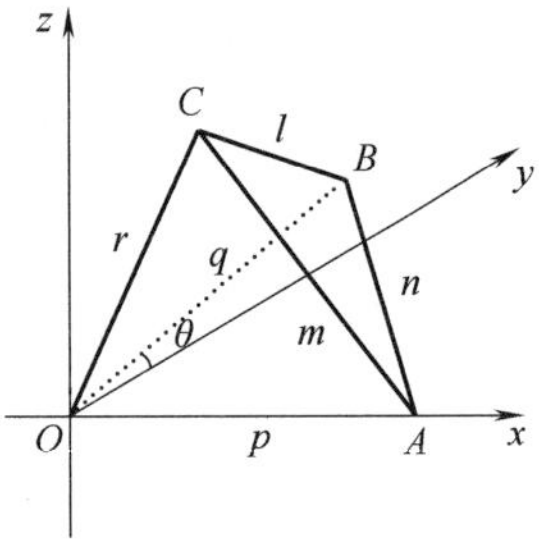

图 1.5 四面体

设四面体 $O\text{-}ABC$ 的顶点坐标为 $O(0,0,0)$，$A(a_1,b_1,c_1)$，$B(a_2,b_2,c_2)$，$C(a_3,b_3,c_3)$，建立一个如图 1.5 所示的直角坐标系，其六条棱长分别为 l，m，n，p，q，r，且向量$\overrightarrow{OA}$，$\overrightarrow{OB}$，$\overrightarrow{OC}$组成右手系. 则由空间解析几何知识可知，四面体的体积 $V=\begin{vmatrix} a_1 & b_1 & c_1 \\ a_2 & b_2 & c_2 \\ a_3 & b_3 & c_3 \end{vmatrix}$等于以 l，m，n，p，q，r 为棱长的平行六面体的体积的$\frac{1}{6}$，即有 $V=\frac{1}{6}$

$$(\overrightarrow{OA}\times\overrightarrow{OB})\cdot\overrightarrow{OC}=\frac{1}{6}\begin{vmatrix} a_1 & b_1 & c_1 \\ a_2 & b_2 & c_2 \\ a_3 & b_3 & c_3 \end{vmatrix}.$$

将上式两边平方可得

$$V^2=\frac{1}{36}\begin{vmatrix}a_1&b_1&c_1\\a_2&b_2&c_2\\a_3&b_3&c_3\end{vmatrix}\cdot\begin{vmatrix}a_1&b_1&c_1\\a_2&b_2&c_2\\a_3&b_3&c_3\end{vmatrix}$$

$$=\frac{1}{36}\begin{vmatrix}a_1^2+b_1^2+c_1^2&a_1a_2+b_1b_2+c_1c_2&a_1a_3+b_1b_3+c_1c_3\\a_1a_2+b_1b_2+c_1c_2&a_2^2+b_2^2+c_2^2&a_2a_3+b_2b_3+c_2c_3\\a_1a_3+b_1b_3+c_1c_3&a_2a_3+b_2b_3+c_2c_3&a_3^2+b_3^2+c_3^2\end{vmatrix}$$

由两向量的数量积和余弦定理，有

$$a_1^2+b_1^2+c_1^2=\overrightarrow{OA}\cdot\overrightarrow{OA}=p^2,$$

$$a_1a_2+b_1b_2+c_1c_2=\overrightarrow{OA}\cdot\overrightarrow{OB}=p\cdot q\cdot\cos\theta=\frac{p^2+q^2-n^2}{2},$$

$$a_1a_3+b_1b_3+c_1c_3=\overrightarrow{OA}\cdot\overrightarrow{OC}=\frac{p^2+r^2-m^2}{2},\quad a_2^2+b_2^2+c_2^2=\overrightarrow{OB}\cdot\overrightarrow{OB}=q^2,$$

$$a_2a_3+b_2b_3+c_2c_3=\overrightarrow{OB}\cdot\overrightarrow{OC}=\frac{q^2+r^2-l^2}{2},\quad a_3^2+b_3^2+c_3^2=\overrightarrow{OC}\cdot\overrightarrow{OC}=r^2.$$

从而得到欧拉四面体的体积公式

$$V^2=\frac{1}{36}\begin{vmatrix}p^2&\frac{p^2+q^2-n^2}{2}&\frac{p^2+r^2-m^2}{2}\\\frac{p^2+q^2-n^2}{2}&q^2&\frac{q^2+r^2-l^2}{2}\\\frac{p^2+r^2-m^2}{2}&\frac{q^2+r^2-l^2}{2}&r^2\end{vmatrix}.$$

欧拉四面体在实际问题中有着广泛的应用. 例如，形状为四面体的古埃及金字塔，或一块形状为四面体的花岗岩巨石，只需用测量工具测出其六条棱长，即可利用四面体体积公式计算它们的体积.

实例 3　用行列式证明拉格朗日中值定理

设函数 $f(x)$ 在 $[a,b]$ 上连续，在 (a,b) 内可导，则至少存在一点 $\xi\in(a,b)$，使得

$$f'(\xi)=\frac{f(b)-f(a)}{b-a}.$$

为证明上面的结论成立，首先定义函数

$$\varphi(x)=\begin{vmatrix}a_{11}&a_{12}&a_{13}\\a_{21}&a_{22}&a_{23}\\a_{31}(x)&a_{32}(x)&a_{33}(x)\end{vmatrix},$$

其中 a_{ij}（$i=1,2$；$j=1,2,3$）为常数，a_{3j}（$j=1,2,3$）为 x 的函数，且可导，则有

$$\varphi'(x)=\begin{vmatrix}a_{11}&a_{12}&a_{13}\\a_{21}&a_{22}&a_{23}\\a'_{31}(x)&a'_{32}(x)&a'_{33}(x)\end{vmatrix}.$$

证 构造函数

$$\varphi(x)=\begin{vmatrix} a & f(a) & 1 \\ b & f(b) & 1 \\ x & f(x) & 1 \end{vmatrix},$$

容易知道，$\varphi(x)$ 在 $[a,b]$ 上连续，在 (a,b) 内可导，且 $\varphi(a)=\varphi(b)=0$，故由罗尔定理知，至少存在一点 $\xi\in(a,b)$，使得

$$\varphi'(\xi)=\begin{vmatrix} a & f(a) & 1 \\ b & f(b) & 1 \\ 1 & f'(\xi) & 0 \end{vmatrix}=\begin{vmatrix} a & f(a) & 1 \\ b-a & f(b)-f(a) & 0 \\ 1 & f'(\xi) & 0 \end{vmatrix}=0,$$

则有 $f'(\xi)(b-a)=f(b)-f(a)$，即

$$f'(\xi)=\frac{f(b)-f(a)}{b-a}.$$

行列式的历史发展

行列式的概念最早是由 17 世纪日本数学家关孝和（约 1642—1708）提出来的，他在 1683 年写了一部叫作《解伏题之法》的著作，意思是“解行列式问题的方法”，书中对行列式的概念和它的展开已经有了清楚的叙述．同时代的莱布尼茨（Leibnitz，1646—1716）是欧洲第一个提出行列式概念的人．他在 1693 年 4 月写给洛必达（L'Hospital，1661—1704）的一封信中使用并给出了行列式，还给出了方程组的系数行列式为零的条件．

1750 年，瑞士数学家克拉默（G. Cramer，1704—1752）在其著作《线性代数分析导言》中，对行列式的定义和展开法则给出了比较完整、明确的阐述，并给出了现在我们所称的解线性方程组的克拉默法则．稍后，法国数学家贝祖（É. Bézout，1730—1783）将如何确定行列式每一项符号的方法进行了系统化，利用系数行列式概念给出了判断一个含有 n 个未知量、n 个线性方程的齐次线性方程组有非零解的方法，即系数行列式等于零是方程组有非零解的条件．

在很长一段时间内，行列式只是作为解线性方程组的一种工具使用，并没有人意识到它可以独立于线性方程组之外单独形成一门理论加以研究．

在行列式的发展史上，第一个对行列式理论作出具有连贯逻辑的阐述，即把行列式理论与线性方程组求解相分离的人，是法国数学家范德蒙德（Vandermonde，1735—1796），他给出了用二阶子式和它们的余子式来展开行列式的法则．单对行列式来说，他是这门理论的奠基人．1772 年，拉普拉斯（Laplace，1749—1826）在一篇论文中证明了范德蒙德提出的一些规则，推广了他的展开行列式的方法．用 r 行中所含的子式和它们的余子式的集合来展开行列式，这个方法现在仍然以他的名字命名．

继范德蒙德之后，在行列式的理论方面，又一位做出突出贡献的就是法国大数学家柯西（Cauchy，1789—1857），1812 年他发表论文，用行列式给出了某些多面体体积的计算公式，并且将这些公式与先前行列式的研究结果联系起来．柯西所发现的行列式在解析几何中的应用激起了人们研究行列式应用的浓厚兴趣，前后持续了近 100 年．1815 年，柯西在一篇论文中给出了行列式的第一个系统的、几乎是近代的处理．其中主要结果之一是行列式的乘法定理．另外，他第一个把行列式的元排成方阵，采用双足标记法；引进了行列式特征方程的术语；给出了相似行列式的概念；改进了拉普拉斯的行列式展开定理并给出了一个证明．

继柯西之后，在行列式理论方面最多产的人就是德国数学家雅可比（Jacobi，1801—1851，他引进了函数行列式，即“雅可比行列式”，指出了函数行列式在多重积分的变量替换中的作用，给出了函数行列式的导数公式．雅可比的著名论文《论行列式的形成和性质》标志着行列式系统理论的建立．由于行列式在数学分析、几何学、线性方程组理论、二次型理论等多方面的应用，促使行列式理论自身在 19 世纪得到了很大发展．

第 1 章综合练习 A

1. 计算行列式

(1) $\begin{vmatrix} 1 & 2 & 1 & 4 \\ 2 & -1 & 2 & 1 \\ 1 & 0 & 1 & 3 \\ 0 & 1 & 3 & 1 \end{vmatrix}$；(2) $\begin{vmatrix} x & a & b & c \\ a & x & c & b \\ b & c & x & a \\ c & b & a & x \end{vmatrix}$；(3) $\begin{vmatrix} 1 & a & b & c \\ a & 1 & 0 & 0 \\ b & 0 & 1 & 0 \\ c & 0 & 0 & 1 \end{vmatrix}$.

2. 写出 $f(x)$ 中 x^3 与 x^4 的系数，

$$f(x)=\begin{vmatrix} x-1 & 4 & 3 & 1 \\ 2 & x-2 & 3 & 1 \\ 7 & 9 & x & 0 \\ 5 & 3 & 1 & x-1 \end{vmatrix}.$$

3. 不计算行列式的值，证明 $D_4=\begin{vmatrix} 1 & 2 & 2 & 1 \\ 9 & 1 & 3 & 8 \\ 9 & 9 & 9 & 0 \\ 8 & 6 & 4 & 0 \end{vmatrix}$ 能被 18 整除．

4. 计算 n 阶行列式 $\begin{vmatrix} x & y & 0 & \cdots & 0 \\ 0 & x & y & \cdots & 0 \\ 0 & 0 & x & \cdots & 0 \\ \vdots & \vdots & \vdots & & \vdots \\ y & 0 & 0 & \cdots & x \end{vmatrix}$.

5. 证明下列等式

(1) $\begin{vmatrix} a^2 & ab & b^2 \\ 2a & a+b & 2b \\ 1 & 1 & 1 \end{vmatrix} = (a-b)^3$;

(2) $\begin{vmatrix} a_1+1 & a_2 & a_3 & \cdots & a_n \\ a_1 & a_2+1 & a_3 & \cdots & a_n \\ a_1 & a_2 & a_3+1 & \cdots & a_n \\ \vdots & \vdots & \vdots & & \vdots \\ a_1 & a_2 & a_3 & \cdots & a_n+1 \end{vmatrix} = a_1+a_2+\cdots+a_n+1$;

(3) $\begin{vmatrix} a^2 & (a+1)^2 & (a+2)^2 & (a+3)^2 \\ b^2 & (b+1)^2 & (b+2)^2 & (b+3)^2 \\ c^2 & (c+1)^2 & (c+2)^2 & (c+3)^2 \\ d^2 & (d+1)^2 & (d+2)^2 & (d+3)^2 \end{vmatrix} = 0.$

6. 证明奇数阶反对称行列式的值为零. 反对称行列式为下列形式

$$\begin{vmatrix} 0 & a_{12} & a_{13} & \cdots & a_{1n} \\ -a_{12} & 0 & a_{23} & \cdots & a_{2n} \\ -a_{13} & -a_{23} & 0 & \cdots & a_{3n} \\ \vdots & \vdots & \vdots & & \vdots \\ -a_{1n} & -a_{2n} & -a_{3n} & \cdots & 0 \end{vmatrix},$$

其特点是元素 $a_{ij}=-a_{ji}$ ($i\neq j$), $a_{ii}=0$.

7. 设 $D=\begin{vmatrix} a_1 & a_2 & a_3 & f \\ b_1 & b_2 & b_3 & f \\ c_1 & c_2 & c_3 & f \\ d_1 & d_2 & d_3 & f \end{vmatrix}$, 求 $A_{11}+A_{21}+A_{31}+A_{41}$, 其中 A_{i1} ($i=1,2,3,4$) 为 D 中元素 a_{i1} 的代数余子式.

8. 已知 $D=\begin{vmatrix} 1 & 2 & 3 & 4 & 5 \\ 2 & 2 & 2 & 1 & 1 \\ 3 & 2 & 1 & 4 & 6 \\ 1 & 1 & 1 & 2 & 2 \\ 4 & 3 & 1 & 5 & 0 \end{vmatrix}=27$,

求 (1) $A_{41}+A_{42}+A_{43}$; (2) $A_{44}+A_{45}$.

9. 用克拉默法则解下列方程组:

(1) $\begin{cases} 2x_1-3x_2+2x_3=-3, \\ x_1+4x_2-3x_3=6, \\ 3x_1-x_2-x_3=1; \end{cases}$

（2）$\begin{cases} x_1 + 9x_2 + 4x_3 - 3x_4 = -6, \\ 5x_1 - 5x_2 - 3x_3 + 2x_4 = 10, \\ 12x_1 + 6x_2 - x_3 - x_4 = 12, \\ 9x_1 - 2x_3 + x_4 = 12. \end{cases}$

10. 试问 λ，μ 为何值时，方程组 $\begin{cases} \lambda x_1 + 2x_2 + x_3 = 0, \\ x_1 + \mu x_2 + x_3 = 0, \\ x_1 + 2\mu x_2 + x_3 = 0 \end{cases}$ 有非零解．

11. 试问 k 为何值时，方程组 $\begin{cases} kx_1 + x_3 = 0, \\ 2x_1 + kx_2 + x_3 = 0, \\ kx_1 - 2x_2 + x_3 = 0 \end{cases}$ 只有零解．

第 1 章综合练习 B

1. 用定义计算

$$D = \begin{vmatrix} 0 & 0 & \cdots & 0 & 0 & \cdots & 0 & \lambda_1 \\ 0 & 0 & \cdots & 0 & 0 & & \lambda_2 & 0 \\ 0 & 0 & & \vdots & \vdots & \iddots & 0 & 0 \\ 0 & 0 & \cdots & 0 & \lambda_n & \cdots & 0 & 0 \\ \lambda_{n+1} & 0 & \cdots & 0 & 0 & \cdots & 0 & 0 \\ 0 & \lambda_{n+2} & & 0 & 0 & \cdots & 0 & 0 \\ 0 & 0 & \ddots & \vdots & \vdots & & 0 & 0 \\ 0 & 0 & \cdots & \lambda_{2n} & 0 & \cdots & 0 & 0 \end{vmatrix}.$$

2. 计算下列 n 阶行列式：

（1）$\begin{vmatrix} 1 & 2 & 2 & \cdots & 2 \\ 2 & 2 & 2 & \cdots & 2 \\ 2 & 2 & 3 & \cdots & 2 \\ \vdots & \vdots & \vdots & & \vdots \\ 2 & 2 & 2 & \cdots & n \end{vmatrix}$；

（2）$\begin{vmatrix} 1 & -1 & 1 & x-1 \\ 1 & -1 & x+1 & -1 \\ 1 & x-1 & 1 & -1 \\ x+1 & -1 & 1 & -1 \end{vmatrix}$；

（3）$D_n = \begin{vmatrix} a+b & ab & 0 & \cdots & 0 & 0 & 0 \\ 1 & a+b & ab & \cdots & 0 & 0 & 0 \\ 0 & 1 & a+b & \cdots & 0 & 0 & 0 \\ \vdots & \vdots & \vdots & & \vdots & \vdots & \vdots \\ 0 & 0 & 0 & \cdots & 1 & a+b & ab \\ 0 & 0 & 0 & \cdots & 0 & 1 & a+b \end{vmatrix}$；

$$(4)\ D_n=\begin{vmatrix} 0 & 1 & 1 & \cdots & 1 & 1 \\ 1 & 0 & 1 & \cdots & 1 & 1 \\ 1 & 1 & 0 & \cdots & 1 & 1 \\ \vdots & \vdots & \vdots & & \vdots & \vdots \\ 1 & 1 & 1 & \cdots & 0 & 1 \\ 1 & 1 & 1 & \cdots & 1 & 0 \end{vmatrix}.$$

3. 利用范德蒙德行列式的结果计算下列行列式

$$(1)\ D=\begin{vmatrix} 1 & 1 & 1 & 1 \\ a & b & c & d \\ a^2 & b^2 & c^2 & d^2 \\ a^4 & b^4 & c^4 & d^4 \end{vmatrix};$$

$$(2)\ D_{n+1}=\begin{vmatrix} a^n & (a-1)^n & \cdots & (a-n)^n \\ a^{n-1} & (a-1)^{n-1} & \cdots & (a-n)^{n-1} \\ \vdots & \vdots & & \vdots \\ a & a-1 & \cdots & a-n \\ 1 & 1 & \cdots & 1 \end{vmatrix},$$

$a\neq 0,1,2,\cdots,n$.

4. 计算行列式

$$D_n=\begin{vmatrix} 1+a_1 & 1 & \cdots & 1 \\ 2 & 2+a_2 & \cdots & 2 \\ \vdots & \vdots & & \vdots \\ n & n & \cdots & n+a_n \end{vmatrix},\quad a_1a_2\cdots a_n\neq 0.$$

5. 证明

$$(1)\ D_n=\begin{vmatrix} \cos\theta & 1 & 0 & \cdots & 0 & 0 \\ 1 & 2\cos\theta & 1 & \cdots & 0 & 0 \\ 0 & 1 & 2\cos\theta & \cdots & 0 & 0 \\ \vdots & \vdots & \vdots & & \vdots & \vdots \\ 0 & 0 & 0 & & 2\cos\theta & 1 \\ 0 & 0 & 0 & \cdots & 1 & 2\cos\theta \end{vmatrix}=\cos n\theta;$$

$$(2)\ D_n=\begin{vmatrix} x & -1 & 0 & \cdots & 0 & 0 \\ 0 & x & -1 & \cdots & 0 & 0 \\ 0 & 0 & x & \cdots & 0 & 0 \\ \vdots & \vdots & \vdots & & \vdots & \vdots \\ 0 & 0 & 0 & & x & -1 \\ a_n & a_{n-1} & a_{n-2} & \cdots & a_2 & x+a_1 \end{vmatrix}$$

$$=x^n+a_1x^{n-1}+a_2x^{n-2}+\cdots+a_{n-1}x+a_n.$$

第 2 章

矩阵及其初等变换

矩阵是作为方程和线性变换的一种紧凑的表达方式，从行列式的研究中产生出来的．与行列式相比，矩阵能提供更多的有关方程和线性变换的信息．自 19 世纪中叶矩阵理论创立至今，它已经成为众多科学技术领域的主要数学工具，是线性代数的主要研究对象之一．本章主要学习矩阵的运算、方阵的行列式、逆矩阵、矩阵分块法、矩阵的初等变换及矩阵的秩．

2.1 矩阵

引例 在三家食品商店 S_1，S_2，S_3 里均有四类食品 F_1，F_2，F_3，F_4 供应，其单位价格见下表

	F_1	F_2	F_3	F_4
S_1	16	7	12	21
S_2	15	9	13	19
S_3	17	8	15	19

当顾客考虑如何选购食品时，可对下面数表进行处理：

$$\begin{matrix} 16 & 7 & 12 & 21 \\ 15 & 9 & 13 & 19 \\ 17 & 8 & 15 & 19 \end{matrix} \tag{2.1}$$

如数表中第二行第三列的元素 13 是商店 S_2 的食品 F_3 的价格．若在商店 S_1 里购买单位数量的四种食品，则总价为 $16+7+12+21=56$.

对于式（2.1）这样的数表，我们给出如下定义：

定义 2.1 由 $m\times n$ 个数 a_{ij}（$i=1,2,\cdots,m$；$j=1,2,\cdots,n$）排成 m 行 n 列的数表

$$\begin{matrix} a_{11} & a_{12} & \cdots & a_{1n} \\ a_{21} & a_{22} & \cdots & a_{2n} \\ \vdots & \vdots & & \vdots \\ a_{m1} & a_{m2} & \cdots & a_{mn} \end{matrix}$$

用括号括起来以表示它是一个整体，称为 $m\times n$ **矩阵**（matrix），并用大写加粗字母表示，记作

$$\boldsymbol{A}=\begin{pmatrix} a_{11} & a_{12} & \cdots & a_{1n} \\ a_{21} & a_{22} & \cdots & a_{2n} \\ \vdots & \vdots & & \vdots \\ a_{m1} & a_{m2} & \cdots & a_{mn} \end{pmatrix}.$$

简记为 $\boldsymbol{A}=(a_{ij})_{m\times n}$ 或 $\boldsymbol{A}_{m\times n}$，其中 a_{ij} 称为矩阵 $\boldsymbol{A}$ 的第 i 行第 j 列的**元素**（entry），i 为元素所在的行标，j 为列标.

在定义 2.1 中，当 $a_{ij}\in\mathbf{R}$ 时称 $\boldsymbol{A}$ 为实矩阵；$a_{ij}\in\mathbf{C}$ 时称 $\boldsymbol{A}$ 为复矩阵. 本书中的矩阵除特别说明外，都是指实矩阵.

下面介绍几种特殊的矩阵.

（1）n 阶方阵

当 $m=n$ 时，称 $\boldsymbol{A}$ 为 n 阶方阵（n-order square matrix），可记作 $\boldsymbol{A}_n$.

（2）行矩阵和列矩阵

当 $m=1$，$n>1$ 时，即形如

$$\boldsymbol{A}=(a_1, a_2, \cdots, a_n)$$

的矩阵称为行矩阵（row matrix）或行向量（row vector）；

当 $m>1$，$n=1$ 时，即形如

$$\boldsymbol{B}=\begin{pmatrix} b_1 \\ b_2 \\ \vdots \\ b_n \end{pmatrix}$$

的矩阵称为列矩阵（column matrix）或列向量（column vector）.

（3）矩阵的相等

行数相等且列数也相等的两个矩阵称为同型矩阵. 称两个同型矩阵 $\boldsymbol{A}=(a_{ij})_{m\times n}$ 与 $\boldsymbol{B}=(b_{ij})_{m\times n}$ 相等当且仅当它们的对应元素相等，即

$$a_{ij}=b_{ij}\ (i=1,2,\cdots,m;\ j=1,2,\cdots,n).$$

（4）零矩阵

所有元素都是 0 的矩阵称为零矩阵，记作 $\boldsymbol{O}_{m\times n}$. 注意不同型的零矩阵是不同的.

例如：零矩阵 $\begin{pmatrix} 0 & 0 \\ 0 & 0 \\ 0 & 0 \end{pmatrix}$ 与 $\begin{pmatrix} 0 & 0 \\ 0 & 0 \end{pmatrix}$ 不同.

(5) 单位矩阵

对角线上元素均为 1，其他元素均为 0 的方阵称为单位矩阵（unit matrix），即

$$\boldsymbol{E}_n=\begin{pmatrix}1 & & & \\ & 1 & & \\ & & \ddots & \\ & & & 1\end{pmatrix}.$$

(6) 对角矩阵

形如

$$\boldsymbol{\Lambda}=\begin{pmatrix}\lambda_1 & & & \\ & \lambda_2 & & \\ & & \ddots & \\ & & & \lambda_n\end{pmatrix}$$

的 n 阶方阵称为对角矩阵（diagonal matrix），也记作 $\boldsymbol{\Lambda}=\mathrm{diag}(\lambda_1,\lambda_2,\cdots,\lambda_n)$.

(7) 上三角矩阵和下三角矩阵

形如

$$\begin{pmatrix}a_{11} & a_{12} & \cdots & a_{1n}\\ 0 & a_{22} & \cdots & a_{2n}\\ \vdots & \vdots & & \vdots\\ 0 & 0 & \cdots & a_{nn}\end{pmatrix}\text{和}\begin{pmatrix}a_{11} & 0 & \cdots & 0\\ a_{21} & a_{22} & \cdots & 0\\ \vdots & \vdots & & \vdots\\ a_{n1} & a_{n2} & \cdots & a_{nn}\end{pmatrix}$$

的 n 阶方阵分别称为上三角矩阵和下三角矩阵 .

矩阵的应用非常广泛，下面举例说明用矩阵描述某些具体问题 .

例 2.1　如图 2.1 所示的网络表示 A 国、B 国和 C 国的几个城市之间的通航情况 . A 国三个城市到 B 国三个城市的通航情况可用下面矩阵表示

$$\begin{pmatrix}1 & 1 & 0\\ 1 & 0 & 1\\ 1 & 1 & 0\end{pmatrix}$$

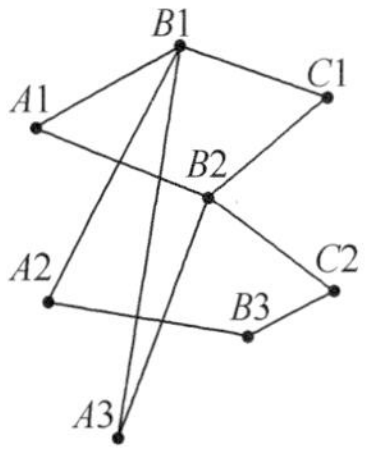

图　2.1

其中矩阵中的每一行代表着 A 国的三个城市与 B 国城市之间的通航情况，每一列代表着 B 国的三个城市与 A 国城市之间的通航情况 . 两城市有通航的，对应元素记为 1，无通航的，对应元素记为 0. 同理，我们可写出表示 B 国三个城市与 C 国两个城市通航情况的矩阵

$$\begin{pmatrix}1 & 0\\ 1 & 1\\ 0 & 1\end{pmatrix}.$$

其中矩阵中的每一行代表着 B 国的三个城市与 C 国城市之间的通

航情况，每一列代表着 C 国的三个城市与 B 国城市之间的通航情况.

例 2.2 在研究线性方程组

$$\begin{cases} a_{11}x_1 + a_{12}x_2 + \cdots + a_{1n}x_n = b_1, \\ a_{21}x_1 + a_{22}x_2 + \cdots + a_{2n}x_n = b_2, \\ \quad\vdots \\ a_{m1}x_1 + a_{m2}x_2 + \cdots + a_{mn}x_n = b_m \end{cases} \tag{2.2}$$

的过程中，我们发现方程组的解实际上是由它的系数和常数项所确定的．于是，称

$$\boldsymbol{A} = \begin{pmatrix} a_{11} & a_{12} & \cdots & a_{1n} \\ a_{21} & a_{22} & \cdots & a_{2n} \\ \vdots & \vdots & & \vdots \\ a_{m1} & a_{m2} & \cdots & a_{mn} \end{pmatrix}$$

为方程组（2.2）的**系数矩阵**，称

$$(\boldsymbol{A} \mid \boldsymbol{b}) = \begin{pmatrix} a_{11} & a_{12} & \cdots & a_{1n} & b_1 \\ a_{21} & a_{22} & \cdots & a_{2n} & b_2 \\ \vdots & \vdots & & \vdots & \vdots \\ a_{m1} & a_{m2} & \cdots & a_{mn} & b_m \end{pmatrix}$$

为方程组（2.2）的**增广矩阵**，从而对线性方程组的研究可转化为对矩阵的研究．

例 2.3 设变量 y_1，y_2，…，y_m可由变量 x_1，x_2，…，x_n表示为

$$\begin{cases} y_1 = a_{11}x_1 + a_{12}x_2 + \cdots + a_{1n}x_n, \\ y_2 = a_{21}x_1 + a_{22}x_2 + \cdots + a_{2n}x_n, \\ \quad\vdots \\ y_m = a_{m1}x_1 + a_{m2}x_2 + \cdots + a_{mn}x_n. \end{cases} \tag{2.3}$$

则关系式（2.3）称为由变量 x_1，x_2，…，x_n到变量 y_1，y_2，…，y_m的一个线性变换（linear transformation）．线性变换的系数 a_{ij}构成的矩阵 $\boldsymbol{A}=(a_{ij})_{m\times n}$称为线性变换的系数矩阵．显然线性变换与它的系数矩阵存在一一对应关系．

特别地，线性变换

$$\begin{cases} y_1 = \lambda_1 x_1, \\ y_2 = \lambda_2 x_2, \\ \quad\vdots \\ y_n = \lambda_n x_n \end{cases} \tag{2.4}$$

对应 n 阶对角阵 $\boldsymbol{\Lambda}=\mathrm{diag}(\lambda_1,\lambda_2,\cdots,\lambda_n)$．若 $\lambda_1=\lambda_2=\cdots=\lambda_n=1$，线性变换（2.4）为恒等变换，对应的矩阵为单位阵 $\boldsymbol{E}_n$.

练习 1

一、选择题

1. 以下结论正确的是（　　）.

（A）所有的零矩阵相等；

（B）零矩阵必定是方阵；

（C）所有的 3 阶方阵必是同型矩阵；

（D）不是同型矩阵也可能相等.

2. 下列矩阵中是单位矩阵的是（　　）.

（A）$\begin{pmatrix} 0 & 0 \\ 0 & 0 \end{pmatrix}$；（B）$\begin{pmatrix} 1 & 0 \\ 0 & 1 \end{pmatrix}$；（C）$\begin{pmatrix} 0 & 1 \\ 1 & 0 \end{pmatrix}$；（D）$\begin{pmatrix} 1 & 1 \\ 1 & 1 \end{pmatrix}$.

二、填空题

已知 $\boldsymbol{A}=\begin{pmatrix} 2 & x-3 \\ 7-y & -1 \end{pmatrix}$，$\boldsymbol{B}=\begin{pmatrix} 2 & 1 \\ x & -1 \end{pmatrix}$，且 $\boldsymbol{A}=\boldsymbol{B}$，则 $x=$ ________，$y=$ ________.

2.2　矩阵的运算

矩阵的意义不仅在于将一些数据排成阵列形式，而且在于对它定义了一些有理论意义和实际意义的运算．从而使它成为进行理论研究或解决实际问题的有力工具.

2.2.1　线性运算

定义 2.2　设两个矩阵 $\boldsymbol{A}=(a_{ij})_{m\times n}$，$\boldsymbol{B}=(b_{ij})_{m\times n}$，则 $\boldsymbol{A}$ 与 $\boldsymbol{B}$ 的和记作 $\boldsymbol{A}+\boldsymbol{B}$，规定为

$$\boldsymbol{A}+\boldsymbol{B}=(a_{ij}+b_{ij})_{m\times n}=\begin{pmatrix} a_{11}+b_{11} & \cdots & a_{1n}+b_{1n} \\ \vdots & & \vdots \\ a_{m1}+b_{m1} & \cdots & a_{mn}+b_{mn} \end{pmatrix}.$$

应当注意，只有当两个矩阵是同型矩阵时，这两个矩阵才能进行加法运算.

定义 2.3　数 λ 与矩阵 $\boldsymbol{A}$ 的乘积记作 $\lambda\boldsymbol{A}$ 或 $\boldsymbol{A}\lambda$，规定为

$$\lambda\boldsymbol{A}=\boldsymbol{A}\lambda=(\lambda a_{ij})_{m\times n}=\begin{pmatrix} \lambda a_{11} & \cdots & \lambda a_{1n} \\ \vdots & & \vdots \\ \lambda a_{m1} & \cdots & \lambda a_{mn} \end{pmatrix}.$$

记 $-\boldsymbol{A}=(-1)\boldsymbol{A}=(-a_{ij})_{m\times n}$，称 $-\boldsymbol{A}$ 为矩阵 $\boldsymbol{A}$ 的负矩阵（negative matrix）. 由此可规定矩阵的减法为

$$\boldsymbol{A}-\boldsymbol{B}=\boldsymbol{A}+(-\boldsymbol{B}).$$

以上的矩阵加法、数与矩阵相乘（简称数乘）统称为矩阵的线

性运算（linear operation）.

矩阵的线性运算满足下列运算规律：

设 $\boldsymbol{A}$，$\boldsymbol{B}$，$\boldsymbol{C}$ 为同阶矩阵，k，l 为常数，则有

（1）$\boldsymbol{A}+\boldsymbol{B}=\boldsymbol{B}+\boldsymbol{A}$；

（2）$(\boldsymbol{A}+\boldsymbol{B})+\boldsymbol{C}=\boldsymbol{A}+(\boldsymbol{B}+\boldsymbol{C})$；

（3）$\boldsymbol{A}+\boldsymbol{O}=\boldsymbol{A}$；

（4）$\boldsymbol{A}+(-\boldsymbol{A})=\boldsymbol{O}$；

（5）$1\boldsymbol{A}=\boldsymbol{A}$；

（6）$(kl)\boldsymbol{A}=k(l\boldsymbol{A})$；

（7）$(k+l)\boldsymbol{A}=k\boldsymbol{A}+l\boldsymbol{A}$；

（8）$k(\boldsymbol{A}+\boldsymbol{B})=k\boldsymbol{A}+k\boldsymbol{B}$.

例 2.4 设 $\boldsymbol{A}=\begin{pmatrix}1&-2&0\\4&3&5\end{pmatrix}$，$\boldsymbol{B}=\begin{pmatrix}8&2&6\\5&3&4\end{pmatrix}$，满足 $2\boldsymbol{A}+\boldsymbol{X}=\boldsymbol{B}-2\boldsymbol{X}$，求 $\boldsymbol{X}$.

解 由 $2\boldsymbol{A}+\boldsymbol{X}=\boldsymbol{B}-2\boldsymbol{X}$，有

$$\boldsymbol{X}=\frac{1}{3}(\boldsymbol{B}-2\boldsymbol{A})=\frac{1}{3}\left(\begin{pmatrix}8&2&6\\5&3&4\end{pmatrix}-\begin{pmatrix}1\times2&\underline{\qquad}&0\times2\\\underline{\qquad}&3\times2&\underline{\qquad}\end{pmatrix}\right)$$

$$=\frac{1}{3}\begin{pmatrix}\underline{\qquad}&6&\underline{\qquad}\\-3&\underline{\qquad}&-6\end{pmatrix}=\begin{pmatrix}2&2&2\\-1&-1&-2\end{pmatrix}.$$

2.2.2 矩阵乘法

引例 有两位股民持有 A、B、C 三种股票，表 2.1 给出了每支股票在两周时间内获得的平均利润，表 2.2 给出了股票的持有量．问两位股民在哪周的时间内获得的利润最大？

表 2.1 股票的平均利润

	A	B	C
第一周	10	15	17
第二周	12	11	16

表 2.2 股票的持有量

	股民 1	股民 2
A	100	80
B	120	100
C	90	120

解 将表 2.1 和表 2.2 中给出的数据分别记成矩阵

$$\boldsymbol{A}=\begin{pmatrix}10&15&17\\12&11&16\end{pmatrix}_{2}\quad\boldsymbol{B}=\begin{pmatrix}100&80\\120&100\\90&120\end{pmatrix}_{3}$$

计算两位股民在两周的时间内获得的利润为：

表 2.3 两位股民获得的利润

	股民 1 获得的总利润	股民 2 获得的总利润
第一周	$10\times100+15\times120+17\times90$	$10\times80+15\times100+17\times120$
第二周	$12\times100+11\times120+16\times90$	$12\times80+11\times100+16\times120$

将上表记为矩阵

$$\boldsymbol{C}=\begin{pmatrix}10\times100+15\times120+17\times90 & \underline{\qquad\qquad\qquad\qquad}\\ 12\times100+11\times120+16\times90 & 12\times80+11\times100+16\times120\end{pmatrix}$$

即

$$\boldsymbol{C}=\begin{pmatrix}4330 & 4340\\ 3960 & 3980\end{pmatrix}.$$

故股民 2 在第一周的时间内获得的利润最大．

由引例可以看到，矩阵 $\boldsymbol{C}=(c_{ij})_{2\times2}$是由矩阵 $\boldsymbol{A}=(a_{ij})_{2\times3}$，$\boldsymbol{B}=(b_{ij})_{3\times2}$经过一种运算得到的．$\boldsymbol{C}$ 的阶数由 $\boldsymbol{A}$ 的行数与 $\boldsymbol{B}$ 的列数确定，元素 c_{ij}是 $\boldsymbol{A}$ 的第 i 行与 $\boldsymbol{B}$ 的第 j 列对应元素乘积之和．我们把这种运算称为矩阵的乘积，下面给出矩阵乘法运算的定义．

定义 2.4 设矩阵 $\boldsymbol{A}=(a_{ij})_{m\times s}$，$\boldsymbol{B}=(b_{ij})_{s\times n}$，那么规定矩阵 $\boldsymbol{A}$ 与 $\boldsymbol{B}$ 的乘积是一个 $m\times n$ 的矩阵，记作 $\boldsymbol{C}=(c_{ij})_{m\times n}$，其中

$$c_{ij}=(a_{i1},a_{i2},\cdots,a_{is})\begin{pmatrix}b_{1j}\\ b_{2j}\\ \vdots\\ b_{sj}\end{pmatrix}=a_{i1}b_{1j}+a_{i2}b_{2j}+\cdots+a_{is}b_{sj}=\sum_{k=1}^{s}a_{ik}b_{kj},$$

其中，$i=1，2，\cdots，m$；$j=1，2，\cdots，n$.

并把此乘积记作

$$\boldsymbol{C}=\boldsymbol{AB}.$$

由矩阵乘积的定义表明，$\boldsymbol{A}$ 与 $\boldsymbol{B}$ 能够相乘的条件是矩阵 $\boldsymbol{A}$ 的列数等于矩阵 $\boldsymbol{B}$ 的行数．$\boldsymbol{A}$ 与 $\boldsymbol{B}$ 相乘的规则是，乘积矩阵 $\boldsymbol{C}$ 的元素 c_{ij}是 $\boldsymbol{A}$ 的第 i 行与 $\boldsymbol{B}$ 的第 j 列的对应元素乘积之和．

例 2.5 设 $\boldsymbol{A}=\begin{pmatrix}3 & -1\\ \hdashline 0 & 3\\ \hdashline 1 & 0\end{pmatrix}$，$\boldsymbol{B}=\left(\begin{array}{c:c:c:c}1 & 0 & 1 & -1\\ 0 & 2 & 1 & 0\end{array}\right)$，求 $\boldsymbol{AB}$，$\boldsymbol{BA}$.

解 因为 $\boldsymbol{A}$ 是 3×2 的矩阵，$\boldsymbol{B}$ 是 2×4 的矩阵，所以 $\boldsymbol{AB}$ 的矩阵是 3×4 的矩阵．由定义 2.4 有

$$\boldsymbol{AB}=\begin{pmatrix}3\times1-1\times0 & \underline{\qquad\qquad} & 3\times1-1\times1 & 3\times(-1)-1\times0\\ \underline{\qquad\qquad} & 0\times0+3\times2 & 0\times1+3\times1 & \underline{\qquad\qquad}\\ 1\times1+0\times0 & \underline{\qquad\qquad} & 1\times1+0\times1 & 1\times(-1)+0\times0\end{pmatrix}$$

$$=\begin{pmatrix}3 & -2 & 2 & -3\\0 & 6 & 3 & 0\\1 & 0 & 1 & -1\end{pmatrix},$$

而 $\boldsymbol{BA}$ 无意义.

特别地，若 $\boldsymbol{P}_{1\times n}=(p_1,p_2,\cdots,p_n)$，$\boldsymbol{Q}_{n\times 1}=\begin{pmatrix}q_1\\q_2\\\vdots\\q_n\end{pmatrix}$，则 $\boldsymbol{P}$ 与 $\boldsymbol{Q}$ 的乘积是一个 1 阶方阵，也就是只有一个元素，即

$$\boldsymbol{PQ}=(p_1q_1+p_2q_2+\cdots+p_nq_n).$$

而 $\boldsymbol{Q}_{n\times 1}=\begin{pmatrix}q_1\\q_2\\\vdots\\q_n\end{pmatrix}$与 $\boldsymbol{P}_{1\times n}=(p_1,p_2,\cdots,p_n)$的乘积为

$$\boldsymbol{QP}=\begin{pmatrix}q_1p_1 & q_1p_2 & \cdots & q_1p_n\\q_2p_1 & q_2p_2 & \cdots & q_2p_n\\\vdots & \vdots & & \vdots\\q_np_1 & q_np_2 & \cdots & q_np_n\end{pmatrix}.$$

由此可知，矩阵乘法一般不满足交换律，即 $\boldsymbol{AB}\neq\boldsymbol{BA}$. 但也有例外，如

$$\boldsymbol{A}=\begin{pmatrix}2 & 0\\0 & 2\end{pmatrix},\ \boldsymbol{B}=\begin{pmatrix}1 & -1\\-1 & 1\end{pmatrix},$$

有

$$\boldsymbol{AB}=\begin{pmatrix}2 & -2\\-2 & 2\end{pmatrix}=\boldsymbol{BA}.$$

矩阵乘法一般也不满足消去律. 即，若 $\boldsymbol{BA}=\boldsymbol{O}$，不能得到 $\boldsymbol{A}=\boldsymbol{O}$ 或 $\boldsymbol{B}=\boldsymbol{O}$. 例如，设 $\boldsymbol{A}=\begin{pmatrix}1 & 2\\1 & 2\end{pmatrix}$，$\boldsymbol{B}=\begin{pmatrix}1 & -1\\-1 & 1\end{pmatrix}$，则

$$\boldsymbol{AB}=\begin{pmatrix}-1 & 1\\-1 & 1\end{pmatrix},\ \boldsymbol{BA}=\begin{pmatrix}0 & 0\\0 & 0\end{pmatrix}.$$

显然 $\boldsymbol{AB}\neq\boldsymbol{BA}$；另外，$\boldsymbol{A}\neq\boldsymbol{O}$，$\boldsymbol{B}\neq\boldsymbol{O}$，但是 $\boldsymbol{BA}=\boldsymbol{O}$.

对于 n 阶方阵 $\boldsymbol{A}$ 和 $\boldsymbol{B}$，若满足 $\boldsymbol{AB}=\boldsymbol{BA}$，我们称方阵 $\boldsymbol{A}$ 和方阵 $\boldsymbol{B}$ 是可交换的（commutative matrix）. 对于单位阵 $\boldsymbol{E}$，容易验证

$$\boldsymbol{E}_m\boldsymbol{A}_{m\times n}=\boldsymbol{A}_{m\times n},\ \boldsymbol{A}_{m\times n}\boldsymbol{E}_n=\boldsymbol{A}_{m\times n}.$$

或简写为

$$\boldsymbol{EA}=\boldsymbol{AE}=\boldsymbol{A}.$$

矩阵乘法满足下列运算规律：

(1) $(\boldsymbol{AB})\boldsymbol{C}=\boldsymbol{A}(\boldsymbol{BC})$；

(2) $\boldsymbol{A}(\boldsymbol{B}+\boldsymbol{C})=\boldsymbol{AB}+\boldsymbol{AC}$；　$(\boldsymbol{A}+\boldsymbol{B})\boldsymbol{C}=\boldsymbol{AC}+\boldsymbol{BC}$；

(3) $\lambda(\boldsymbol{AB})=(\lambda\boldsymbol{A})\boldsymbol{B}=\boldsymbol{A}(\lambda\boldsymbol{B})$;

(4) $\boldsymbol{EA}=\boldsymbol{AE}=\boldsymbol{A}$;

例 2.6　有四名学生考了三门数学课程，成绩见表 2.4，试用矩阵的运算计算四名学生的各科总成绩及个人平均成绩.

表 2.4　学生成绩

	微积分	线性代数	概率统计
张华	92	94	90
李强	86	92	80
王勇	88	86	84
何亮	90	89	82

解　记四名学生成绩分布表为矩阵

$$\boldsymbol{A}=\begin{pmatrix}92&94&90\\86&92&80\\88&86&84\\90&89&82\end{pmatrix}.$$

四名学生的各科总成绩为

$$(1,1,1,1)\begin{pmatrix}92&94&90\\86&92&80\\88&86&84\\90&89&82\end{pmatrix}=(356,361,336).$$

即四名学生的微积分、线性代数、概率统计的总成绩分别为 356，361，336.

个人平均成绩为

$$\begin{pmatrix}92&94&90\\86&92&80\\88&86&84\\90&89&82\end{pmatrix}\begin{pmatrix}\frac{1}{3}\\\frac{1}{3}\\\frac{1}{3}\end{pmatrix}=\begin{pmatrix}93\\86\\86\\87\end{pmatrix},$$

即个人平均成绩分别为 93，86，86，87.

上节例 2.2 中的线性方程组

$$\begin{cases}a_{11}x_1+a_{12}x_2+\cdots+a_{1n}x_n=b_1,\\a_{21}x_1+a_{22}x_2+\cdots+a_{2n}x_n=b_2,\\\qquad\vdots\\a_{m1}x_1+a_{m2}x_2+\cdots+a_{mn}x_n=b_m\end{cases}$$

可写成矩阵形式

$$\boldsymbol{Ax}=\boldsymbol{b},$$

其中

$$\boldsymbol{A}=(a_{ij}),\ \boldsymbol{x}=\begin{pmatrix}x_1\\x_2\\\vdots\\x_n\end{pmatrix},\ \boldsymbol{b}=\begin{pmatrix}b_1\\b_2\\\vdots\\b_n\end{pmatrix}.$$

上节例 2.3 中的线性变换

$$\begin{cases}y_1=a_{11}x_1+a_{12}x_2+\cdots+a_{1n}x_n,\\y_2=a_{21}x_1+a_{22}x_2+\cdots+a_{2n}x_n,\\\qquad\vdots\\y_m=a_{m1}x_1+a_{m2}x_2+\cdots+a_{mn}x_n\end{cases}$$

可写成矩阵形式

$$\boldsymbol{y}=\boldsymbol{A}\boldsymbol{x},$$

其中

$$\boldsymbol{A}=(a_{ij}),\ \boldsymbol{x}=\begin{pmatrix}x_1\\x_2\\\vdots\\x_n\end{pmatrix},\ \boldsymbol{y}=\begin{pmatrix}y_1\\y_2\\\vdots\\y_m\end{pmatrix}.$$

应用矩阵来表示线性方程组和线性变换，既可简化形式，又便于在后面章节中进一步利用矩阵理论来处理相关问题.

2.2.3 方阵的幂运算

定义 2.5 若 $\boldsymbol{A}$ 是方阵，则将 k 个 $\boldsymbol{A}$ 相乘记作 $\boldsymbol{A}^k$，称为 $\boldsymbol{A}$ 的 k 次幂（power of k），且

$$\boldsymbol{A}^k\boldsymbol{A}^l=\boldsymbol{A}^{k+l},\ (\boldsymbol{A}^k)^l=\boldsymbol{A}^{kl}.$$

显然一个对角矩阵的 k 次幂仍是对角矩阵

$$\begin{pmatrix}\lambda_1&&&\\&\lambda_2&&\\&&\ddots&\\&&&\lambda_n\end{pmatrix}^k=\begin{pmatrix}\lambda_1^{\ k}&&&\\&\lambda_2^{\ k}&&\\&&\ddots&\\&&&\lambda_n^{\ k}\end{pmatrix}.$$

与 x 的代数多项式 $f(x)=a_nx^n+\cdots+a_1x+a_0$ 类似，由方阵幂的定义，可以定义方阵的多项式.

定义 2.6 设 $\boldsymbol{A}$ 是方阵，a_k（$k=0,1,2,\cdots,m$）是常数，称

$$f(\boldsymbol{A})=a_m\boldsymbol{A}^m+\cdots+a_1\boldsymbol{A}+a_0\boldsymbol{E}$$

为方阵 $\boldsymbol{A}$ 的多项式.

例 2.7 设 $\boldsymbol{A}=\begin{pmatrix}1&0&1\\&3&0\\&&1\end{pmatrix}$，求 $\boldsymbol{A}^k$（$k=2,3,\cdots$）.

解法 1　计算

$$A^2=\begin{pmatrix}1&0&1\\&3&0\\&&1\end{pmatrix}\begin{pmatrix}1&0&1\\&3&0\\&&1\end{pmatrix}=\begin{pmatrix}1&0&2\\&3^2&0\\&&1\end{pmatrix},$$

$$A^3=A^2A=\begin{pmatrix}1&0&2\\&3^2&0\\&&1\end{pmatrix}\begin{pmatrix}1&0&1\\&3&0\\&&1\end{pmatrix}=\begin{pmatrix}1&0&3\\&3^3&0\\&&1\end{pmatrix}.$$

用数学归纳法，假设 $n=k-1$ 时，有

$$A^{k-1}=\begin{pmatrix}1&0&k-1\\&3^{k-1}&0\\&&1\end{pmatrix},$$

计算

$$A^k=A^{k-1}A=\begin{pmatrix}1&0&k-1\\&3^{k-1}&0\\&&1\end{pmatrix}\begin{pmatrix}1&0&1\\&3&0\\&&1\end{pmatrix}=\begin{pmatrix}1&0&k\\&3^k&0\\&&1\end{pmatrix},$$

于是，当 $n=k$ 时，有

$$A^k=\begin{pmatrix}1&0&k\\&3^k&0\\&&1\end{pmatrix}.$$

解法 2　设 $\Lambda=\begin{pmatrix}1&0&0\\&3&0\\&&1\end{pmatrix}$，$B=\begin{pmatrix}0&0&1\\&0&0\\&&0\end{pmatrix}$，那么 $A=\Lambda+B$，用牛顿二项式展开有

$$\begin{aligned}A^k&=(\Lambda+B)^k=C_k^0\Lambda^k+C_k^1\Lambda^{k-1}B+\cdots+C_k^kB^k\\&=\begin{pmatrix}1&0&0\\&3^k&0\\&&1\end{pmatrix}+k\begin{pmatrix}1&0&0\\&3^{k-1}&0\\&&1\end{pmatrix}\begin{pmatrix}0&0&1\\&0&0\\&&0\end{pmatrix}\\&=\begin{pmatrix}1&0&k\\&3^k&0\\&&1\end{pmatrix}\end{aligned}$$

例 2.8　设 $A=\begin{pmatrix}1&0&1\\-1&3&2\\2&0&1\end{pmatrix}$，求 $f(A)=2A^2-3A+4E$.

解　计算

$$A^2=\begin{pmatrix}1&0&1\\-1&3&2\\2&0&1\end{pmatrix}\begin{pmatrix}1&0&1\\-1&3&2\\2&0&1\end{pmatrix}=\begin{pmatrix}3&0&2\\0&\underline{\qquad}&7\\\underline{\qquad}&0&\underline{\qquad}\end{pmatrix},$$

$$f(A)=2A^2-3A+4E$$

$$=2\begin{pmatrix}3&0&2\\0&9&7\\4&0&3\end{pmatrix}\underline{\qquad}\begin{pmatrix}1&0&1\\-1&3&2\\2&0&1\end{pmatrix}\underline{\qquad}\begin{pmatrix}1&0&0\\0&1&0\\0&0&1\end{pmatrix}$$

$$=\begin{pmatrix}7&0&5\\3&12&8\\2&0&7\end{pmatrix}.$$

2.2.4 矩阵的转置

定义 2.7 把矩阵 $\boldsymbol{A}$ 的行换成同序数的列所得到的新矩阵称为 $\boldsymbol{A}$ 的转置矩阵（transposed matrix），记作 $\boldsymbol{A}^{\mathrm{T}}$，即

$$\boldsymbol{A}=\begin{pmatrix}a_{11}&a_{12}&\cdots&a_{1n}\\a_{21}&a_{22}&\cdots&a_{2n}\\\vdots&\vdots&&\vdots\\a_{m1}&a_{m2}&\cdots&a_{mn}\end{pmatrix},\ \boldsymbol{A}^{\mathrm{T}}=\begin{pmatrix}a_{11}&a_{21}&\cdots&a_{m1}\\a_{12}&a_{22}&\cdots&a_{m2}\\\vdots&\vdots&&\vdots\\a_{1n}&a_{2n}&\cdots&a_{mn}\end{pmatrix}.$$

矩阵转置满足下列运行运算规律：

（1）$(\boldsymbol{A}^{\mathrm{T}})^{\mathrm{T}}=\boldsymbol{A}$；

（2）$(\boldsymbol{A}+\boldsymbol{B})^{\mathrm{T}}=\boldsymbol{A}^{\mathrm{T}}+\boldsymbol{B}^{\mathrm{T}}$；

（3）$(\lambda\boldsymbol{A})^{\mathrm{T}}=\lambda\boldsymbol{A}^{\mathrm{T}}$；

（4）$(\boldsymbol{AB})^{\mathrm{T}}=\boldsymbol{B}^{\mathrm{T}}\boldsymbol{A}^{\mathrm{T}}$.

这里，我们只验证（4）. 设 $\boldsymbol{A}=(a_{ij})_{m\times s}$，$\boldsymbol{B}=(b_{ij})_{s\times n}$，记 $\boldsymbol{AB}=\boldsymbol{C}=(c_{ij})_{m\times n}$，$\boldsymbol{B}^{\mathrm{T}}\boldsymbol{A}^{\mathrm{T}}=\boldsymbol{D}=(d_{ij})_{n\times m}$. 则

$$c_{ji}=(a_{j1},\ a_{j2},\ \cdots,\ a_{js})\begin{pmatrix}b_{1i}\\b_{2i}\\\vdots\\b_{si}\end{pmatrix}=a_{j1}b_{1i}+a_{j2}b_{2i}+\cdots+a_{js}b_{si},$$

$$d_{ij}=(b_{1i},\ b_{2i},\ \cdots,\ b_{si})\begin{pmatrix}a_{j1}\\a_{j2}\\\vdots\\a_{js}\end{pmatrix}=b_{1i}a_{j1}+b_{2i}a_{j2}+\cdots+b_{si}a_{js},$$

故 $d_{ij}=c_{ji}$（$i=1,2,\cdots,n$；$j=1,2,\cdots,m$），即 $(\boldsymbol{AB})^{\mathrm{T}}=\boldsymbol{B}^{\mathrm{T}}\boldsymbol{A}^{\mathrm{T}}$.

例 2.9 已知

$$\boldsymbol{A}=\begin{pmatrix}1&3&2\\2&0&-1\end{pmatrix},\ \boldsymbol{B}=\begin{pmatrix}3&5&-1\\4&2&7\\2&0&6\end{pmatrix},$$

求 $(\boldsymbol{AB})^{\mathrm{T}}$.

解法 1

$$\boldsymbol{AB}=\begin{pmatrix}1&3&2\\2&0&-1\end{pmatrix}\begin{pmatrix}3&5&-1\\4&2&7\\2&0&6\end{pmatrix}=\begin{pmatrix}19&11&32\\4&10&-8\end{pmatrix},$$

所以
$$(\boldsymbol{AB})^{\mathrm{T}}=\begin{pmatrix}19 & 4\\ 11 & 10\\ 32 & -8\end{pmatrix}.$$

解法 2

$$(\boldsymbol{AB})^{\mathrm{T}}=\boldsymbol{B}^{\mathrm{T}}\boldsymbol{A}^{\mathrm{T}}=\begin{pmatrix}3 & 4 & 2\\ 5 & 2 & 0\\ -1 & 7 & 6\end{pmatrix}\begin{pmatrix}1 & 2\\ 3 & 0\\ 2 & -1\end{pmatrix}=\begin{pmatrix}19 & 4\\ 11 & 10\\ 32 & -8\end{pmatrix}.$$

满足 $\boldsymbol{A}^{\mathrm{T}}=\boldsymbol{A}$ 的 n 阶方阵 $\boldsymbol{A}$ 称为对称矩阵（symmetric matrix），显然对称矩阵中的元素 $a_{ij}=a_{ji}$（$i,j=1,2,\cdots,n$）. 如果 $\boldsymbol{A}^{\mathrm{T}}=-\boldsymbol{A}$ 的 n 阶方阵 $\boldsymbol{A}$ 称为反对称矩阵（antisymmetric matrix），显然对称矩阵中的元素 $a_{ij}=-a_{ji}$，（$i,j=1,2,\cdots,n$）.

例如：$\boldsymbol{A}=\begin{pmatrix}1 & 2 & \cdots & n\\ 2 & 4 & \cdots & 2n\\ \vdots & \vdots & & \vdots\\ n & 2n & \cdots & n^2\end{pmatrix}$是对称阵，$\boldsymbol{A}=\begin{pmatrix}0 & 2 & \cdots & n\\ -2 & 0 & \cdots & 2n\\ \vdots & \vdots & & \vdots\\ -n & -2n & \cdots & 0\end{pmatrix}$是反对称阵.

注：反对称阵的主对角元素为 0.

例 2.10　设 $\boldsymbol{A}$，$\boldsymbol{B}$ 为对称阵，若 $\boldsymbol{AB}=\boldsymbol{BA}$，证明 $\boldsymbol{AB}$ 也为对称阵.

证　由题中条件有
$$(\boldsymbol{AB})^{\mathrm{T}}=\boldsymbol{B}^{\mathrm{T}}\boldsymbol{A}^{\mathrm{T}}=\boldsymbol{BA}=\boldsymbol{AB},$$
于是 $\boldsymbol{AB}$ 也为对称阵.

2.2.5　共轭矩阵

定义 2.8　设 $\boldsymbol{A}=(a_{ij})_{m\times n}$为复矩阵，$\overline{a_{ij}}$为 a_{ij}的共轭复数，则 $\overline{\boldsymbol{A}}=(\overline{a}_{ij})_{m\times n}$称为 $\boldsymbol{A}$ 的共轭矩阵（conjugate matrix）.

共轭矩阵满足下列运算规律：

（1）$\overline{(\boldsymbol{A}+\boldsymbol{B})}=\overline{\boldsymbol{A}}+\overline{\boldsymbol{B}}$；

（2）$\overline{(\lambda\boldsymbol{A})}=\overline{\lambda}\,\overline{\boldsymbol{A}}$；

（3）$\overline{(\boldsymbol{AB})}=\overline{\boldsymbol{A}}\,\overline{\boldsymbol{B}}$.

例 2.11　设 $\boldsymbol{A}=\begin{pmatrix}1+\mathrm{i} & 2\\ \mathrm{i} & 2-\mathrm{i}\end{pmatrix}$，$\boldsymbol{B}=\begin{pmatrix}0 & -1+\mathrm{i}\\ -1 & \mathrm{i}\end{pmatrix}$，计算 $\overline{(A+B)}$，$2\overline{A}B$.

解

$$\overline{(\boldsymbol{A}+\boldsymbol{B})}=\overline{\boldsymbol{A}}+\overline{\boldsymbol{B}}=\begin{pmatrix}1-\mathrm{i} & 2\\ \overline{\quad} & \overline{\qquad}\end{pmatrix}+\begin{pmatrix}0 & \overline{\qquad}\\ -1 & -\mathrm{i}\end{pmatrix}$$
$$=\begin{pmatrix}1-\mathrm{i} & 1-\mathrm{i}\\ -1-\mathrm{i} & 2\end{pmatrix}.$$

$$2\overline{A}B=2\begin{pmatrix}1-i & 2\\ -i & \underline{\qquad}\end{pmatrix}\begin{pmatrix}0 & \underline{\qquad}\\ -1 & i\end{pmatrix}$$

$$=\begin{pmatrix}2-2i & 4\\ \underline{\qquad} & 4+2i\end{pmatrix}\begin{pmatrix}0 & \underline{\qquad}\\ -1 & i\end{pmatrix}$$

$$=\begin{pmatrix}-4 & 8i\\ 4+2i & 6i\end{pmatrix}.$$

练习2

一、选择题

1. 有矩阵 $A_{3\times2}$，$B_{2\times3}$，$C_{3\times3}$，下列（　　）运算可行.

(A) AC;　　(B) CB;

(C) ABC;　　(D) $AB-BC$.

2. 如果已知矩阵 $A_{m\times n}$，$B_{n\times m}(m\neq n)$，则下列（　　）运算结果不是 n 阶矩阵.

(A) BA;　　(B) AB;　　(C) $(BA)^{\mathrm{T}}$;　　(D) $A^{\mathrm{T}}B^{\mathrm{T}}$.

3. 若 $\begin{pmatrix}a & 1 & 1\\ 3 & 0 & 1\\ 0 & 2 & -1\end{pmatrix}\begin{pmatrix}3\\ a\\ -3\end{pmatrix}=\begin{pmatrix}b\\ 6\\ -b\end{pmatrix}$，则 a，b 的值为（　　）.

(A) $a=0$，$b=-3$;　　(B) $a=0$，$b=3$;

(C) $a=3$，$b=0$;　　(D) $a=-3$，$b=0$.

4. 设 A 是 n 阶对称矩阵，B 是 n 阶反对称矩阵，则下列矩阵为反对称矩阵的是（　　）.

(A) $AB-BA$;　　(B) $AB+BA$;

(C) (AB^2);　　(D) BAB.

5. 若 $A=\begin{pmatrix}1 & 0 & 1\\ 2 & 0 & 2\\ 3 & 0 & 3\end{pmatrix}$，则 $A^{10}=$（　　）.

(A) A;　　(B) 0;　　(C) $4^{10}A$;　　(D) 4^9A.

二、填空题

1. 设 $A=\begin{pmatrix}3 & 1 & -4\\ -2 & 0 & 5\end{pmatrix}$，则 $2A=$________；$AA^{\mathrm{T}}=$________.

2. 设 $A=\begin{pmatrix}1 & -2\\ 3 & 1\end{pmatrix}$，$B=\begin{pmatrix}2 & 1\\ 0 & 3\end{pmatrix}$，$C=(2,\ -1)$，则 $(A^{\mathrm{T}}-B)C^{\mathrm{T}}=$________.

3. 设 $P_{1\times3}=(-1,\ 2,\ 0)$，$Q_{3\times1}=\begin{pmatrix}2\\ 3\\ -1\end{pmatrix}$，则 $PQ=$________，$QP=$________.

2.3 方阵的行列式及其逆矩阵

2.3.1 方阵的行列式

定义 2.9 由 n 阶方阵 $\boldsymbol{A}=(a_{ij})_{n\times n}$ 的元素按照原来的相对位置构成的行列式，称为方阵 $\boldsymbol{A}$ 的行列式，记作 $\det\boldsymbol{A}$ 或者 $|\boldsymbol{A}|$.

应该注意，矩阵是一个矩形的数表，而行列式是一个数，二者在本质上是两个完全不同的概念．而同时，它们之间也存在着一定的关联，由定义 2.9 知，行列式可看作是方阵按一定运算法则所确定的一个数值．

设 $\boldsymbol{A}$，$\boldsymbol{B}$ 为 n 阶方阵，λ 为数，则方阵的行列式满足下列运算规律：

(1) $|\boldsymbol{A}^{\mathrm{T}}|=|\boldsymbol{A}|$;

(2) $|\lambda\boldsymbol{A}|=\lambda^n|\boldsymbol{A}|$;

(3) $|\boldsymbol{AB}|=|\boldsymbol{A}||\boldsymbol{B}|$;

(4) $|\boldsymbol{A}^k|=|\boldsymbol{A}|^k$.

特别地，对于方阵 $\boldsymbol{A}$，$\boldsymbol{B}$ 来说，$\boldsymbol{AB}\neq\boldsymbol{BA}$，而 $|\boldsymbol{AB}|=|\boldsymbol{A}||\boldsymbol{B}|=|\boldsymbol{BA}|$.

2.3.2 逆矩阵

在数的运算中，当数 $a\neq0$ 时，有 $aa^{-1}=a^{-1}a=1$，其中 $a^{-1}=\dfrac{1}{a}$ 是 a 的倒数（也称为 a 的逆）．在矩阵的运算中，单位矩阵 $\boldsymbol{E}$ 的作用相当于数的乘法中的 1，那么类似地，对于矩阵 $\boldsymbol{A}$，是否存在一个 $\boldsymbol{A}^{-1}$，使得 $\boldsymbol{AA}^{-1}=\boldsymbol{A}^{-1}\boldsymbol{A}=\boldsymbol{E}$，是下面要研究的问题．

定义 2.10 对于 n 阶方阵 $\boldsymbol{A}$，若有一个 n 阶方阵 $\boldsymbol{B}$ 满足 $\boldsymbol{AB}=\boldsymbol{BA}=\boldsymbol{E}$，则称 $\boldsymbol{A}$ 为可逆矩阵（invertible matrix），且 $\boldsymbol{B}$ 为 $\boldsymbol{A}$ 的逆矩阵（inverse matrix），记作 $\boldsymbol{A}^{-1}=\boldsymbol{B}$.

定理 2.1 若 n 阶方阵 $\boldsymbol{A}$ 为可逆矩阵，则 $\boldsymbol{A}$ 的逆矩阵是唯一的．

证 设 $\boldsymbol{B}$ 与 $\boldsymbol{C}$ 都是 $\boldsymbol{A}$ 的逆矩阵，则有

$$\boldsymbol{AB}=\boldsymbol{BA}=\boldsymbol{E},\ \boldsymbol{AC}=\boldsymbol{CA}=\boldsymbol{E},$$

$$\boldsymbol{B}=\boldsymbol{BE}=\boldsymbol{B}(\boldsymbol{AC})=(\boldsymbol{BA})\boldsymbol{C}=\boldsymbol{EC}=\boldsymbol{C}.$$

例 2.12 设 2 阶方阵 $\boldsymbol{A}=\begin{pmatrix}a & b\\ c & d\end{pmatrix}$，若 $ad-bc\neq0$，求 $\boldsymbol{A}^{-1}$.

解 用待定系数法求逆矩阵，设 $\boldsymbol{A}^{-1}=\begin{pmatrix}x_1 & x_2\\ x_3 & x_4\end{pmatrix}$，由定义 2.10 有 $\boldsymbol{AA}^{-1}=\boldsymbol{A}^{-1}\boldsymbol{A}=\boldsymbol{E}$，即

$$\begin{pmatrix} a & b \\ c & d \end{pmatrix}\begin{pmatrix} x_1 & x_2 \\ x_3 & x_4 \end{pmatrix} = \begin{pmatrix} x_1 & x_2 \\ x_3 & x_4 \end{pmatrix}\begin{pmatrix} a & b \\ c & d \end{pmatrix} = \begin{pmatrix} 1 & 0 \\ 0 & 1 \end{pmatrix},$$

那么 x_1，x_2，x_3，x_4满足方程组

$$\begin{cases} ax_1 + bx_3 = 1, \\ ax_2 + bx_4 = 0, \\ cx_1 + dx_3 = 0, \\ cx_2 + dx_4 = 1 \end{cases} \quad 或 \begin{cases} x_1 a + x_2 c = 1, \\ x_1 b + x_2 d = 0, \\ x_3 a + x_4 c = 0, \\ x_3 b + x_4 d = 1, \end{cases}$$

求得

$$A^{-1} = \frac{1}{ad - bc}\begin{pmatrix} d & -b \\ -c & a \end{pmatrix} = \frac{1}{|A|}\begin{pmatrix} d & -b \\ -c & a \end{pmatrix}.$$

由例 2.12 可以看出，$A = \begin{pmatrix} a & b \\ c & d \end{pmatrix}$的逆矩阵与$\begin{pmatrix} d & -b \\ -c & a \end{pmatrix}$有着密切的关系，并且

$$\begin{pmatrix} a & b \\ c & d \end{pmatrix}\begin{pmatrix} d & -b \\ -c & a \end{pmatrix} = \begin{pmatrix} d & -b \\ -c & a \end{pmatrix}\begin{pmatrix} a & b \\ c & d \end{pmatrix} = \begin{pmatrix} |A| & 0 \\ 0 & |A| \end{pmatrix}$$

为此我们给出伴随矩阵的定义.

定义 2.11 设方阵 $A = (a_{ij})_{n \times n}$，由$|A|$中元素 a_{ij}的代数余子式 A_{ij}所构成的 A^* 称为 A 的伴随矩阵（adjoint matrix），即

$$A = \begin{pmatrix} a_{11} & a_{12} & \cdots & a_{1n} \\ a_{21} & a_{22} & \cdots & a_{2n} \\ \vdots & \vdots & & \vdots \\ a_{n1} & a_{n2} & \cdots & a_{nn} \end{pmatrix}, \quad A^* = \begin{pmatrix} A_{11} & A_{21} & \cdots & A_{n1} \\ A_{12} & A_{22} & \cdots & A_{n2} \\ \vdots & \vdots & & \vdots \\ A_{1n} & A_{2n} & \cdots & A_{nn} \end{pmatrix}.$$

可验证，伴随矩阵有重要性质：$AA^* = A^*A = |A|E$.

定理 2.2 n 阶方阵 A 为可逆矩阵的充分必要条件是$|A| \neq 0$，且 A 可逆时有

$$A^{-1} = \frac{1}{|A|}A^*.$$

证 必要性. 已知 A^{-1}存在，则有

$$AA^{-1} = E \Rightarrow |A| \cdot |A^{-1}| = 1 \Rightarrow |A| \neq 0.$$

充分性. 已知$|A| \neq 0$，则有

$$AA^* = A^*A = |A|E \Rightarrow A\frac{A^*}{|A|} = \frac{A^*}{|A|}A = E.$$

由定义知 A 为可逆矩阵，且 $A^{-1} = \frac{1}{|A|}A^*$.

当 $|A| \neq 0$ 时，我们称 A 为非奇异矩阵（nonsingular matrix）；$|A| = 0$ 时，称 A 为奇异矩阵（singular matrix）.

推论 2.1 对于方阵 A 若有 B 满足 $AB = E$（或 $BA = E$），则 A 可逆，且

$$A^{-1}=B.$$

证 因为　$AB=E \Rightarrow |A||B|=1 \Rightarrow |A|\neq 0 \Rightarrow A$ 可逆,

所以　$A^{-1}=A^{-1}E=A^{-1}(AB)=(A^{-1}A)B=EB=B.$

方阵的逆矩阵满足下列运算规律:

(1) A 可逆, 则 A^{-1}可逆, 且 $(A^{-1})^{-1}=A$;

对于 A^{-1}, 取 $B=A$, 有 $A^{-1}B=A^{-1}A=E.$

(2) A 可逆, $\lambda\neq 0$, 则 λA 可逆, 且 $(\lambda A)^{-1}=\frac{1}{\lambda}A^{-1}$;

对于 λA, 取 $B=\frac{1}{\lambda}A^{-1}$, 有 $(\lambda A)B=(\lambda A)\left(\frac{1}{\lambda}A^{-1}\right)=AA^{-1}=E.$

(3) A 与 B 都可逆, 则 AB 可逆, 且 $(AB)^{-1}=B^{-1}A^{-1}$;

对于 AB, 取 $C=B^{-1}A^{-1}$, 有 $(AB)C=(AB)(B^{-1}A^{-1})=A(BB^{-1})A^{-1}=(AB)(B^{-1}A^{-1})=E.$

(4) A 可逆, 则 A^{T}可逆, 且 $(A^{\mathrm{T}})^{-1}=(A^{-1})^{\mathrm{T}}$;

对于 A^{T}, 取 $B=(A^{-1})^{\mathrm{T}}$, 有 $A^{\mathrm{T}}B=A^{\mathrm{T}}(A^{-1})^{\mathrm{T}}=(A^{-1}A)^{\mathrm{T}}=E.$

(5) A 可逆, 则 $|A^{-1}|=\frac{1}{|A|}$;

(6) A 与 B 都可逆, 则$(AB)^*=B^*A^*.$

$$\begin{aligned}(AB)^* &= |AB|(AB)^{-1}=|A||B|B^{-1}A^{-1}\\ &=(|B|B^{-1})(|A|A^{-1})=B^*A^*.\end{aligned}$$

对于可逆方阵 A, 我们还可以定义它的负 k 次幂 (power of the minus k). 设 A 可逆, 定义 $A^0=E$, $A^{-k}=(A^{-1})^k$ $(k=1, 2, \cdots)$, 则当 k, l 为整数时有

$$A^kA^l=A^{k+l},\ (A^k)^l=A^{kl}.$$

例 2.13 设 $A=\begin{pmatrix}3&-1&0\\-2&1&1\\2&-1&4\end{pmatrix}$, 求 A^{-1}.

解 计算 $|A|=5$,

$$A_{11}=\begin{vmatrix}1&1\\-1&4\end{vmatrix}=5,\ A_{12}=(-1)^{1+2}\begin{vmatrix}-2&1\\2&4\end{vmatrix}=10,$$

$$A_{13}=\begin{vmatrix}-2&1\\2&-1\end{vmatrix}=0,\ A_{21}=(-1)^{2+1}\begin{vmatrix}-1&0\\-1&4\end{vmatrix}=4,$$

$$A_{22}=\begin{vmatrix}3&0\\2&4\end{vmatrix}=12,\ A_{23}=(-1)^{2+3}\begin{vmatrix}3&-1\\2&-1\end{vmatrix}=1,$$

$$A_{31}=\begin{vmatrix}-1&0\\1&1\end{vmatrix}=-1,\ A_{32}=(-1)^{3+2}\begin{vmatrix}3&0\\-2&1\end{vmatrix}=-3,$$

$$A_{33}=\begin{vmatrix}3&-1\\-2&1\end{vmatrix}=1.$$

$$A^{-1}=\frac{1}{|A|}A^*=\frac{1}{5}\begin{pmatrix}A_{11}&A_{21}&A_{31}\\A_{12}&A_{22}&A_{32}\\A_{13}&A_{23}&A_{33}\end{pmatrix}=\frac{1}{5}\begin{pmatrix}5&4&-1\\10&12&-3\\0&1&1\end{pmatrix}.$$

特别地，设 $\Lambda=\operatorname{diag}(\lambda_1,\lambda_2,\cdots,\lambda_n)$ 且 $\lambda_1\lambda_2\cdots\lambda_n\neq0$，则

$$\Lambda^{-1}=\begin{pmatrix}\lambda_1&&&\\&\lambda_2&&\\&&\ddots&\\&&&\lambda_n\end{pmatrix}^{-1}=\begin{pmatrix}\lambda_1^{-1}&&&\\&\lambda_2^{-1}&&\\&&\ddots&\\&&&\lambda_n^{-1}\end{pmatrix}.$$

例 2.14 设方阵 A 满足 $A^2-2A-4E=O$，求 $(A+E)^{-1}$.

解 由 $A^2-2A-4E=O$，有 $A^2-2A-3E=E$，又因为 $(A+E)(A-3E)=E$，得到 $(A+E)^{-1}=A-3E$.

应用逆矩阵可以解决一些线性方程组、线性变换的逆变换和矩阵方程的求解等问题.

对于线性方程组 $Ax=b$，当 A 为可逆方阵时，有 $x=A^{-1}b$.

对于线性变换 $y=Ax$，当 A 为可逆方阵时，有 $x=A^{-1}y$.

对于矩阵方程 $AX=C$，$XB=C$ 和 $AXB=C$，当 A，B 均为可逆方阵时，则三个方程的解分别为

$$X=A^{-1}C,\quad X=CB^{-1},\quad X=A^{-1}CB^{-1}.$$

例 2.15 设 $A=\begin{pmatrix}5&-1&0\\-2&3&1\\2&-1&6\end{pmatrix}$，$C=\begin{pmatrix}2&1\\2&0\\3&5\end{pmatrix}$，满足 $AX=C+2X$，求 X.

解 由 $(A-2E)X=C$，有

$$X=(A-2E)^{-1}C=\frac{1}{5}\begin{pmatrix}5&4&-1\\10&12&-3\\0&1&1\end{pmatrix}\begin{pmatrix}2&1\\2&0\\3&5\end{pmatrix}=\begin{pmatrix}3&0\\7&-1\\1&1\end{pmatrix}.$$

例 2.16 设 $P=\begin{pmatrix}1&2\\1&4\end{pmatrix}$，$\Lambda=\begin{pmatrix}1&0\\0&2\end{pmatrix}$，$AP=P\Lambda$，求 A^n.

解 $|P|=2$，$P^{-1}=\frac{1}{2}\begin{pmatrix}4&-2\\-1&1\end{pmatrix}$，$\Lambda^n=\begin{pmatrix}1&0\\0&2^n\end{pmatrix}$

$A=P\Lambda P^{-1}$，$A^2=P\Lambda P^{-1}P\Lambda P^{-1}=P\Lambda^2P^{-1}$，…，$A^n=P\Lambda^nP^{-1}$，故

$$A^n=P\Lambda^nP^{-1}=\begin{pmatrix}1&2\\1&4\end{pmatrix}\begin{pmatrix}1&0\\0&2^n\end{pmatrix}\frac{1}{2}\begin{pmatrix}4&-2\\-1&1\end{pmatrix}$$

$$=\begin{pmatrix}2-2^n&2^n-1\\2-2^{n+1}&2^{n+1}-1\end{pmatrix}.$$

由例 2.16 知，若 $A=P\Lambda P^{-1}$，$\Lambda=\operatorname{diag}(\lambda_1,\lambda_2,\cdots,\lambda_n)$，则 $A^n=P\Lambda^nP^{-1}$，从而

$$\varphi(\boldsymbol{A}) = \boldsymbol{P}a_0\boldsymbol{E}\boldsymbol{P}^{-1} + \boldsymbol{P}a_1\boldsymbol{\Lambda}\boldsymbol{P}^{-1} + \cdots + \boldsymbol{P}a_m\boldsymbol{\Lambda}^m\boldsymbol{P}^{-1} = \boldsymbol{P}\varphi(\boldsymbol{\Lambda}^m)\boldsymbol{P}^{-1}$$

其中

$$\varphi(\boldsymbol{\Lambda}) = \begin{pmatrix} \varphi(\lambda_1) & 0 & \cdots & 0 \\ 0 & \varphi(\lambda_2) & & \vdots \\ \vdots & & \ddots & 0 \\ 0 & \cdots & 0 & \varphi(\lambda_n) \end{pmatrix}$$

$$= \begin{pmatrix} a_0 + a_1\lambda_1 + \cdots + a_m{\lambda_1}^m & 0 & \cdots & 0 \\ 0 & a_0 + a_1\lambda_2 + \cdots + a_m{\lambda_2}^m & & \vdots \\ \vdots & & \ddots & 0 \\ 0 & \cdots & 0 & a_0 + a_1\lambda_n + \cdots + a_m{\lambda_n}^m \end{pmatrix}$$

例 2.17　设 $\boldsymbol{A} = \begin{pmatrix} 1 & 1 & -1 \\ -1 & 1 & 1 \\ 1 & -1 & 1 \end{pmatrix}$满足 $\boldsymbol{A}^*\boldsymbol{X} = \boldsymbol{A}^{-1} + 2\boldsymbol{X}$，求 $\boldsymbol{X}$.

解　由 $(\boldsymbol{A}^* - 2\boldsymbol{E})\boldsymbol{X} = \boldsymbol{A}^{-1}$，两边同时左乘 $\boldsymbol{A}$ 得

$$(|\boldsymbol{A}|\boldsymbol{E} - 2\boldsymbol{A})\boldsymbol{X} = \boldsymbol{E},$$

且 $|\boldsymbol{A}| = 4$，有

$$\boldsymbol{X} = (4\boldsymbol{E} - 2\boldsymbol{A})^{-1} = \frac{1}{2}(2\boldsymbol{E} - \boldsymbol{A})^{-1} = \frac{1}{4}\begin{pmatrix} 1 & 1 & 0 \\ 0 & 1 & 1 \\ 1 & 0 & 1 \end{pmatrix}.$$

下面我们利用逆矩阵证明第 1 章中介绍的克拉默法则.

若方程组

$$\begin{cases} a_{11}x_1 + a_{12}x_2 + \cdots + a_{1n}x_n = b_1, \\ a_{21}x_1 + a_{22}x_2 + \cdots + a_{2n}x_n = b_2, \\ \qquad\vdots \\ a_{n1}x_1 + a_{n2}x_2 + \cdots + a_{nn}x_n = b_n \end{cases}$$

的系数行列式 $D \neq 0$，则它有唯一解，其解为 $x_j = \dfrac{D_j}{D}$，$j = 1, 2, \cdots, n$. 其中 D_j是用常数项的元素替换 D 的第 j 列所得到的行列式，即

$$D_j = \begin{vmatrix} a_{11} & \cdots & a_{1,j-1} & b_1 & a_{1,j+1} & \cdots & a_{1n} \\ a_{21} & \cdots & a_{2,j-1} & b_2 & a_{2,j+1} & \cdots & a_{2n} \\ \vdots & & \vdots & \vdots & \vdots & & \vdots \\ a_{n1} & \cdots & a_{n,j-1} & b_n & a_{n,j+1} & \cdots & a_{nn} \end{vmatrix},\ j = 1, 2, \cdots, n.$$

证　改写方程组为矩阵形式

$$\boldsymbol{Ax} = \boldsymbol{b},$$

其中 $|\boldsymbol{A}| = D \neq 0$，于是 $\boldsymbol{A}$ 可逆. 对矩阵方程两边同时左乘 $\boldsymbol{A}^{-1}$，有 $\boldsymbol{A}^{-1}\boldsymbol{Ax} = \boldsymbol{A}^{-1}\boldsymbol{b}$，即 $\boldsymbol{x} = \boldsymbol{A}^{-1}\boldsymbol{b}$. 而 $\boldsymbol{A}^{-1} = \dfrac{1}{|\boldsymbol{A}|}\boldsymbol{A}^*$，有 $\boldsymbol{x} = \boldsymbol{A}^{-1}\boldsymbol{b} =$

$\frac{1}{D}\boldsymbol{A}^*\boldsymbol{b}$，即

$$\begin{pmatrix} x_1 \\ x_2 \\ \vdots \\ x_n \end{pmatrix} = \frac{1}{D}\begin{pmatrix} \boldsymbol{A}_{11} & \boldsymbol{A}_{21} & \cdots & \boldsymbol{A}_{n1} \\ \boldsymbol{A}_{12} & \boldsymbol{A}_{22} & \cdots & \boldsymbol{A}_{n2} \\ \vdots & \vdots & & \vdots \\ \boldsymbol{A}_{1n} & \boldsymbol{A}_{2n} & \cdots & \boldsymbol{A}_{nn} \end{pmatrix}\begin{pmatrix} b_1 \\ b_2 \\ \vdots \\ b_n \end{pmatrix} = \frac{1}{D}\begin{pmatrix} b_1\boldsymbol{A}_{11} + b_2\boldsymbol{A}_{21} + \cdots + b_n\boldsymbol{A}_{n1} \\ b_1\boldsymbol{A}_{12} + b_2\boldsymbol{A}_{22} + \cdots + b_n\boldsymbol{A}_{n2} \\ \vdots \\ b_1\boldsymbol{A}_{1n} + b_2\boldsymbol{A}_{2n} + \cdots + b_n\boldsymbol{A}_{nn} \end{pmatrix}$$

故 $x_j = \frac{1}{D}(b_1\boldsymbol{A}_{1j} + b_2\boldsymbol{A}_{2j} + \cdots + b_n\boldsymbol{A}_{nj}) = \frac{D_j}{D}$，$(j=1, 2, \cdots, n)$.

练习3

一、选择题

1. 设 $\boldsymbol{A}$，$\boldsymbol{B}$ 是 n 阶方阵，若 $\boldsymbol{AB}=\boldsymbol{O}$，则（　　）.

（A）$\boldsymbol{A}=\boldsymbol{O}$ 或 $\boldsymbol{B}=\boldsymbol{O}$；　　（B）$\boldsymbol{BA}=\boldsymbol{O}$；

（C）$|\boldsymbol{A}|=0$ 且 $|\boldsymbol{B}|=0$；　　（D）$|\boldsymbol{A}|=0$ 或 $|\boldsymbol{B}|=0$.

2. 设矩阵 $\boldsymbol{A}=\begin{pmatrix} 2 & 0 & 0 \\ 0 & -3 & 0 \\ 0 & 0 & 4 \end{pmatrix}$，则 $\boldsymbol{A}^{-1}$ 等于（　　）.

（A）$\begin{pmatrix} \frac{1}{4} & 0 & 0 \\ 0 & -\frac{1}{3} & 0 \\ 0 & 0 & \frac{1}{2} \end{pmatrix}$；　　（B）$\begin{pmatrix} \frac{1}{2} & 0 & 0 \\ 0 & -\frac{1}{3} & 0 \\ 0 & 0 & \frac{1}{4} \end{pmatrix}$；

（C）$\begin{pmatrix} 0 & 0 & \frac{1}{4} \\ 0 & -\frac{1}{3} & 0 \\ \frac{1}{2} & 0 & 0 \end{pmatrix}$；　　（D）$\begin{pmatrix} 0 & 0 & \frac{1}{2} \\ 0 & -\frac{1}{3} & 0 \\ \frac{1}{4} & 0 & 0 \end{pmatrix}$.

3. 设 $\boldsymbol{A}=\begin{pmatrix} 1 & 0 & 0 \\ 2 & 2 & 0 \\ 3 & 4 & 5 \end{pmatrix}$，$\boldsymbol{A}^*$ 是 $\boldsymbol{A}$ 的伴随矩阵，则 $(\boldsymbol{A}^*)^{-1}=$（　　）.

（A）$\frac{1}{10}\begin{pmatrix} 1 & 0 & 0 \\ 2 & 2 & 0 \\ 3 & 4 & 5 \end{pmatrix}$；　　（B）$10\begin{pmatrix} 1 & 0 & 0 \\ 2 & 2 & 0 \\ 3 & 4 & 5 \end{pmatrix}$；

（C）$\frac{1}{10}\begin{pmatrix} 1 & 0 & 0 \\ 2 & \frac{1}{2} & 0 \\ 3 & 4 & 5 \end{pmatrix}$；　　（D）$\begin{pmatrix} 1 & 0 & 0 \\ 2 & 2 & 0 \\ 3 & 4 & 5 \end{pmatrix}$.

4. 设 $\boldsymbol{A}$ 为 n 阶非奇异矩阵，则（　　）.

(A) $(\boldsymbol{A}^*)^* = |\boldsymbol{A}|^{n-1}\boldsymbol{A}$;　　(B) $(\boldsymbol{A}^*)^* = |\boldsymbol{A}|^{n+1}\boldsymbol{A}$;

(C) $(\boldsymbol{A}^*)^* = |\boldsymbol{A}|^{n-2}\boldsymbol{A}$;　　(D) $(\boldsymbol{A}^*)^* = |\boldsymbol{A}|^{n+2}\boldsymbol{A}$.

5. 设 $\boldsymbol{A}$，$\boldsymbol{B}$ 均为 n 阶矩阵，且 $\boldsymbol{A}$ 可逆，则下列结论正确的是（　　）.

(A) 若 $\boldsymbol{AB} \neq \boldsymbol{O}$，则 $\boldsymbol{B}$ 可逆；　(B) 若 $\boldsymbol{AB} = \boldsymbol{O}$，则 $\boldsymbol{B} = \boldsymbol{O}$；

(C) 若 $\boldsymbol{AB} \neq \boldsymbol{O}$，则 $\boldsymbol{B}$ 不可逆；(D) 若 $\boldsymbol{AB} = \boldsymbol{BA}$，则 $\boldsymbol{B} = \boldsymbol{E}$.

二、填空题

1. 设 $\boldsymbol{A}$，$\boldsymbol{B}$ 都是 3 阶矩阵，且 $|\boldsymbol{A}^{-1}| = -2$，$|\boldsymbol{B}| = 3$，则 $||\boldsymbol{A}|\boldsymbol{B}| =$________.

2. 如果 $\boldsymbol{A}^2 - 2\boldsymbol{A} + \boldsymbol{E} = \boldsymbol{O}$，则 $(\boldsymbol{A} - 2\boldsymbol{E})^{-1} =$________.

3. 设 $\boldsymbol{A}$ 为 3 阶矩阵，且 $|\boldsymbol{A}| = 1$，$|2\boldsymbol{A}^* + 3\boldsymbol{A}^{-1}| =$________.

4. 方阵 $\boldsymbol{A}$ 不可逆的充要条件是________.

2.4　矩阵分块法

对于行数和列数较高的矩阵，为了简化运算，经常采用分块法，将大矩阵的运算化成小矩阵的运算．具体做法是，将矩阵用若干条纵线和横线分成许多个小矩阵，每一个小矩阵称为原矩阵的子块或子矩阵（submatrix），以子块作为元素形式的矩阵称为分块矩阵（block matrix）．在矩阵理论的研究中，矩阵的分块是一种基本的且重要的计算技巧和方法．

例如

$$\boldsymbol{A} = \left(\begin{array}{cc:cc} 1 & 0 & -1 & 1 \\ -1 & 0 & 1 & 0 \\ \hdashline 0 & 0 & 2 & -1 \\ 0 & 0 & 0 & -3 \end{array}\right) = \begin{pmatrix} \boldsymbol{A}_{11} & \boldsymbol{A}_{12} \\ \boldsymbol{A}_{21} & \boldsymbol{A}_{22} \end{pmatrix},$$

$$\boldsymbol{A} = \left(\begin{array}{c:c:c:c} 1 & 0 & -1 & 1 \\ -1 & 0 & 1 & 0 \\ 0 & 0 & 2 & -1 \\ 0 & 0 & 0 & -3 \end{array}\right) = (\boldsymbol{B}_1, \boldsymbol{B}_2, \boldsymbol{B}_3, \boldsymbol{B}_4).$$

我们注意到，同行上的子块有相同的“行数”，同列上的子块有相同的“列数”．

分块矩阵的运算法则和普通矩阵的运算法则类似．

2.4.1　分块矩阵的加法

设同型矩阵 $\boldsymbol{A}$，$\boldsymbol{B}$ 有相同的分块方式，

$$A_{m\times n}=\begin{pmatrix}A_{11} & \cdots & A_{1r}\\ \vdots & & \vdots\\ A_{s1} & \cdots & A_{sr}\end{pmatrix},\ B_{m\times n}=\begin{pmatrix}B_{11} & \cdots & B_{1r}\\ \vdots & & \vdots\\ B_{s1} & \cdots & B_{sr}\end{pmatrix},$$

则

$$A+B=\begin{pmatrix}A_{11}+B_{11} & \cdots & A_{1r}+B_{1r}\\ \vdots & & \vdots\\ A_{s1}+B_{s1} & \cdots & A_{sr}+B_{sr}\end{pmatrix}.$$

2.4.2 数与分块矩阵相乘

设 $A_{m\times n}=\begin{pmatrix}A_{11} & \cdots & A_{1r}\\ \vdots & & \vdots\\ A_{s1} & \cdots & A_{sr}\end{pmatrix}$，$\lambda$ 为数，则

$$\lambda A=\begin{pmatrix}\lambda A_{11} & \cdots & \lambda A_{1r}\\ \vdots & & \vdots\\ \lambda A_{s1} & \cdots & \lambda A_{sr}\end{pmatrix}.$$

2.4.3 分块矩阵的乘法

设矩阵 $A_{m\times l}$，$B_{l\times n}$有如下分块形式，其中 A 的列划分方式与 B 的行划分方式相同，即 A_{i1}，A_{i2}，…，A_{it} 的列数分别等于 B_{1j}，B_{2j}，…，B_{tj}的行数，

$$A_{m\times l}=\begin{pmatrix}A_{11} & \cdots & A_{1t}\\ \vdots & & \vdots\\ A_{s1} & \cdots & A_{st}\end{pmatrix},\quad B_{l\times n}=\begin{pmatrix}B_{11} & \cdots & B_{1r}\\ \vdots & & \vdots\\ B_{t1} & \cdots & B_{tr}\end{pmatrix},$$

则

$$AB=\begin{pmatrix}C_{11} & \cdots & C_{1r}\\ \vdots & & \vdots\\ C_{s1} & \cdots & C_{sr}\end{pmatrix},$$

其中 $C_{ij}=(A_{i1},A_{i2},\cdots,A_{it})\begin{pmatrix}B_{1j}\\ B_{2j}\\ \vdots\\ B_{tj}\end{pmatrix}=A_{i1}B_{1j}+A_{i2}B_{2j}+\cdots+A_{it}B_{tj}$.

例 2.18 $A=\left(\begin{array}{cc:cc}1 & 0 & 0 & 0\\ 0 & 1 & 0 & 0\\ \hdashline -1 & 2 & 1 & 0\\ 1 & 1 & 0 & 1\end{array}\right)=\begin{pmatrix}E & O\\ A_{21} & E\end{pmatrix}$,

$$B=\left(\begin{array}{cc:cc}1&0&1&0\\-1&2&0&1\\\hdashline 1&0&4&1\\-1&-1&2&0\end{array}\right)=\begin{pmatrix}B_{11}&E\\B_{21}&B_{22}\end{pmatrix},$$

计算 AB.

解 因为 $$AB=\begin{pmatrix}B_{11}&E\\A_{21}B_{11}+B_{21}&A_{21}+B_{22}\end{pmatrix}$$

而

$$A_{21}B_{11}+B_{21}=\begin{pmatrix}-1&2\\1&1\end{pmatrix}\begin{pmatrix}1&0\\-1&2\end{pmatrix}+\begin{pmatrix}1&0\\-1&-1\end{pmatrix}=\begin{pmatrix}-2&4\\-1&1\end{pmatrix},$$

$$A_{21}+B_{22}=\begin{pmatrix}-1&2\\1&1\end{pmatrix}+\begin{pmatrix}4&1\\2&0\end{pmatrix}=\begin{pmatrix}3&3\\3&1\end{pmatrix},$$

故

$$AB=\left(\begin{array}{cc:cc}1&0&1&0\\-1&2&0&1\\\hdashline -2&4&\_\_&\_\_\\-1&1&\_\_&\_\_\end{array}\right).$$

2.4.4 分块矩阵的转置

设 $A_{m\times n}=\begin{pmatrix}A_{11}&\cdots&A_{1r}\\\vdots&&\vdots\\A_{s1}&\cdots&A_{sr}\end{pmatrix}$, 则

$$A^{\mathrm{T}}=\begin{pmatrix}A_{11}^{\mathrm{T}}&\cdots&A_{s1}^{\mathrm{T}}\\\vdots&&\vdots\\A_{1r}^{\mathrm{T}}&\cdots&A_{sr}^{\mathrm{T}}\end{pmatrix}.$$

2.4.5 分块对角矩阵

设 A_1, A_2, …, A_s都是方阵，记

$$A=\mathrm{diag}(A_1,A_2,\cdots,A_s)=\begin{pmatrix}A_1&&&\\&A_2&&\\&&\ddots&\\&&&A_s\end{pmatrix}$$

则

(1) $|A|=|A_1||A_2|\cdots|A_s|$;

(2) A 可逆，等价于 A_i $(i=1,2,\cdots,s)$ 可逆；

(3) A_i $(i=1,2,\cdots,s)$ 可逆，则

$$A^{-1}=\begin{pmatrix} A_1^{-1} & & & \\ & A_2^{-1} & & \\ & & \ddots & \\ & & & A_s^{-1} \end{pmatrix};$$

（4）若有分块对角阵 $B=\mathrm{diag}(B_1,B_2,\cdots,B_s)$，其中 A_i 与 B_i 可相乘，则 $AB=\begin{pmatrix} A_1B_1 & & & \\ & A_2B_2 & & \\ & & \ddots & \\ & & & A_sB_s \end{pmatrix}$，即两个分块对角阵的乘积也是分块对角阵.

例 2.19 $A=\left(\begin{array}{c:cc} 5 & 0 & 0 \\ \hdashline 0 & 3 & 1 \\ 0 & 1 & 1 \end{array}\right)=\begin{pmatrix} A_1 & O \\ O & A_2 \end{pmatrix}$，求 A^{-1}.

解 由 $A_1=(5)$，$A_1^{-1}=\left(\frac{1}{5}\right)$，$A_2=\begin{pmatrix} 3 & 1 \\ 1 & 1 \end{pmatrix}$，$A_2^{-1}=\begin{pmatrix} \frac{1}{2} & -\frac{1}{2} \\ -\frac{1}{2} & \frac{3}{2} \end{pmatrix}$，

有
$$A^{-1}=\begin{pmatrix} A_1^{-1} & O \\ O & \_\_\_\_ \end{pmatrix}=\begin{pmatrix} \frac{1}{5} & 0 & 0 \\ 0 & \frac{1}{2} & -\frac{1}{2} \\ 0 & -\frac{1}{2} & \frac{3}{2} \end{pmatrix}.$$

例 2.20 设 m 阶方阵 A 与 n 阶方阵 B 都可逆，C 为 $n\times m$ 矩阵，$M=\begin{pmatrix} A & O \\ C & B \end{pmatrix}$，求 M^{-1}.

解 由 $|M|=|A||B|\neq 0$ 知，M 可逆．设

$$M^{-1}=\begin{pmatrix} X_1 & X_2 \\ X_3 & X_4 \end{pmatrix},$$

则

$$\begin{pmatrix} A & O \\ C & B \end{pmatrix}\begin{pmatrix} X_1 & X_2 \\ X_3 & X_4 \end{pmatrix}=\begin{pmatrix} E_m & O \\ O & E_n \end{pmatrix}.$$

解方程组

$$\begin{cases}AX_1=E_m,\\AX_2=O,\\CX_1+BX_3=O,\\CX_2+BX_4=E_n.\end{cases}$$

得

$$\begin{cases}X_1=A^{-1},\\X_2=O,\\X_3=\_\_\_\_\_\_\_\_\_\_\\X_4=\_\_\_\_\_\_\end{cases}$$

故

$$M^{-1}=\begin{pmatrix}A^{-1} & O\\-B^{-1}CA^{-1} & B^{-1}\end{pmatrix}.$$

练习4

一、选择题

1. 设矩阵A，C均可逆，则$\begin{pmatrix}O & A\\C & O\end{pmatrix}^{-1}$是（　　）.

（A）$\begin{pmatrix}O & A^{-1}\\C^{-1} & O\end{pmatrix}$；　　（B）$\begin{pmatrix}A^{-1} & O\\O & C^{-1}\end{pmatrix}$；

（C）$\begin{pmatrix}O & C^{-1}\\A^{-1} & O\end{pmatrix}$；　　（D）$\begin{pmatrix}C^{-1} & O\\O & A^{-1}\end{pmatrix}$.

2. 设 $A=\begin{pmatrix}A_1 & B\\O & A_2\end{pmatrix}$，其中$A_1$，$A_2$都是方阵且$|A|\neq 0$，则（　　）.

（A）A_1可逆；　　（B）A_2可逆；

（C）A_1，A_2都可逆；　　（D）A_1，A_2可逆性不定.

二、填空题

1. 设矩阵$A=\begin{pmatrix}5 & 0 & 0\\0 & 3 & 1\\0 & 2 & 1\end{pmatrix}$，则$A^{-1}=$________.

2. 设矩阵$A=\begin{pmatrix}3 & 0 & 0 & 0 & 0\\0 & 2 & 5 & 0 & 0\\0 & 1 & 3 & 0 & 0\\0 & 0 & 0 & 4 & 1\\0 & 0 & 0 & 3 & 1\end{pmatrix}$，则$|A|=$________.

3. $\begin{pmatrix}1 & 3 & 0\\2 & 4 & 0\\0 & 0 & 5\end{pmatrix}\begin{pmatrix}2 & 4 & 0\\6 & -8 & 0\\0 & 0 & 1\end{pmatrix}=$________.

2.5 矩阵的初等变换

2.5.1 矩阵的初等变换

引例 求解线性方程组

$$\begin{cases} 2x_1 - 3x_2 + 2x_3 = 1, & (1) \\ x_1 + x_2 + x_3 = 3, & (2) \\ 4x_1 - 4x_2 - 6x_3 = -6. & (3) \end{cases} \tag{2.5}$$

解 式(2.5) $\xrightarrow[(3)\div 2]{(1)\leftrightarrow(2)} \begin{cases} x_1 + x_2 + x_3 = 3, & (1) \\ 2x_1 - 3x_2 + 2x_3 = 1, & (2) \\ 2x_1 - 2x_2 - 3x_3 = -3, & (3) \end{cases}$

$$\xrightarrow[(3)-2\times(1)]{(2)-2\times(1)} \begin{cases} x_1 + x_2 + x_3 = 3, & (1) \\ \quad - 5x_2 = -5, & (2) \\ \quad - 4x_2 - 5x_3 = -9, & (3) \end{cases}$$

得到方程组的解为 $x_1 = x_2 = x_3 = 1$.

在上述消元过程中，始终把方程组作为一个整体，用消元法变换后的方程组与变换前的方程组是同解方程组．其中用到了三种变换，即（1）交换方程的次序；（2）用不等于 0 的数乘以某个方程；（3）一个方程加上另一个方程的 k 倍．

在上述变换中，实际上只对方程组的系数项和常数项进行运算，因此，该变换可看成是对方程组的增广矩阵

$$(\boldsymbol{A} \,\vdots\, \boldsymbol{b}) = \begin{pmatrix} 2 & -3 & 2 & 1 \\ 1 & 1 & 1 & 3 \\ 4 & -4 & -6 & -6 \end{pmatrix}$$

的变换，那么对方程组的变换就转化为对矩阵的变换．

定义 2.12 以下三种变换称为初等变换（elementary transformation）:

（1）对调两行（列）（分别记作 $r_i \leftrightarrow r_j$，$c_i \leftrightarrow c_j$）;

（2）用数 $k \neq 0$ 乘某一行（列）的所有元素（分别记作 $r_i \times k$，$c_i \times k$）;

（3）把某一行（列）所有元素的 k 倍加到另一行（列）对应元素上（分别记作 $r_i + kr_j$，$c_i + kc_j$）.

在以上三种类型的初等变换中，对于行进行的变换称为初等行变换，对于列进行的变换称为初等列变换．

初等变换是可逆的，且其逆变换是同一类型的初等变换，例如三种行变换，$r_i \leftrightarrow r_j$ 的逆变换就是它本身，kr_i 的逆变换是 $\frac{1}{k}r_i$，$r_i + kr_j$ 的逆变换是 $r_i - kr_j$.

定义 2.13　若矩阵 $\boldsymbol{A}$ 经有限次初等变换变成矩阵 $\boldsymbol{B}$，则称矩阵 $\boldsymbol{A}$ 与 $\boldsymbol{B}$ 等价，记作 $\boldsymbol{A}\sim\boldsymbol{B}$. 若矩阵 $\boldsymbol{A}$ 经有限次初等行变换变成矩阵 $\boldsymbol{B}$，则称矩阵 $\boldsymbol{A}$ 与矩阵 $\boldsymbol{B}$ 行等价，若矩阵 $\boldsymbol{A}$ 经有限次初等列变换变成矩阵 $\boldsymbol{B}$，则称矩阵 $\boldsymbol{A}$ 与矩阵 $\boldsymbol{B}$ 列等价 .

矩阵的等价关系有如下性质：

（1）自反性：$\boldsymbol{A}\sim\boldsymbol{A}$；

（2）对称性：$\boldsymbol{A}\sim\boldsymbol{B}$，则 $\boldsymbol{B}\sim\boldsymbol{A}$；

（3）传递性：$\boldsymbol{A}\sim\boldsymbol{B}$，$\boldsymbol{B}\sim\boldsymbol{C}$，则 $\boldsymbol{A}\sim\boldsymbol{C}$.

初等变换可以将矩阵化成以下几种形式：

（1）行阶梯形（row step form）

$$\boldsymbol{A}\overset{行}{\sim}\begin{pmatrix} 0 & \cdots & 0 & b_{1i_1} & \cdots & b_{1i_2} & \cdots & \cdots & b_{1i_r} & \cdots & * \\ & & & & & b_{2i_1} & \cdots & \cdots & b_{2i_r} & \cdots & * \\ & & & & & & \ddots & \cdots & \cdots & \cdots & \cdots \\ & & & & & & & \ddots & b_{ri_r} & \cdots & * \\ & & & & & & & & 0 & \cdots & 0 \\ & & & & & & & & \vdots & & \vdots \\ & & & & & & & & 0 & \cdots & 0 \end{pmatrix}\xlongequal{记作}\boldsymbol{B}_1.$$

形如 $\boldsymbol{B}_1$ 的矩阵称为行阶梯形矩阵 . 行阶梯形矩阵是通过对矩阵实行初等行变换得到的 . 阶梯形矩阵的特点是：可划出一条阶梯形曲线，线的下方全为 0，每个台阶只有一行，台阶数是非零行的行数，阶梯线的竖线后面的第一个元为非零元 .

（2）行最简形（row simplest form）

$$\boldsymbol{A}\overset{行}{\sim}\boldsymbol{B}_1\overset{行}{\sim}\begin{pmatrix} 0 & \cdots & 0 & 1 & \cdots & 0 & \cdots & \cdots & 0 & \cdots & * \\ & & & & & 1 & \cdots & \cdots & 0 & \cdots & * \\ & & & & & & \ddots & \cdots & \cdots & \cdots & \cdots \\ & & & & & & & \ddots & 1 & \cdots & * \\ & & & & & & & & 0 & \cdots & 0 \\ & & & & & & & & \vdots & & \vdots \\ & & & & & & & & 0 & \cdots & 0 \end{pmatrix}\xlongequal{记作}\boldsymbol{B}_2.$$

形如 $\boldsymbol{B}_2$ 的矩阵称为行最简形矩阵 . 行最简形是通过对行阶梯形矩阵继续实行初等行变换得到的 . 行最简形矩阵的特点是：在阶梯形的基础上，非零行的第一个非零元为 1，且这些非零元所在的列的其他元素都为零 .

（3）标准形（normal form）

$$\boldsymbol{A}\overset{行}{\sim}\boldsymbol{B}_1\overset{行}{\sim}\boldsymbol{B}_2\overset{列}{\sim}\left(\begin{array}{cccc|cccc} 1 & 0 & \cdots & 0 & 0 & 0 & \cdots & 0 \\ 0 & 1 & \cdots & 0 & 0 & 0 & \cdots & 0 \\ \vdots & \vdots & & \vdots & \vdots & \vdots & & \vdots \\ 0 & 0 & \cdots & 1 & 0 & 0 & \cdots & 0 \\ \hline 0 & 0 & \cdots & 0 & 0 & 0 & \cdots & 0 \\ \vdots & \vdots & & \vdots & \vdots & \vdots & & \vdots \\ 0 & 0 & \cdots & 0 & 0 & 0 & \cdots & 0 \end{array}\right)\xlongequal{记作}\boldsymbol{F}.$$

形如 $\boldsymbol{F}$ 的矩阵称为标准形矩阵. 标准形是通过对行最简形施行初等列变换得到的. 标准形矩阵的特点是: 左上角是一个单位矩阵, 其余元素全为0.

应该注意, 对于 $m\times n$ 矩阵 $\boldsymbol{A}$, 行阶梯形和行最简形总可以通过初等行变换得到, 而标准形是经过初等变换（行变换和列变换）得到.

例 2.21 用初等变换把 $\boldsymbol{A}=\begin{pmatrix}1&0&2&-1\\2&0&3&1\\3&0&4&-3\end{pmatrix}$ 化为行阶梯形、行最简形和标准形.

解
$$\boldsymbol{A}=\begin{pmatrix}1&0&2&-1\\2&0&3&1\\3&0&4&-3\end{pmatrix}\xrightarrow[r_3-3r_1]{r_2-2r_1}\begin{pmatrix}1&0&2&-1\\0&0&-1&3\\0&0&-2&0\end{pmatrix}$$

$$\xrightarrow[r_3\div(-2)]{r_2\div(-1)}\begin{pmatrix}1&0&2&-1\\0&0&1&-3\\0&0&1&0\end{pmatrix}\xrightarrow{r_3-r_2}\begin{pmatrix}1&0&2&-1\\0&0&1&-3\\0&0&0&3\end{pmatrix}=\boldsymbol{B}_1,$$

$$\boldsymbol{B}_1\xrightarrow{r_3\div3}\begin{pmatrix}1&0&2&-1\\0&0&1&-3\\0&0&0&1\end{pmatrix}\xrightarrow{r_2+3r_3}\begin{pmatrix}1&0&2&-1\\0&0&1&0\\0&0&0&1\end{pmatrix}\xrightarrow[r_1+r_3]{r_1-2r_2}\begin{pmatrix}1&0&0&0\\0&0&1&0\\0&0&0&1\end{pmatrix}=\boldsymbol{B}_2,$$

$$\boldsymbol{B}_2\xrightarrow{c_2\leftrightarrow c_3}\begin{pmatrix}1&0&0&0\\0&1&0&0\\0&0&0&1\end{pmatrix}\xrightarrow{c_3\leftrightarrow c_4}\left(\begin{array}{ccc|c}1&0&0&0\\0&1&0&0\\0&0&1&0\end{array}\right)=\boldsymbol{F}.$$

矩阵 $\boldsymbol{A}$ 的行阶梯形、行最简形和标准形分别为 $\boldsymbol{B}_1$, $\boldsymbol{B}_2$, $\boldsymbol{F}$.

2.5.2 初等矩阵

初等变换是线性代数最重要的工具之一, 初等矩阵则是单位阵经过初等变换所得到的一类特殊矩阵, 可把初等变换表示成矩阵的运算.

定义 2.14 对单位矩阵进行一次初等变换得到的矩阵, 称为初等矩阵（elementary matrix）.

例如, 矩阵 $\boldsymbol{A}_1=\begin{pmatrix}0&0&1\\0&1&0\\1&0&0\end{pmatrix}$, $\boldsymbol{A}_2=\begin{pmatrix}5&0&0\\0&1&0\\0&0&1\end{pmatrix}$, $\boldsymbol{A}_3=\begin{pmatrix}1&0&0\\0&1&-3\\0&0&1\end{pmatrix}$ 都是由三阶单位阵经过一次初等变换得到的初等矩阵.

由于初等变换的三种变换形式及初等变换是可逆的, 于是可得到以下三类初等矩阵及其逆矩阵.

(1) 对换矩阵

对调单位矩阵 $\boldsymbol{E}$ 中的两行或两列, 所得初等矩阵记作 $\boldsymbol{E}(i,j)$.

$$\boldsymbol{E} \xrightarrow[\text{或 } c_i \leftrightarrow c_j]{r_i \leftrightarrow r_j} \begin{pmatrix} \boldsymbol{E} & & & & \\ & 0 & \cdots & 1 & \\ & \vdots & \boldsymbol{E} & \vdots & \\ & 1 & \cdots & 0 & \\ & & & & \boldsymbol{E} \end{pmatrix} \begin{matrix} \\ (i) \\ \\ (j) \\ \\ \end{matrix} = \boldsymbol{E}(i,j)$$

及

$$|\boldsymbol{E}(i,j)| = -1,\ [\boldsymbol{E}(i,j)]^{-1} = \boldsymbol{E}(i,j).$$

用 m 阶初等矩阵 $\boldsymbol{E}_m(i,\ j)$ 左乘矩阵 $\boldsymbol{A}_{m\times n}$，得到

$$\boldsymbol{E}_m(i,\ j)\boldsymbol{A}_{m\times n} = \begin{pmatrix} a_{11} & a_{12} & \cdots & a_{1n} \\ \vdots & \vdots & & \vdots \\ a_{j1} & a_{j2} & \cdots & a_{jn} \\ \vdots & \vdots & & \vdots \\ a_{i1} & a_{i2} & \cdots & a_{in} \\ \vdots & \vdots & & \vdots \\ a_{m1} & a_{m2} & \cdots & a_{mn} \end{pmatrix} \begin{matrix} \\ \\ \leftarrow \text{第 } i \text{ 行} \\ \\ \leftarrow \text{第 } j \text{ 行} \\ \\ \\ \end{matrix}$$

其结果相当于对矩阵 $\boldsymbol{A}_{m\times n}$ 施行第一种初等行变换：把 $\boldsymbol{A}_{m\times n}$ 的第 i 行与第 j 行对调．类似地，用 n 阶初等矩阵 $\boldsymbol{E}_n(i,j)$ 右乘矩阵 $\boldsymbol{A}_{m\times n}$，其结果相当于对矩阵 $\boldsymbol{A}_{m\times n}$ 施行第一种初等列变换：把 $\boldsymbol{A}_{m\times n}$ 的第 i 列与第 j 列对调．

（2）倍乘矩阵

用数 $k\neq 0$ 乘单位矩阵 $\boldsymbol{E}$ 中的第 i 行或第 i 列的所有元素，所得初等矩阵记作 $\boldsymbol{E}(i(k))$．

$$\boldsymbol{E} \xrightarrow[\text{或 } kc_i]{kr_i} \begin{pmatrix} \boldsymbol{E} & & \\ & k & \\ & & \boldsymbol{E} \end{pmatrix} = \boldsymbol{E}(i(k))\quad (k\neq 0)$$

及

$$|\boldsymbol{E}(i(k))| = k\neq 0,\ [\boldsymbol{E}(i(k))]^{-1} = \boldsymbol{E}\left[i\left(\frac{1}{k}\right)\right].$$

用 m 阶初等矩阵 $\boldsymbol{E}_m(i(k))$ 左乘矩阵 $\boldsymbol{A}_{m\times n}$，得到

$$\boldsymbol{E}_m(i(k))\boldsymbol{A}_{m\times n} = \begin{pmatrix} a_{11} & a_{12} & \cdots & a_{1n} \\ \vdots & \vdots & & \vdots \\ ka_{i1} & ka_{i2} & \cdots & ka_{in} \\ \vdots & \vdots & & \vdots \\ a_{m1} & a_{m2} & \cdots & a_{mn} \end{pmatrix}.$$

其结果相当于对矩阵 $\boldsymbol{A}_{m\times n}$ 施行第二种初等行变换：把 $\boldsymbol{A}_{m\times n}$ 的第 i 行乘以常数 k. 类似地，用 n 阶初等矩阵 $\boldsymbol{E}_n(i(k))$ 右乘矩阵 $\boldsymbol{A}_{m\times n}$，其结果相当于对矩阵 $\boldsymbol{A}_{m\times n}$ 施行第二种初等列变换：把 $\boldsymbol{A}_{m\times n}$ 的第 i 列乘以常数 k.

(3) 倍加矩阵

把单位矩阵 $\boldsymbol{E}$ 中第 j 行所有元素的 k 倍加到第 i 行对应元素上，或把单位矩阵 $\boldsymbol{E}$ 中第 i 列所有元素的 k 倍加到第 j 列对应元素上，所得初等矩阵记作 $\boldsymbol{E}(i,j(k))$.

$$\boldsymbol{E}\xrightarrow[\text{或 } c_j+kc_i]{r_i+kr_j}\begin{pmatrix}\boldsymbol{E} & & & & \\ & 1 & \cdots & k & \\ & & \boldsymbol{E} & \vdots & \\ & & & 1 & \\ & & & & \boldsymbol{E}\end{pmatrix}\begin{matrix} \\ (i) \\ \\ (j) \\ \\ \end{matrix}=\boldsymbol{E}(i,j(k))$$

及

$$|\boldsymbol{E}(i,j(k))|=1,\ [\boldsymbol{E}(i,j(k))]^{-1}=\boldsymbol{E}[i,j(-k)].$$

用 m 阶初等矩阵 $\boldsymbol{E}_m(i,j(k))$ 左乘矩阵 $\boldsymbol{A}_{m\times n}$，得到

$$\boldsymbol{E}_m(i,j(k))\boldsymbol{A}_{m\times n}=\begin{pmatrix}a_{11} & a_{12} & \cdots & a_{1n}\\ \vdots & \vdots & & \vdots\\ a_{i1}+ka_{j1} & a_{i2}+ka_{j2} & \cdots & a_{in}+ka_{jn}\\ \vdots & \vdots & & \vdots\\ a_{j1} & a_{j2} & \cdots & a_{jn}\\ \vdots & \vdots & & \vdots\\ a_{m1} & a_{m2} & \cdots & a_{mn}\end{pmatrix}\begin{matrix} \\ \\ \leftarrow \text{第 } i \text{ 行}\\ \\ \leftarrow \text{第 } j \text{ 行}\\ \\ \\ \end{matrix}.$$

其结果相当于对矩阵 $\boldsymbol{A}_{m\times n}$ 施行第三种初等行变换：把 $\boldsymbol{A}_{m\times n}$ 的第 j 行所有元素的 k 倍加到第 i 行. 类似地，用 n 阶初等矩阵 $\boldsymbol{E}_n(i,j(k))$ 右乘矩阵 $\boldsymbol{A}_{m\times n}$，其结果相当于对矩阵 $\boldsymbol{A}_{m\times n}$ 施行第三种初等列变换：把 $\boldsymbol{A}_{m\times n}$ 的第 i 列所有元素的 k 倍加到第 j 列.

综上所述，可得到下述定理：

定理 2.3 设 $\boldsymbol{A}$ 是一个 $m\times n$ 矩阵，对 $\boldsymbol{A}$ 施行一次初等行变换，相当于在 $\boldsymbol{A}$ 的左边乘以相应的 m 阶初等矩阵；对 $\boldsymbol{A}$ 施行一次初等列变换，相当于在 $\boldsymbol{A}$ 的右边乘以相应的 n 阶初等矩阵.

例 2.22 若 $\begin{pmatrix}0 & 1 & 0\\ 1 & 0 & 0\\ 0 & 0 & 1\end{pmatrix}\boldsymbol{X}\begin{pmatrix}1 & 0 & 0\\ 0 & 0 & 1\\ 0 & 1 & 0\end{pmatrix}=\begin{pmatrix}1 & -4 & 3\\ 2 & 0 & -1\\ 1 & -2 & 0\end{pmatrix}$，求 $\boldsymbol{X}$.

解 由三类初等矩阵及定理 2.3 可知，将等式右端的矩阵先经过第 1 行和第 2 行对调，再经过第 2 列与第 3 列对调得到矩阵 $\boldsymbol{X}$，即

$$\boldsymbol{X}=\begin{pmatrix}2 & -1 & 0\\ 1 & 3 & -4\\ 1 & 0 & -2\end{pmatrix}.$$

例 2.23 通过初等行变换将矩阵 $\boldsymbol{A}=\begin{pmatrix}1 & 1 & 0\\ -1 & 1 & -2\\ 0 & 0 & 3\end{pmatrix}$ 转化成单位阵.

$$
A=\begin{pmatrix}1&1&0\\-1&1&-2\\0&0&3\end{pmatrix}\xrightarrow{r_2+r_1}\begin{pmatrix}1&1&0\\0&\underline{\quad}&\underline{\qquad}\\0&0&3\end{pmatrix}\underset{\frac{1}{3}r_1}{\overset{\frac{1}{2}r_2}{\sim}}\begin{pmatrix}1&1&0\\0&1&-1\\0&0&1\end{pmatrix}
$$

$$
\xrightarrow{r_2+r_3}\begin{pmatrix}1&1&0\\0&1&0\\0&0&1\end{pmatrix}\xrightarrow{r_1-r_2}\begin{pmatrix}1&0&0\\0&1&0\\0&0&1\end{pmatrix}.
$$

由定理 2.3 可知，对矩阵 A 施行一系列的初等变换相当于在 A 的左端乘以一系列的初等矩阵．即

$$
E=
$$

$$
\begin{pmatrix}1&\underline{\quad}&0\\0&1&0\\0&0&1\end{pmatrix}\begin{pmatrix}1&0&0\\0&1&\underline{\quad}\\0&0&1\end{pmatrix}\begin{pmatrix}1&0&0\\0&1&0\\0&0&\underline{\quad}\end{pmatrix}\begin{pmatrix}1&0&0\\0&\underline{\quad}&0\\0&0&1\end{pmatrix}\begin{pmatrix}1&0&0\\1&1&0\\0&0&1\end{pmatrix}A.
$$

记 A 的左侧从左至右初等矩阵依次为 $P_5^{-1}P_4^{-1}P_3^{-1}P_2^{-1}P_1^{-1}$，上式两端依次左乘 P_5，P_4，P_3，P_2，P_1，故 A 可以写成一列初等矩阵的乘积．

$$
A=P_1P_2P_3P_4P_5.
$$

定理 2.4　n 阶矩阵 A 可逆的充分必要条件是 A 可以表示为有限个初等矩阵的乘积．

证　必要性．已知 A 可逆，设 A 的标准形为 F，则 A 可以化为 F，故存在初等矩阵 P_1，…，P_s，使得

$$
A=P_1P_2\cdots P_rFP_{r+1}\cdots P_s,
$$

由 A 可逆，P_1，…，P_s 可逆，故 F 可逆，则标准形矩阵 F 中必定全为非零行，即 $F=E$．于是有

$$
A=P_1P_2\cdots P_s.
$$

充分性．设 $A=P_1P_2\cdots P_s$，因为初等矩阵可逆，有限个初等矩阵的乘积仍可逆，故 A 可逆．

推论 2.2　方阵 A 可逆的充分必要条件是 A 可以化为 E.

推论 2.3　$m\times n$ 矩阵 A 与矩阵 B 等价的充分必要条件是存在 m 阶可逆矩阵 P 和 n 阶可逆矩阵 Q，使 $PAQ=B$.

由定理 2.4 有，方阵 A 可逆，则存在初等矩阵 P_1，…，P_s，使得 $A=P_1P_2\cdots P_s$，即

$$
P_s^{-1}\cdots P_2^{-1}P_1^{-1}A=E, \tag{2.6}
$$

从而有

$$
P_s^{-1}\cdots P_2^{-1}P_1^{-1}E=A^{-1}. \tag{2.7}
$$

比较式（2.6）和式（2.7），有

$$
P_s^{-1}\cdots P_2^{-1}P_1^{-1}(A\,\vdots\,E)=(E\,\vdots\,A^{-1}).
$$

即，对 $n\times 2n$ 矩阵（$A\,\vdots\,E$）施行初等行变换，当前 n 列（A 的位置）

化为 E 时，则后 n 列（E 的位置）化为 A^{-1}. 类似地，对 $2n\times n$ 矩阵 $\begin{pmatrix} A \\ \hdashline E \end{pmatrix}$ 施行初等列变换，

$$P_s^{-1}\cdots P_2^{-1}P_1^{-1}\begin{pmatrix} A \\ \hdashline E \end{pmatrix}=\begin{pmatrix} E \\ \hdashline A^{-1} \end{pmatrix}.$$

由此我们得到了用初等行变换求逆矩阵的方法.

例 2.24 设 $A=\begin{pmatrix} 1 & 2 & 3 \\ 2 & 1 & 2 \\ 1 & 3 & 4 \end{pmatrix}$，求用初等行变换 A^{-1}.

解 $(A\ \vdots\ E)=\left(\begin{array}{ccc:ccc} 1 & 2 & 3 & 1 & 0 & 0 \\ 2 & 1 & 2 & 0 & 1 & 0 \\ 1 & 3 & 4 & 0 & 0 & 1 \end{array}\right)\xrightarrow[r_3-r_1]{r_2-2r_1}\left(\begin{array}{ccc:ccc} 1 & 2 & 3 & 1 & 0 & 0 \\ 0 & \_\_ & \_\_ & \_\_ & 1 & 0 \\ 0 & 1 & 1 & -1 & 0 & 1 \end{array}\right)$

$\xrightarrow{r_2\leftrightarrow r_3}\left(\begin{array}{ccc:ccc} 1 & 2 & 3 & 1 & 0 & 0 \\ 0 & 1 & 1 & -1 & 0 & 1 \\ 0 & -3 & -4 & \_\_ & 1 & 0 \end{array}\right)\xrightarrow[r_3+3r_2]{r_1-2r_2}\left(\begin{array}{ccc:ccc} 1 & 0 & 1 & 3 & 0 & -2 \\ 0 & 1 & 1 & -1 & 0 & 1 \\ 0 & 0 & -1 & \_\_ & 1 & \_\_ \end{array}\right)$

$\xrightarrow[r_2+r_3]{r_1+r_3}\left(\begin{array}{ccc:ccc} 1 & 0 & 0 & -2 & 1 & 1 \\ 0 & 1 & 0 & \_\_ & 1 & \_\_ \\ 0 & 0 & -1 & -5 & 1 & 3 \end{array}\right)\xrightarrow{r_3\times(-1)}\left(\begin{array}{ccc:ccc} 1 & 0 & 0 & -2 & 1 & 1 \\ 0 & 1 & 0 & -6 & 1 & 4 \\ 0 & 0 & 1 & 5 & \_\_ & \_\_ \end{array}\right)$,

故
$$A^{-1}=\begin{pmatrix} -2 & 1 & 1 \\ -6 & 1 & 4 \\ 5 & -1 & -3 \end{pmatrix}.$$

例 2.25 已知 $A=\begin{pmatrix} 1 & & & \\ a & 1 & & \\ a^2 & a & 1 & \\ a^3 & a^2 & a & 1 \end{pmatrix}$，求 A^{-1}.

解 $(A\ \vdots\ E)=\left(\begin{array}{cccc:cccc} 1 & 0 & 0 & 0 & 1 & 0 & 0 & 0 \\ a & 1 & 0 & 0 & 0 & 1 & 0 & 0 \\ a^2 & a & 1 & 0 & 0 & 0 & 1 & 0 \\ a^3 & a^2 & a & 1 & 0 & 0 & 0 & 1 \end{array}\right)$,

依次作初等行变换 r_4-ar_3，r_3-ar_2，r_2-ar_1 可得

$$(A\ \vdots\ E)\sim\left(\begin{array}{cccc:cccc} 1 & 0 & 0 & 0 & 1 & 0 & 0 & 0 \\ 0 & 1 & 0 & 0 & -a & 1 & 0 & 0 \\ 0 & 0 & 1 & 0 & 0 & \_\_ & 1 & 0 \\ 0 & 0 & 0 & 1 & 0 & 0 & \_\_ & 1 \end{array}\right),$$

故
$$A^{-1}=\begin{pmatrix} 1 & & & \\ -a & 1 & & \\ & -a & 1 & \\ & & -a & 1 \end{pmatrix}.$$

例 2.26　机器人手臂的转动常用矩阵表示．其中的元素为转动角的三角函数值．求下面转动矩阵 $\boldsymbol{R}$ 的逆矩阵．

$$\boldsymbol{R}=\begin{pmatrix}0.8 & 0.0 & -0.6\\ 0.0 & 1.0 & 0.0\\ 0.6 & 0.0 & 0.8\end{pmatrix}.$$

解

$$(\boldsymbol{A}\ \vdots\ \boldsymbol{E})=\left(\begin{array}{ccc:ccc}0.8 & 0.0 & -0.6 & 1 & 0 & 0\\ 0.0 & 1.0 & 0.0 & 0 & 1 & 0\\ 0.6 & 0.0 & 0.8 & 0 & 0 & 1\end{array}\right)\underset{5\times r_3}{\overset{5\times r_1}{\sim}}\left(\begin{array}{ccc:ccc}4 & 0 & -3 & 5 & 0 & 0\\ 0 & 1 & 0 & 0 & 1 & 0\\ \underline{\quad} & 0 & 4 & 0 & 0 & \underline{\quad}\end{array}\right)$$

$$\overset{r_1-r_3}{\sim}\left(\begin{array}{ccc:ccc}1 & 0 & -7 & 5 & 0 & \underline{\quad}\\ 0 & 1 & 0 & 0 & 1 & 0\\ 3 & 0 & 4 & 0 & 0 & 5\end{array}\right)\overset{r_3-3\times r_1}{\sim}\left(\begin{array}{ccc:ccc}1 & 0 & -7 & 5 & 0 & -5\\ 0 & 1 & 0 & 0 & 1 & 0\\ 0 & 0 & \underline{\quad} & -15 & 0 & \underline{\quad}\end{array}\right)$$

$$\overset{\frac{1}{25}\times r_3}{\sim}\left(\begin{array}{ccc:ccc}1 & 0 & -7 & 5 & 0 & -5\\ 0 & 1 & 0 & 0 & 1 & 0\\ 0 & 0 & 1 & -\frac{3}{5} & 0 & \underline{\quad}\end{array}\right)\overset{r_1+7r_3}{\sim}\left(\begin{array}{ccc:ccc}1 & 0 & 0 & \frac{4}{5} & 0 & \frac{3}{5}\\ 0 & 1 & 0 & 0 & 1 & 0\\ 0 & 0 & 1 & -\frac{3}{5} & 0 & \frac{4}{5}\end{array}\right),$$

所以

$$\boldsymbol{A}^{-1}=\begin{pmatrix}\frac{4}{5} & 0 & \frac{3}{5}\\ 0 & 1 & 0\\ -\frac{3}{5} & 0 & \frac{4}{5}\end{pmatrix}.$$

上述初等行变换求逆矩阵的方法，还可用于求解矩阵方程 $\boldsymbol{AX}=\boldsymbol{B}$.

由 $\boldsymbol{A}^{-1}(\boldsymbol{A}\ \vdots\ \boldsymbol{B})=(\boldsymbol{E}\ \vdots\ \boldsymbol{A}^{-1}\boldsymbol{B})$，对 $n\times 2n$ 矩阵（$\boldsymbol{A}\ \vdots\ \boldsymbol{B}$）施行初等行变换，当前 n 列（$\boldsymbol{A}$ 的位置）化为 $\boldsymbol{E}$ 时，则后 n 列（$\boldsymbol{B}$ 的位置）化为 $\boldsymbol{A}^{-1}\boldsymbol{B}$.

例 2.27　求解矩阵方程 $\boldsymbol{AX}=\boldsymbol{B}$，其中

$$\boldsymbol{A}=\begin{pmatrix}1 & 2 & 3\\ 2 & 2 & 1\\ 3 & 4 & 3\end{pmatrix},\quad \boldsymbol{B}=\begin{pmatrix}2 & 5\\ 3 & 1\\ 4 & 3\end{pmatrix}.$$

解　由 $|\boldsymbol{A}|=2\neq 0$，即 $\boldsymbol{A}$ 可逆，则 $\boldsymbol{X}=\boldsymbol{A}^{-1}\boldsymbol{B}$，

$$(\boldsymbol{A}\ \vdots\ \boldsymbol{B})=\begin{pmatrix}1 & 2 & 3 & 2 & 5\\ 2 & 2 & 1 & 3 & 1\\ 3 & 4 & 3 & 4 & 3\end{pmatrix}\underset{r_3-3r_1}{\overset{r_2-2r_1}{\sim}}\begin{pmatrix}1 & 2 & 3 & 2 & 5\\ 0 & -2 & -5 & -1 & -9\\ 0 & -2 & -6 & -2 & -12\end{pmatrix}$$

$$\underset{r_3-r_2}{\overset{r_1+r_2}{\sim}}\begin{pmatrix}1 & 0 & -2 & 1 & -4\\ 0 & -2 & -5 & -1 & -9\\ 0 & 0 & -1 & -1 & -3\end{pmatrix}\underset{r_2-5r_3}{\overset{r_1-2r_3}{\sim}}\begin{pmatrix}1 & 0 & 0 & 3 & 2\\ 0 & -2 & 0 & 4 & 6\\ 0 & 0 & -1 & -1 & -3\end{pmatrix}$$

$$\xrightarrow[r_3 \div (-1)]{r_2 \div (-2)} \begin{pmatrix} 1 & 0 & 0 & 3 & 2 \\ 0 & 1 & 0 & -2 & -3 \\ 0 & 0 & 1 & 1 & 3 \end{pmatrix}.$$

于是 $\quad \boldsymbol{X} = \begin{pmatrix} 3 & 2 \\ -2 & -3 \\ 1 & 3 \end{pmatrix}.$

练习5

一、选择题

1. 下列矩阵是初等矩阵的是（　　）.

（A）$\begin{pmatrix} 1 & 0 & 1 \\ 0 & 1 & 0 \\ 1 & 0 & 0 \end{pmatrix}$；　　（B）$\begin{pmatrix} 1 & 0 & 0 \\ 0 & -1 & 1 \\ 0 & 0 & 1 \end{pmatrix}$；

（C）$\begin{pmatrix} 1 & 0 & 0 \\ 0 & 0 & 1 \\ 0 & 1 & 0 \end{pmatrix}$；　　（D）$\begin{pmatrix} 1 & 1 & 0 \\ 0 & 1 & -2 \\ 0 & 0 & 1 \end{pmatrix}$.

2. 设 $\boldsymbol{P} = \begin{pmatrix} 1 & 0 & 0 \\ 0 & 0 & 1 \\ 0 & 1 & 0 \end{pmatrix}$，$\boldsymbol{A} = \begin{pmatrix} 1 & 2 & 3 \\ 2 & 3 & 4 \\ 5 & 6 & 7 \end{pmatrix}$若用 $\boldsymbol{P}$ 左乘矩阵 $\boldsymbol{A}$，相当于对矩阵 $\boldsymbol{A}$ 施行（　　）初等变换.

（A）$r_1 \leftrightarrow r_3$；　（B）$c_2 \leftrightarrow c_3$；　（C）$c_1 \leftrightarrow c_3$；　（D）$r_2 \leftrightarrow r_3$.

3. 下列命题错误的是（　　）

（A）若干个初等矩阵的乘积必定是可逆矩阵；

（B）可逆矩阵之和未必是可逆矩阵；

（C）两个初等矩阵的乘积仍是初等矩阵；

（D）可逆矩阵必定是有限个初等矩阵的乘积.

4. 设 $\boldsymbol{A} = (a_{ij})_{3\times3}$，$\boldsymbol{B} = \begin{pmatrix} a_{31} & a_{32}+ka_{33} & a_{33} \\ a_{21} & a_{22}+ka_{23} & a_{23} \\ a_{11} & a_{12}+ka_{13} & a_{13} \end{pmatrix}$，$\boldsymbol{P}_1 = \begin{pmatrix} 0 & 0 & 1 \\ 0 & 1 & 0 \\ 1 & 0 & 0 \end{pmatrix}$，$\boldsymbol{P}_2 = \begin{pmatrix} 1 & 0 & 0 \\ 0 & 1 & 0 \\ 0 & k & 1 \end{pmatrix}$，则 $\boldsymbol{B}$（　　）.

（A）$\boldsymbol{AP}_1\boldsymbol{P}_2$；　（B）$\boldsymbol{P}_1\boldsymbol{AP}_2$；　（C）$\boldsymbol{AP}_2\boldsymbol{P}_1$；　（D）$\boldsymbol{P}_2\boldsymbol{AP}_1$.

二、填空题

1. $[\boldsymbol{E}(i,j)]^{-1}=$________，$[\boldsymbol{E}(i(k))]^{-1}(k\neq0)=$________，$[\boldsymbol{E}(i,j(k))]^{-1}=$________.

2. $|\boldsymbol{E}(i,j)|=$________，$|\boldsymbol{E}(i(k))|(k\neq0)=$________，$|\boldsymbol{E}(i,j(k))|=$________.

3. 矩阵$\begin{pmatrix}1&0&-1&2\\2&1&2&3\\3&2&4&1\end{pmatrix}$的行最简形矩阵为________.

4. 设 $\boldsymbol{A}=\begin{pmatrix}1&2&3\\4&5&6\\7&8&9\end{pmatrix}$, $\boldsymbol{P}=\begin{pmatrix}0&0&1\\0&1&0\\1&0&0\end{pmatrix}$, $\boldsymbol{Q}=\begin{pmatrix}1&0&0\\0&0&1\\0&1&0\end{pmatrix}$, 则 $\boldsymbol{P}^{100}\boldsymbol{A}\boldsymbol{Q}^{100}=$________.

2.6 矩阵的秩

在例 2.21 中，矩阵 $\boldsymbol{A}$ 经过初等行变换化为行阶梯形矩阵 $\boldsymbol{B}_1$，再经过初等变换化为标准形 $\boldsymbol{F}$. 注意到行阶梯形 $\boldsymbol{B}_1$ 和标准形 $\boldsymbol{F}$ 中非零行的行数是相同的，这个非零行的行数便是矩阵的秩. 矩阵的秩是体现矩阵本质特征的一个重要参数，由于它是矩阵在初等变换下的不变量，因此在初等变换的辅助下，矩阵的秩及其性质有着非常广泛的应用.

定义 2.15　在 $m\times n$ 矩阵 $\boldsymbol{A}$ 中，任意选取 k 行与 k 列（$k\leqslant m$，$k\leqslant n$），位于行列交叉处的 k^2 个元素按照原来的相对位置构成 k 阶行列式，称为 $\boldsymbol{A}$ 的一个 k 阶子式，记作 D_k. 对于给定的 k，$m\times n$ 矩阵 $\boldsymbol{A}$ 的 k 阶子式共有 $\mathrm{C}_m^k\mathrm{C}_n^k$ 个.

例 2.28　写出矩阵 $\boldsymbol{A}=\begin{pmatrix}3&2\\-2&-3\\1&3\end{pmatrix}$的所有的 2 阶子式.

解　$\boldsymbol{A}$ 的 2 阶子式共有 $\mathrm{C}_3^2\mathrm{C}_2^2=3$ 个，即

$$\begin{vmatrix}3&2\\-2&-3\end{vmatrix},\quad\begin{vmatrix}3&2\\1&3\end{vmatrix},\quad\begin{vmatrix}-2&-3\\1&3\end{vmatrix}.$$

注意在例 2.28 中，$\boldsymbol{A}$ 的每个元素都是它的 1 阶子式，共有 3×2 个，没有 3 阶子式. 它最高阶非零子式的阶数为 2.

定义 2.16　在矩阵 $\boldsymbol{A}_{m\times n}$ 中，若有某个 r 阶子式 $D_r\neq0$，且所有的 $r+1$ 阶子式 $D_{r+1}=0$，则称 $\boldsymbol{A}$ 的秩（Rank）为 r，记作 $R(\boldsymbol{A})=r$. 规定 $R(\boldsymbol{O})=0$).

矩阵的秩具有下面的性质：

(1) $R(\boldsymbol{A}_{m\times n})\leqslant\min\{m,n\}$；

(2) 当 $k\neq0$ 时，$R(k\boldsymbol{A})=R(\boldsymbol{A})$；

(3) $R(\boldsymbol{A}^{\mathrm{T}})=R(\boldsymbol{A})$；

(4) $\boldsymbol{A}$ 中的一个 $D_r\neq0$，则 $R(\boldsymbol{A})\geqslant r$；

(5) $\boldsymbol{A}$ 中所有的 $D_{r+1}=0$，则 $R(\boldsymbol{A})\leqslant r$.

对于方阵 $\boldsymbol{A}_{n\times n}$，若 $R(\boldsymbol{A})=n$，称 $\boldsymbol{A}$ 为满秩矩阵；若 $R(\boldsymbol{A})<n$，称

A 为降秩矩阵. 易知, 满秩矩阵即可逆矩阵 (非奇异矩阵 nonsingular matrix), 降秩矩阵即不可逆矩阵 (奇异矩阵 singular matrix).

例 2.29 已知 $A=\begin{pmatrix}2&-3&8\\2&12&-2\\1&3&1\end{pmatrix}$, $B=\begin{pmatrix}-1&2&3&0&7\\0&4&1&5&0\\0&0&0&6&-2\\0&0&0&0&0\end{pmatrix}$, 求 $R(A)$ 和 $R(B)$.

解 在矩阵 A 中, 位于 1, 2 行与 1, 2 列处的一个 2 阶子式

$$D_2=\begin{vmatrix}2&-3\\2&12\end{vmatrix}=30\neq0,$$

而 3 阶子式只有 1 个 $|A|$, 且 $|A|=0$, 故 $R(A)=2$.

B 是一个阶梯形矩阵, 非零行只有 3 行, 故所有 4 阶子式全为零, 而以三个非零行中第一个元为对角元的一个 3 阶子式为

$$\begin{vmatrix}-1&2&0\\0&4&5\\0&0&6\end{vmatrix}\neq0,$$

故 $R(B)=3$.

从例 2.29 中我们看到, 对于行、列数较大的矩阵, 用定义求秩的工作量很大, 而利用行阶梯形矩阵非零行的行数来求秩非常简便. 那么对一般的矩阵求秩问题, 可否用初等变换把它化为阶梯形矩阵来求秩呢?

定理 2.5 若 $A_{m\times n}\cong B_{m\times n}$, 则 $R(A)=R(B)$.

证 只需证明 $A_{m\times n}$ 经过一次初等变换化为 $B_{m\times n}$ 的情形.

设 $R(A)=r$, 下面只给出初等变换的第三种情形下的证明, 其余情形类似.

$$A=\begin{pmatrix}a_{11}&a_{12}&\cdots&a_{1n}\\\vdots&\vdots&&\vdots\\a_{i1}&a_{i2}&\cdots&a_{in}\\\vdots&\vdots&&\vdots\\a_{j1}&a_{j2}&\cdots&a_{jn}\\\vdots&\vdots&&\vdots\\a_{m1}&a_{m2}&\cdots&a_{mn}\end{pmatrix}\xrightarrow{r_i+kr_j}\begin{pmatrix}a_{11}&a_{12}&\cdots&a_{1n}\\\vdots&\vdots&&\vdots\\a_{i1}+ka_{j1}&a_{i2}+ka_{j2}&\cdots&a_{in}+ka_{jn}\\\vdots&\vdots&&\vdots\\a_{j1}&a_{j2}&\cdots&a_{jn}\\\vdots&\vdots&&\vdots\\a_{m1}&a_{m2}&\cdots&a_{mn}\end{pmatrix}=B.$$

(1) 若 $r<\min\{m, n\}$, 则

当 $D_{r+1}^{(B)}$ 不含第 i 行时, 有 $D_{r+1}^{(B)}=D_{r+1}^{(A)}=0$;

当 $D_{r+1}^{(B)}$ 含第 i 行, 不含第 j 行时, 有 $D_{r+1}^{(B)}=D_{r+1}^{(A)}\pm kD_{r+1}^{(A)}=0$;

当 $D_{r+1}^{(B)}$ 含第 i 行, 含第 j 行时, 有 $D_{r+1}^{(B)}=D_{r+1}^{(A)}=0$.

故 B 中所有的 $r+1$ 阶子式 $D_{r+1}^{(B)}=0$, 有 $R(B)\leqslant r=R(A)$.

同理, 由 $B\xrightarrow{r_i-kr_j}A$, 有 $R(A)\leqslant R(B)$, 于是可得 $R(A)=R(B)$.

(2) 若 $r=m$ 或者 $r=n$，构造矩阵

$$A_1=\begin{pmatrix}A & O\\ O & O\end{pmatrix}_{(m+1)\times(n+1)},\ B_1=\begin{pmatrix}B & O\\ O & O\end{pmatrix}_{(m+1)\times(n+1)},$$

由 (1) 可得 $A_1\xrightarrow{r_i+kr_j}B_1$，有 $R(A_1)=R(B_1)$，而 $R(A_1)=R(A)$，$R(B_1)=R(B)$，故 $R(A)=R(B)$.

矩阵经过一次初等变换后不改变矩阵的秩，由此可知经过有限次初等变换后仍不改变矩阵的秩．根据定理 2.5，求矩阵的秩可将矩阵用初等行变换化为行阶梯形，行阶梯形中非零行的行数就是矩阵的秩.

例 2.30 求矩阵 A 的秩

$$A=\begin{pmatrix}1 & -1 & 3 & -4 & 3\\ 3 & -3 & 5 & -4 & 1\\ 2 & -2 & 3 & -2 & 0\\ 3 & -3 & 4 & -2 & -1\end{pmatrix}.$$

解

$$\begin{pmatrix}1 & -1 & 3 & -4 & 3\\ 3 & -3 & 5 & -4 & 1\\ 2 & -2 & 3 & -2 & 0\\ 3 & -3 & 4 & -2 & -1\end{pmatrix}\xrightarrow[r_4-3r_1]{\substack{r_2-3r_1\\ \sim}}\begin{pmatrix}1 & -1 & 3 & -4 & 3\\ 0 & 0 & -4 & 8 & -8\\ 0 & 0 & -3 & 6 & -6\\ 0 & 0 & -5 & 10 & -10\end{pmatrix}$$

$$\xrightarrow{\substack{r_2\div(-4)\\ r_3\div(-3)}}\begin{pmatrix}1 & -1 & 3 & -4 & 3\\ 0 & 0 & 1 & -2 & 2\\ 0 & 0 & 1 & -2 & 2\\ 0 & 0 & 1 & -2 & 2\end{pmatrix}\xrightarrow[r_4-r_2]{\substack{r_1-3r_2\\ \sim}}\begin{pmatrix}1 & -1 & 0 & 2 & -3\\ 0 & 0 & 1 & -2 & 2\\ 0 & 0 & 0 & 0 & 0\\ 0 & 0 & 0 & 0 & 0\end{pmatrix}.$$

于是 $R(A)=2$.

例 2.31 设

$$A=\begin{pmatrix}1 & -2 & 2 & -1\\ 2 & -4 & 8 & 0\\ -2 & 4 & -2 & 3\\ 3 & -6 & 0 & -6\end{pmatrix},\ b=\begin{pmatrix}1\\ 2\\ 3\\ 4\end{pmatrix},$$

求矩阵 A 和 $B=(A\ \vdots\ b)$ 的秩.

解 设 B 的行阶梯形矩阵为 $\tilde{B}=(\tilde{A}\ \vdots\ \tilde{b})$，则 $\tilde{A}$ 就是 A 的行阶梯形矩阵，故从中可看出 $R(A)$，$R(B)$.

$$B=\begin{pmatrix}1 & -2 & 2 & -1 & 1\\ 2 & -4 & 8 & 0 & 2\\ -2 & 4 & -2 & 3 & 3\\ 3 & -6 & 0 & -6 & 4\end{pmatrix}\xrightarrow{\substack{r_2-2r_1\\ r_3+2r_1\\ \sim}}\begin{pmatrix}1 & -2 & 2 & -1 & 1\\ 0 & 0 & 4 & 2 & 0\\ 0 & 0 & 2 & 1 & 5\\ 0 & 0 & \_\_ & \_\_ & 1\end{pmatrix}$$

$$\xrightarrow[r_3-r_2]{r_2\div 2}\begin{pmatrix}1&-2&2&-1&1\\0&0&2&1&0\\0&0&0&0&5\\0&0&0&0&1\end{pmatrix}\sim\begin{pmatrix}1&-2&2&-1&1\\0&0&2&1&0\\0&0&0&0&5\\0&0&0&0&0\end{pmatrix}.$$

于是 $R(\boldsymbol{A})=2$，$R(\boldsymbol{B})=3$.

例 2.32 已知矩阵 $\boldsymbol{A}=\begin{pmatrix}1&a&a\\a&1&a\\a&a&1\end{pmatrix}$，讨论 a 的取值，求 $\boldsymbol{A}$ 的秩.

解

$$\boldsymbol{A}=\begin{pmatrix}1&a&a\\a&1&a\\a&a&1\end{pmatrix}\xrightarrow[r_1+r_3]{r_1+r_2}\begin{pmatrix}2a+1&2a+1&2a+1\\a&1&a\\a&a&1\end{pmatrix}$$

$$\xrightarrow{r_1\div(2a+1)}\begin{pmatrix}1&1&1\\a&1&a\\a&a&1\end{pmatrix}\xrightarrow{r_2-ar_1}\begin{pmatrix}1&1&1\\0&1-a&0\\0&0&1-a\end{pmatrix},$$

当 $a=1$ 时，$R(\boldsymbol{A})=1$；当 $a\neq1$ 时，$R(\boldsymbol{A})=3$.

由推论 2.2 及定理 2.5，矩阵的秩还具有下面的性质：

(6) 若 $\boldsymbol{A}_{m\times n}\sim\boldsymbol{B}_{m\times n}$，则 $R(\boldsymbol{A})=R(\boldsymbol{B})$；

(7) 设 $\boldsymbol{A}$ 是 $m\times n$ 矩阵，$\boldsymbol{P}$，$\boldsymbol{Q}$ 分别是 m 阶、n 阶可逆矩阵，则

$$R(\boldsymbol{A})=R(\boldsymbol{PA})=R(\boldsymbol{AQ})=R(\boldsymbol{PAQ}).$$

(8) $R(\boldsymbol{A}+\boldsymbol{B})\leqslant R(\boldsymbol{A})+R(\boldsymbol{B})$.

证 不妨设 $\boldsymbol{A}$，$\boldsymbol{B}$ 是 $m\times n$ 矩阵，对矩阵 $(\boldsymbol{A}+\boldsymbol{B},\boldsymbol{B})$ 作列变换 c_i-c_{n+i} $(i=1,2,\cdots,n)$，即得

$$(\boldsymbol{A}+\boldsymbol{B},\boldsymbol{B})\xrightarrow{\text{列初等变换}}(\boldsymbol{A},\boldsymbol{B}),$$

于是 $R(\boldsymbol{A}+\boldsymbol{B})\leqslant R(\boldsymbol{A}+\boldsymbol{B},\boldsymbol{B})=R(\boldsymbol{A},\boldsymbol{B})\leqslant R(\boldsymbol{A})+R(\boldsymbol{B})$.

例 2.33 设 $\boldsymbol{A}$ 是 n 阶矩阵，证明 $R(\boldsymbol{A}+\boldsymbol{E})+R(\boldsymbol{A}-\boldsymbol{E})\geqslant n$.

证 因为 $(\boldsymbol{A}+\boldsymbol{E})+(\boldsymbol{E}-\boldsymbol{A})=2\boldsymbol{E}$，由性质 (8) 有

$$R(\boldsymbol{A}+\boldsymbol{E})+R(\boldsymbol{E}-\boldsymbol{A})\geqslant R(2\boldsymbol{E})=n,$$

而 $R(\boldsymbol{A}-\boldsymbol{E})=R(\boldsymbol{E}-\boldsymbol{A})$，所以 $R(\boldsymbol{A}+\boldsymbol{E})+R(\boldsymbol{A}-\boldsymbol{E})\geqslant n$.

练习 6

一、选择题

1. 已知 $\boldsymbol{A}$ 有一个 r 阶子式不等于零，则 $R(\boldsymbol{A})$ (　　).

(A) $=r$；　　(B) $=r+1$；

(C) $\leqslant r$；　　(D) $\geqslant r$.

2. 设 $\boldsymbol{A}$ 是 n 阶方阵，若 $R(\boldsymbol{A})=r$，则 (　　).

(A) $\boldsymbol{A}$ 中所有 r 阶子式都不为零；

(B) $\boldsymbol{A}$ 中所有 r 阶子式都为零；

（C）$\boldsymbol{A}$ 中至少有一个 r 阶子式不为零；

（D）$\boldsymbol{A}$ 中至少有一个 $r+1$ 阶子式不为零．

3. 设 $\boldsymbol{A}$ 为 $m\times n$ 矩阵且 $R(\boldsymbol{A})=r<m<n$，则以下结论错误的是（　　）．

（A）$\boldsymbol{A}$ 中 r 阶子式不全为零；

（B）$\boldsymbol{A}$ 中每一个阶数大于 r 的子式皆为零；

（C）$\boldsymbol{A}$ 经初等变换可化为$\begin{pmatrix}\boldsymbol{E}_r & \boldsymbol{O}\\ \boldsymbol{O} & \boldsymbol{O}\end{pmatrix}$；

（D）$\boldsymbol{A}$ 可能是满秩矩阵．

4. 若有矩阵 $\boldsymbol{A}_{3\times 2}$，则有（　　）．

（A）$0\leqslant R(\boldsymbol{A})\leqslant 2$；　　（B）$2\leqslant R(\boldsymbol{A})\leqslant 3$；

（C）$R(\boldsymbol{A})=2$；　　（D）$R(\boldsymbol{A})=3$.

5. 设 n 阶方阵 $\boldsymbol{A}$ 经过若干次初等变换后变为 $\boldsymbol{B}$，若 $\boldsymbol{A}$ 可逆，则（　　）．

（A）$|\boldsymbol{A}|=|\boldsymbol{B}|$；　　（B）$|\boldsymbol{B}|\neq 0$；

（C）$|\boldsymbol{A}||\boldsymbol{B}|>0$；　　（D）$|\boldsymbol{B}|$可取任意值．

二、填空题

1. 设四阶方阵 $\boldsymbol{A}$ 的秩 $R(\boldsymbol{A})=2$，则其伴随矩阵 $\boldsymbol{A}^*$ 的秩为________．

2. 设矩阵 $\boldsymbol{A}=\begin{pmatrix}k & 1 & 1 & 1\\ 1 & k & 1 & 1\\ 1 & 1 & k & 1\\ 1 & 1 & 1 & k\end{pmatrix}$且秩 $R(\boldsymbol{A})=3$，则 $k=$________．

3. 若矩阵 $\boldsymbol{A}$ 与矩阵 $\boldsymbol{B}$ 等价，则 $R(\boldsymbol{A})$ 与 $R(\boldsymbol{B})$ 的关系是________．

2.7 应用实例

实例 1　密码问题

战争中一方的机密电报一旦被敌方截获并破解，必将使其处于不利境地．通常的明码电报是以数字代表某英文字母的方法进行收发．如，以数字 1，2，…，26 分别作为英文字母 a，b，…，z 的代码，若需要发出一个内容是“action”的电文，对应明码是 1，3，20，9，15，14. 考虑矩阵

$$\boldsymbol{A}=\begin{pmatrix}1 & 2 & 3\\ 0 & 1 & 2\\ 0 & 0 & 1\end{pmatrix},\quad \boldsymbol{A}^{-1}=\begin{pmatrix}1 & -2 & 1\\ 0 & 1 & -2\\ 0 & 0 & 1\end{pmatrix}.$$

用矩阵的乘法运算对明码加密

$$A\begin{pmatrix}1\\3\\20\end{pmatrix}=\begin{pmatrix}67\\43\\20\end{pmatrix},\quad A\begin{pmatrix}9\\15\\14\end{pmatrix}=\begin{pmatrix}81\\43\\14\end{pmatrix},$$

则发出和接收密码为：67，43，20，81，43，14.

接收方再用逆运算解密

$$A^{-1}\begin{pmatrix}67\\44\\20\end{pmatrix}=\begin{pmatrix}1\\3\\20\end{pmatrix},\quad A^{-1}\begin{pmatrix}81\\43\\14\end{pmatrix}=\begin{pmatrix}9\\15\\14\end{pmatrix},$$

得到明码为：1，3，20，9，15，14，即 action. 由于矩阵元素及其运算的复杂与多样性，使得解密难于实现，从而保证了电报收发的机密性.

实例 2　线性定常连续系统稳定性

在《自动控制原理》课程中，通常用矩阵的秩研究线性定常系统的稳定性。设线性定常连续系统的状态方程为：

$$\dot{X}=\begin{pmatrix}-4&1\\2&-3\end{pmatrix}X+\begin{pmatrix}1\\2\end{pmatrix}U,$$

试判断系统状态的安全能控性.

解　设 $B=\begin{pmatrix}1\\2\end{pmatrix}$，$A=\begin{pmatrix}-4&1\\-2&3\end{pmatrix}$，则该系统的能控矩阵为 $(B,\ AB)$，由于系统状态的安全能控性的充要条件是能控矩阵 $R(B,\ AB)=n$，n 为 X 维数，求能控矩阵的秩为

$$R(B,\ AB)=R\begin{pmatrix}1&-2\\2&-4\end{pmatrix}=1<n=2,$$

所以，系统状态不是安全能控的.

实例 3　职业预测

在某城市有 15 万人具有本科以上学历，其中有 1.5 万人是教师，据调查，平均每年有 10% 的人从教师职业转为其他职业，又有 1% 的人从其他职业转为教师职业，试预测 3 年以后这 15 万人中还有多少人从事教师职业？

解　用 x_n 表示第 n 年后从事教师职业和其他职业的人数，则 $x_0=\begin{pmatrix}1.5\\13.5\end{pmatrix}$，用矩阵 $A=(a_{ij})=\begin{pmatrix}0.90&0.01\\0.10&0.99\end{pmatrix}$ 表示教师职业和其他职业间的转移情况，其中 $a_{11}=0.90$ 表示每年有 90% 的人原来是教师现在还是教师；$a_{21}=0.10$ 表示每年有 10% 的人从教师职业转为其他职业。显然

$$x_1=Ax_0=\begin{pmatrix}0.90&0.01\\0.10&0.99\end{pmatrix}\begin{pmatrix}1.5\\13.5\end{pmatrix}=\begin{pmatrix}1.485\\13.515\end{pmatrix},$$

即一年以后从事教师职业和其他职业的人数分别为 1.485 万和 13.515 万. 又知道

$$x_2 = Ax_1 = A^2x_0,\ x_3 = Ax_2 = A^3x_0 = \begin{pmatrix} 1.4598 \\ 13.5402 \end{pmatrix},$$

即三年以后从事教师职业和其他职业的人数分别为 1.4598 万和 13.5402 万.

实例 4　弹簧弹性系数的确定

弹簧在弹性限度内，作用在弹簧上的力 y 与弹簧的伸长量 x 满足线性关系 $y=m+kx$，其中 k 是弹簧的弹性系数，已知弹簧通过实验测得数据如下：

x/cm	2.6	3.0	3.5	4.3
y/cm	0	1	2	3

求该弹簧弹性系数。

解　将实验数据代入线性关系 $y=m+kx$ 得

$$\begin{cases} m+2.6k=0, \\ m+3.0k=1, \\ m+3.5k=2, \\ m+4.3k=3. \end{cases}$$

设

$$A = \begin{pmatrix} 1 & 2.6 \\ 1 & 3.0 \\ 1 & 3.5 \\ 1 & 4.3 \end{pmatrix},\ x = \begin{pmatrix} m \\ k \end{pmatrix},\ b = \begin{pmatrix} 0 \\ 1 \\ 2 \\ 3 \end{pmatrix},$$

方程组 $Ax=b$ 的最小二乘解表达式为

$$\hat{x} = (A^TA)^{-1}(A^Tb),$$

从而求

$$A^TA = \begin{pmatrix} 1 & 1 & 1 & 1 \\ 2.6 & 3.0 & 3.5 & 4.3 \end{pmatrix}\begin{pmatrix} 1 & 2.6 \\ 1 & 3.0 \\ 1 & 3.5 \\ 1 & 4.3 \end{pmatrix} = \begin{pmatrix} 4 & 1.34 \\ 13.4 & 46.5 \end{pmatrix},$$

$$(A^TA)^{-1} = \frac{1}{6.44}\begin{pmatrix} 46.5 & -13.4 \\ -13.4 & 4 \end{pmatrix},\ A^Tb = \begin{pmatrix} 6 \\ 22.9 \end{pmatrix},$$

$$\hat{x} = \begin{pmatrix} m^* \\ k^* \end{pmatrix} = \begin{pmatrix} -4.326 \\ 1.739 \end{pmatrix},$$

所以弹簧的弹性系数 $k^* = 1.739$N/cm.

实例 5　化学反应方程式

考察氨水氧化为二氧化碳的化学反应，反应式为

$$4NH_3 + 5O_2 = 4NO + 6H_2O,$$
$$4NH_3 + 3O_2 = 2N_2 + 6H_2O,$$
$$4NH_3 + 6NO = 5N_2 + 6H_2O,$$
$$2NO + O_2 = 2NO_2,$$
$$2NO = O_2 + N_2,$$
$$N_2 + 2O_2 = 2NO_2,$$

求出表述此系统所需的最少独立化学反应式.

解 所给化学反应式给出了各元素与化合物之间的线性方程组，写成矩阵形式为

$$\begin{pmatrix} 4 & -4 & 0 & -6 & 5 & 0 \\ 4 & 0 & 0 & -6 & 3 & -2 \\ 4 & 6 & 0 & -6 & 0 & -5 \\ 0 & 2 & -2 & 0 & 1 & 0 \\ 0 & 2 & 0 & 0 & -1 & -1 \\ 0 & 0 & -2 & 0 & 2 & 1 \end{pmatrix} \begin{pmatrix} NH_3 \\ NO \\ NO_2 \\ H_2O \\ O_2 \\ N_2 \end{pmatrix} = 0.$$

将系数矩阵作初等行变换

$$\begin{pmatrix} 4 & -4 & 0 & -6 & 5 & 0 \\ 4 & 0 & 0 & -6 & 3 & -2 \\ 4 & 6 & 0 & -6 & 0 & -5 \\ 0 & 2 & -2 & 0 & 1 & 0 \\ 0 & 2 & 0 & 0 & -1 & -1 \\ 0 & 0 & -2 & 0 & 2 & 1 \end{pmatrix} \to \begin{pmatrix} 4 & -4 & 0 & -6 & 5 & 0 \\ 0 & 4 & 0 & 0 & -2 & -2 \\ 0 & 10 & 0 & 0 & -5 & -5 \\ 0 & 2 & -2 & 0 & 1 & 0 \\ 0 & 2 & 0 & 0 & -1 & -1 \\ 0 & 0 & -2 & 0 & 2 & 1 \end{pmatrix}$$

$$\to \begin{pmatrix} 4 & -4 & 0 & -6 & 5 & 0 \\ 0 & 2 & 0 & 0 & -1 & -1 \\ 0 & 0 & -2 & 0 & 2 & 1 \\ 0 & 0 & 0 & 0 & 0 & 0 \\ 0 & 0 & 0 & 0 & 0 & 0 \\ 0 & 0 & 0 & 0 & 0 & 0 \end{pmatrix},$$

系数矩阵的秩为 3. 所以此系统所需的最少独立化学反应式仅有 3 个，这 3 个化学反应式可取原反应式中的第 1，第 5，第 6 个.

实例 6　平面图形的变换

设 x，y 为平面上的两个点（或 $\mathbf{R}^2$ 中的两个列向量），$\boldsymbol{A}$ 为二阶矩阵，则 $y = \boldsymbol{A}x$ 为平面上的一个线性变换，它把点 x 映射成点 $\boldsymbol{y}$. 若 x 为平面图形 G 上的任一点，x 的像 y 构成的平面图形记为 G_1，则线性变换 $y = \boldsymbol{A}x$ 几何意义是把图形 G 变成图形 G_1，称为平面图形变换. 平面图形变换有三种基本变换：对称变换、伸缩变换、剪切（错切）变换，如表 2.5 所示，其他可逆变换均可由这三种变换复合而成.

表 2.5　三种基本变换

变　换	变换前后图像	变换矩阵
关于横轴的对称变换	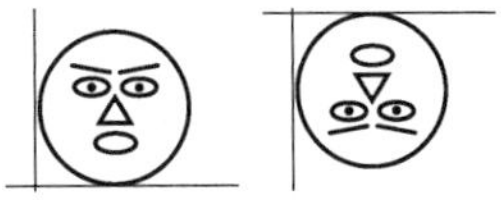	$\begin{pmatrix}1 & 0\\ 0 & -1\end{pmatrix}$
关于竖轴的对称变换		$\begin{pmatrix}-1 & 0\\ 0 & 1\end{pmatrix}$
关于 $y=x$ 的对称变换		$\begin{pmatrix}0 & 1\\ 1 & 0\end{pmatrix}$
关于 $y=-x$ 的对称变换		$\begin{pmatrix}0 & -1\\ -1 & 0\end{pmatrix}$
关于原点的对称变换	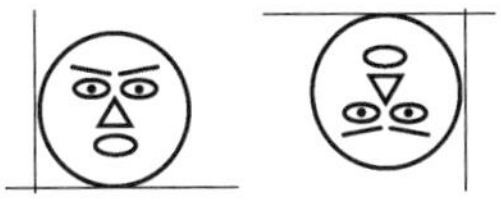	$\begin{pmatrix}-1 & 0\\ 0 & -1\end{pmatrix}$
水平伸缩变换		$\begin{pmatrix}2 & 0\\ 0 & 1\end{pmatrix}$
垂直伸缩变换		$\begin{pmatrix}1 & 0\\ 0 & 2\end{pmatrix}$
水平剪切变换		$\begin{pmatrix}1 & -1\\ 0 & 1\end{pmatrix}$
垂直剪切变换	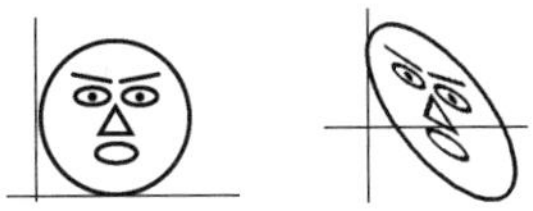	$\begin{pmatrix}1 & 0\\ -1 & 1\end{pmatrix}$

第 2 章综合练习 A

1. 已知 $\boldsymbol{A}=\begin{pmatrix}1 & 0 & -1\\ 2 & 1 & 4\\ -3 & 2 & 5\end{pmatrix}$，$\boldsymbol{B}=\begin{pmatrix}1 & -2 & 3\\ -1 & 3 & 0\\ 0 & 5 & 2\end{pmatrix}$.
求：(1) $2\boldsymbol{AB}-3\boldsymbol{A}^2$；(2) $\boldsymbol{AB}^{\mathrm{T}}$；(3) $|-2\boldsymbol{A}|$.

2. 已知矩阵方程 $\begin{pmatrix}2\\ 3\end{pmatrix}(2\quad 2)-\begin{pmatrix}-3 & 1\\ 2 & -2\end{pmatrix}+\boldsymbol{X}=2\begin{pmatrix}1 & -2\\ 4 & 0\end{pmatrix}$，求矩

阵 $\boldsymbol{X}$.

3. 已知矩阵 $\boldsymbol{X}$ 满足 $\begin{pmatrix} 1 & 4 \\ -1 & 2 \end{pmatrix}\boldsymbol{X}\begin{pmatrix} 2 & 0 \\ 1 & 1 \end{pmatrix}=\begin{pmatrix} 3 & 2 \\ 2 & 4 \end{pmatrix}$，求 $\boldsymbol{X}$.

4. 设 $\boldsymbol{A}$，$\boldsymbol{B}$ 均为 n 阶对称矩阵，且 $|\boldsymbol{A}|\neq 0$. 当 $\boldsymbol{E}+\boldsymbol{AB}$ 可逆时，试证：$(\boldsymbol{E}+\boldsymbol{AB})^{-1}\boldsymbol{A}$ 为对称矩阵.

5. 设 $\boldsymbol{A}$，$\boldsymbol{B}$，$\boldsymbol{C}$ 均为 n 阶矩阵，$\boldsymbol{E}$ 为 n 阶单位阵，若 $\boldsymbol{B}=\boldsymbol{E}+\boldsymbol{AB}$，$\boldsymbol{C}=\boldsymbol{A}+\boldsymbol{CA}$，证明：$\boldsymbol{B}-\boldsymbol{C}=\boldsymbol{E}$.

6. 已知 $\boldsymbol{A}=\begin{pmatrix} 1 & 1 & 1 \\ -2 & -2 & -2 \\ 3 & 3 & 3 \end{pmatrix}$，求 $\boldsymbol{A}^2$.

7. 已知 $\boldsymbol{A}=\begin{pmatrix} 3 & 4 & 0 & 0 \\ 4 & -3 & 0 & 0 \\ 0 & 0 & 2 & 4 \\ 0 & 0 & 0 & 2 \end{pmatrix}$，求 $\boldsymbol{A}^{2k}$

8. （1）设 $\boldsymbol{A}=\begin{pmatrix} 1 & 1 \\ 1 & 1 \end{pmatrix}$，证明：$\boldsymbol{A}^k=2^{k-1}\boldsymbol{A}$.

（2）设 $\boldsymbol{A}=\begin{pmatrix} \lambda & 1 & 0 \\ 0 & \lambda & 1 \\ 0 & 0 & \lambda \end{pmatrix}$，证明：

$$\boldsymbol{A}^k=\begin{pmatrix} \lambda^k & k\lambda^{k-1} & \frac{k(k-1)}{2}\lambda^{k-2} \\ 0 & \lambda^k & k\lambda^{k-1} \\ 0 & 0 & \lambda^k \end{pmatrix} \quad (k\geqslant 2).$$

9. 设 $\boldsymbol{A}=\begin{pmatrix} 4 & 0 & 0 \\ 0 & 1 & 4 \\ 0 & 2 & 5 \end{pmatrix}$，求 $\boldsymbol{A}^{-1}$，$(\boldsymbol{A}-2\boldsymbol{E})^{-1}$.

10. 用初等变换将下列矩阵化为行最简形和标准形.

（1）$\begin{pmatrix} 0 & 2 & -3 & 1 \\ 0 & 3 & -4 & 3 \\ 0 & 4 & -7 & -1 \end{pmatrix}$；　（2）$\begin{pmatrix} 2 & 3 & 1 & -3 & -7 \\ 1 & 2 & 0 & -2 & -4 \\ 3 & -2 & 8 & 3 & 0 \\ 2 & -3 & 7 & 4 & 3 \end{pmatrix}$.

11. 用初等变换求下列矩阵的逆矩阵

（1）$\boldsymbol{A}=\begin{pmatrix} 1 & 1 & -1 \\ 2 & 1 & 0 \\ 1 & -1 & 0 \end{pmatrix}$；　（2）$\boldsymbol{A}=\begin{pmatrix} 3 & -2 & 0 & -1 \\ 0 & 2 & 2 & 1 \\ 1 & -2 & -3 & -2 \\ 0 & 1 & 2 & 1 \end{pmatrix}$.

12. 设 $\boldsymbol{A}$ 是 n 阶可逆矩阵，$\boldsymbol{A}$ 的第 i 行与第 j 行交换后得到矩阵 $\boldsymbol{B}$，证明 $\boldsymbol{B}$ 是可逆矩阵，并求 $\boldsymbol{AB}^{-1}$.

13. 设 $A=\begin{pmatrix}4 & 1 & -2\\2 & 2 & 1\\3 & 1 & -1\end{pmatrix}$，$B=\begin{pmatrix}1 & -3\\2 & 2\\3 & -1\end{pmatrix}$，求 X 使 $AX=B$.

14. 设矩阵 $A=\begin{pmatrix}1 & -1 & 0\\0 & 1 & -1\\-1 & 0 & 1\end{pmatrix}$，满足 $AX=2X+A$，求矩阵 X.

15. 求下列矩阵的秩，并求一个最高阶非零子式

（1）$\begin{pmatrix}3 & 2 & -1 & -3 & -1\\2 & -1 & 3 & 1 & -3\\7 & 0 & 5 & -1 & -8\end{pmatrix}$；　（2）$\begin{pmatrix}2 & 1 & 8 & 3 & 7\\2 & -3 & 0 & 7 & -5\\3 & -2 & 5 & 8 & 0\\1 & 0 & 3 & 2 & 0\end{pmatrix}$.

第 2 章综合练习 B

1. 设 $\boldsymbol{\alpha}_1$，$\boldsymbol{\alpha}_2$，$\boldsymbol{\alpha}_3$ 均为 3 维列向量，记矩阵 $A=(\boldsymbol{\alpha}_1,\boldsymbol{\alpha}_2,\boldsymbol{\alpha}_3)$ $B=(\boldsymbol{\alpha}_1+\boldsymbol{\alpha}_2+\boldsymbol{\alpha}_3,\boldsymbol{\alpha}_1+2\boldsymbol{\alpha}_2+4\boldsymbol{\alpha}_3,\boldsymbol{\alpha}_1+3\boldsymbol{\alpha}_2+9\boldsymbol{\alpha}_3)$，如果 $|A|=1$，求 $|B|$.

2. 设 $A=(1,2,3)$，$B=\left(1,\frac{1}{2},\frac{1}{3}\right)$，试计算 $A^{\mathrm{T}}B$；若令 $C=A^{\mathrm{T}}B$，试求 C^k.

3. 设 A，B 都是 n 阶方阵，若 A 为对称阵，则 $B^{\mathrm{T}}AB$ 也是对称阵.

4. 设 $\boldsymbol{\alpha}$ 为 3 维列向量，$\boldsymbol{\alpha}^{\mathrm{T}}$ 是 $\boldsymbol{\alpha}$ 的转置，若 $\boldsymbol{\alpha}\boldsymbol{\alpha}^{\mathrm{T}}=\begin{pmatrix}1 & -1 & 1\\-1 & 1 & -1\\1 & -1 & 1\end{pmatrix}$，求 $\boldsymbol{\alpha}^{\mathrm{T}}\boldsymbol{\alpha}$.

5. 设 A、B 均为 2 阶矩阵，A^*，B^* 分别为 A，B 的伴随矩阵，若 $|A|=2$，$|B|=3$，求分块矩阵 $\begin{pmatrix}O & A\\B & O\end{pmatrix}$ 的伴随矩阵.

6. 设 A 是 3 阶方阵，将 A 的第 1 列与第 2 列交换得 B，再把 B 的第 2 列加到第 3 列得 C，求满足 $AQ=C$ 的可逆矩阵 Q.

7. 设 A 为 3 阶矩阵，将 A 的第 2 列加到第 1 列得到矩阵 B，再交换 B 的第 2 行与第 3 行得到单位矩阵。记 $P_1=\begin{pmatrix}1 & 0 & 0\\1 & 1 & 0\\0 & 0 & 1\end{pmatrix}$，$P_2=\begin{pmatrix}1 & 0 & 0\\0 & 0 & 1\\0 & 1 & 0\end{pmatrix}$，求 A.

8. 已知 $AP=PB$，其中

$$B=\begin{pmatrix}1&0&0\\0&0&0\\0&0&-1\end{pmatrix},\ P=\begin{pmatrix}1&0&0\\2&-1&0\\2&1&1\end{pmatrix},$$

求 $\boldsymbol{A}$ 及 $\boldsymbol{A}^5$.

9. 确定 λ 的值，使矩阵 $\boldsymbol{A}=\begin{pmatrix}3&1&1&4\\\lambda&4&10&1\\1&7&17&3\\2&2&4&3\end{pmatrix}$ 有最小的秩.

10. 设矩阵 $\boldsymbol{A}=\begin{pmatrix}1&1&-2&3&0\\2&1&-6&4&-1\\3&2&a&7&-1\\1&-1&-6&-1&b\end{pmatrix}$，求 $\boldsymbol{A}$ 的秩.

11. 已知矩阵 $\boldsymbol{A}=\begin{pmatrix}1&0&0\\1&1&0\\1&1&1\end{pmatrix}$，$\boldsymbol{B}=\begin{pmatrix}0&1&1\\1&0&1\\1&1&0\end{pmatrix}$，且矩阵 $\boldsymbol{X}$ 满足 $\boldsymbol{AXA}+\boldsymbol{BXB}=\boldsymbol{AXB}+\boldsymbol{BXA}+\boldsymbol{E}$，其中 $\boldsymbol{E}$ 是 3 阶单位矩阵，求 $\boldsymbol{X}$.

12. 设矩阵 $\boldsymbol{A}=\begin{pmatrix}2&1&0\\1&2&0\\0&0&1\end{pmatrix}$，矩阵 $\boldsymbol{B}$ 满足 $\boldsymbol{ABA}^*=2\boldsymbol{BA}+\boldsymbol{E}$，其中 $\boldsymbol{A}^*$ 是伴随矩阵，$\boldsymbol{E}$ 是单位矩阵，求 $|\boldsymbol{B}|$.

数学家轶事——阿瑟·凯莱

阿瑟·凯莱（Arthur Cayley 1821—1895），一般被认为是矩阵论的创立者. 1821 年他出生在一个传统的英国家庭，凯莱聪敏好学、兴趣广泛，除数学外还喜欢历史、文学、语言学和小说. 毕业后留校任研究员和助理导师，几年内发表论文数十篇，1846 年他因不愿意担任圣职而离开了剑桥大学，转学法律，三年后成为律师，缜密的思维、冷静沉着的判断使其工作成效卓著，在其律师工作之余仍潜心研究数学，连续发表近 200 篇论文，并与数学家西尔威斯特建立了长期的友谊，并一起合作. 1863 年他被聘为剑桥大学纯粹数学新创立的萨德勒（Sadler）教授，除 1882 年受西尔威斯特之聘在霍普金斯大学以外，他一直在剑桥，直到 1895 年逝世. 凯莱一生获得过那个时代的数学家可能得到的许多重要荣誉，例如，他获得了牛津、爱丁堡、哥廷根等七个大学的荣誉学位，被选为许多国家的研究院、科学院的院士或通讯院士，他曾任剑桥哲学会、伦敦数学会、皇家天文学会的会长。1883 年荣获伦敦皇家学会的科普利奖章. 如今，在剑桥大学三一学院安放着一尊凯莱的半身雕像.

凯莱在各个领域都是多产的作者和创造者，特别是在解析几何、行列式理论、线性变换和矩阵论等方面做出了重要的贡献. 凯莱是矩阵理论的创立者，他于 1841 年创造了表示行列式的两竖线符号，在他 1858 年的论文中系统地阐述了零矩阵、单位矩阵、矩阵的相等、逆矩阵等概念. 他曾说："我决然不是通过四元数而获得矩阵概念的，矩阵或是直接从行列式的概念而来，或是作为一个表达方程组的简便方法而来."

第3章

线性方程组

线性方程组的解法和解的理论是线性代数的一个重要内容，本章将进一步研究一般的线性方程组的解法，线性方程组有解的判别条件．通过引入 n 维向量组的线性相关性及向量组的秩的概念，讨论线性方程组解的结构，从而给出求解线性方程组通解的方法．

3.1 线性方程组的解

线性方程组形式可表示成

$$\begin{cases} a_{11}x_1 + a_{12}x_2 + \cdots + a_{1n}x_n = b_1, \\ a_{21}x_1 + a_{22}x_2 + \cdots + a_{2n}x_n = b_2, \\ \quad\quad\vdots \\ a_{m1}x_1 + a_{m2}x_2 + \cdots + a_{mn}x_n = b_m. \end{cases} \tag{3.1}$$

其中 x_1，x_2，…，x_n代表 n 个未知量，m 是方程个数，a_{ij}称为方程组的系数，b_i（$i=1,2,\cdots,m$）是常数项．式（3.1）称为线性方程组(linear system of equations).

对于线性方程组（3.1），设

$$\boldsymbol{A}=(a_{ij})_{m\times n},\ \boldsymbol{x}=(x_1,x_2,\cdots,x_n)^{\mathrm{T}},\ \boldsymbol{b}=(b_1,b_2,\cdots,b_m)^{\mathrm{T}},$$

则式（3.1）可以写成以向量 $\boldsymbol{x}$ 为未知元的向量方程

$$\boldsymbol{A}\boldsymbol{x}=\boldsymbol{b}. \tag{3.2}$$

若 $\boldsymbol{b}=(0,0,\cdots,0)^{\mathrm{T}}$，则称式（3.2）为齐次线性方程组（homogeneous linear system of equations)，若 $\boldsymbol{b}\neq(0,0,\cdots,0)^{\mathrm{T}}$，则称式（3.2）为非齐次线性方程组（non-homogeneous linear system of equations).

3.1.1 非齐次线性方程组有解的判别

对于非齐次线性方程组，若 $m=n$ 且 $|\boldsymbol{A}|\neq0$，由第1章的克拉默

法则可求得方程组的解．若$|\boldsymbol{A}|=0$，或$m\neq n$，方程组（3.1）在什么条件下有解；如果有解，解是否唯一；如果解不唯一而且有无穷个，这些解是否可以用简单形式表示以及如何表示等问题，是本节讨论的主要内容．

设$\boldsymbol{B}$是一个$m\times(n+1)$矩阵，它由系数矩阵$\boldsymbol{A}=(a_{ij})_{m\times n}$加上一列$\boldsymbol{b}=(b_1,b_2,\cdots,b_m)^{\mathrm{T}}$组成，称

$$\boldsymbol{B}=\left(\begin{array}{cccc:c} a_{11} & a_{12} & \cdots & a_{1n} & b_1 \\ a_{21} & a_{22} & \cdots & a_{2n} & b_2 \\ \vdots & \vdots & & \vdots & \vdots \\ a_{m1} & a_{m2} & \cdots & a_{mn} & b_m \end{array}\right)$$

或

$$\boldsymbol{B}=(\boldsymbol{A},\ \boldsymbol{b})$$

为非齐次线性方程组（3.1）的增广矩阵．

定理3.1 n元非齐次线性方程组$\boldsymbol{Ax}=\boldsymbol{b}$

（1）无解的充分必要条件是$R(\boldsymbol{A})<R(\boldsymbol{A},\boldsymbol{b})$；

（2）有唯一解的充分必要条件是$R(\boldsymbol{A})=R(\boldsymbol{A},\boldsymbol{b})=n$；

（3）有无穷多解的充分必要条件是$R(\boldsymbol{A})=R(\boldsymbol{A},\boldsymbol{b})<n$.

证 只需证条件的充分性．设$R(\boldsymbol{A})=r$，为叙述方便，设$\boldsymbol{B}=(\boldsymbol{A},\ \boldsymbol{b})$的行最简形为

$$\widetilde{\boldsymbol{B}}=\begin{pmatrix} 1 & 0 & \cdots & 0 & b_{11} & \cdots & b_{1,n-r} & d_1 \\ 0 & 1 & \cdots & 0 & b_{21} & \cdots & b_{2,n-r} & d_2 \\ \vdots & \vdots & & \vdots & \vdots & & \vdots & \vdots \\ 0 & 0 & \cdots & 1 & b_{r1} & \cdots & b_{r,n-r} & d_r \\ 0 & 0 & \cdots & 0 & 0 & \cdots & 0 & d_{r+1} \\ 0 & 0 & \cdots & 0 & 0 & \cdots & 0 & 0 \\ \vdots & \vdots & & \vdots & \vdots & & \vdots & \vdots \\ 0 & 0 & \cdots & 0 & 0 & \cdots & 0 & 0 \end{pmatrix},$$

（1）若$R(\boldsymbol{A})<R(\boldsymbol{A},\boldsymbol{b})$，则$\widetilde{\boldsymbol{B}}$中的$d_{r+1}=1$，于是$\widetilde{\boldsymbol{B}}$中的第$r+1$行对应矛盾方程$0=1$，故方程（3.2）无解．

（2）若$R(\boldsymbol{A})=R(\boldsymbol{A},\boldsymbol{b})=n$，则$\widetilde{\boldsymbol{B}}$中的$d_{r+1}=0$（或不出现），且$b_{ij}$都不出现，于是$\widetilde{\boldsymbol{B}}$对应方程组

$$\begin{cases} x_1=d_1, \\ x_2=d_2, \\ \quad\vdots \\ x_n=d_n. \end{cases}$$

故方程（3.2）有唯一解．

（3）若$R(\boldsymbol{A})=R(\boldsymbol{A},\boldsymbol{b})<n$，则$\widetilde{\boldsymbol{B}}$中的$d_{r+1}=0$（或不出现），$\widetilde{\boldsymbol{B}}$对

应方程组

$$\begin{cases} x_1 = -b_{11}x_{r+1} - \cdots - b_{1,n-r}x_n + d_1, \\ x_2 = -b_{21}x_{r+1} - \cdots - b_{2,n-r}x_n + d_2, \\ \quad \vdots \\ x_r = -b_{r1}x_{r+1} - \cdots - b_{r,n-r}x_n + d_r. \end{cases}$$

令自由未知数 $x_{r+1} = c_1$，…，$x_n = c_{n-r}$，即得方程（3.2）的含 $n-r$ 个参数的解

$$\begin{pmatrix} x_1 \\ \vdots \\ x_r \\ x_{r+1} \\ \vdots \\ x_n \end{pmatrix} = \begin{pmatrix} -b_{11}c_1 - \cdots - b_{1,n-r}c_{n-r} + d_1 \\ \vdots \\ -b_{r1}c_1 - \cdots - b_{r,n-r}c_{n-r} + d_r \\ c_1 \\ \vdots \\ c_{n-r} \end{pmatrix},$$

即
$$\begin{pmatrix} x_1 \\ \vdots \\ x_r \\ x_{r+1} \\ \vdots \\ x_n \end{pmatrix} = c_1 \begin{pmatrix} -b_{11} \\ \vdots \\ -b_{r1} \\ 1 \\ \vdots \\ 0 \end{pmatrix} + \cdots + c_{n-r} \begin{pmatrix} -b_{1,n-r} \\ \vdots \\ -b_{r,n-r} \\ 0 \\ \vdots \\ 1 \end{pmatrix} + \begin{pmatrix} d_1 \\ \vdots \\ d_r \\ 0 \\ \vdots \\ 0 \end{pmatrix}. \tag{3.3}$$

由于参数 c_1，…，c_{n-r} 可任意取值，故方程组（3.2）有无穷多解．解（3.3）称为线性方程组（3.1）的通解．

定理 3.1 的证明过程给出了求解方程组的步骤．

例 3.1 求解非齐次线性方程组

$$\begin{cases} x_1 + 2x_2 + 3x_3 + 4x_4 = 5, \\ 2x_1 + 4x_2 + 4x_3 + 6x_4 = 8, \\ -x_1 - 2x_2 - x_3 - 2x_4 = -3. \end{cases}$$

解 对增广矩阵 $\boldsymbol{B}$ 施行初等变换变为行最简形

$$\boldsymbol{B} = (\boldsymbol{A}, \boldsymbol{b}) = \left(\begin{array}{cccc|c} 1 & 2 & 3 & 4 & 5 \\ 2 & 4 & 4 & 6 & 8 \\ -1 & -2 & -1 & -2 & -3 \end{array}\right) \xrightarrow[r_3 + r_1]{r_2 - 2r_1} \left(\begin{array}{cccc|c} 1 & 2 & 3 & 4 & 5 \\ 0 & 0 & -2 & -2 & -2 \\ 0 & 0 & 2 & 2 & 2 \end{array}\right)$$

$$\xrightarrow[\frac{1}{2}r_2]{r_3 + r_2} \left(\begin{array}{cccc|c} 1 & 2 & 3 & 4 & 5 \\ 0 & 0 & 1 & 1 & 1 \\ 0 & 0 & 0 & 0 & 0 \end{array}\right) \xrightarrow{r_1 - 3r_2} \left(\begin{array}{cccc|c} 1 & 2 & 0 & 1 & 2 \\ 0 & 0 & 1 & 1 & 1 \\ 0 & 0 & 0 & 0 & 0 \end{array}\right),$$

可见 $R(\boldsymbol{A}) = R(\boldsymbol{B}) = 2 < 4$，由定理 3.1 知 $\boldsymbol{Ax} = \boldsymbol{b}$ 有无穷多解，其同解方程组为

$$\begin{cases} x_1 = 2 - 2x_2 - x_4, \\ x_3 = 1 \qquad - x_4, \end{cases}$$

可求得通解

$$\begin{cases} x_1 = 2 - 2c_1 - c_2, \\ x_2 = c_1, \\ x_3 = 1 - c_2, \\ x_4 = c_2, \end{cases} \quad (c_1,\ c_2\text{为任意常数}),$$

即

$$\begin{pmatrix} x_1 \\ x_2 \\ x_3 \\ x_4 \end{pmatrix} = c_1 \begin{pmatrix} -2 \\ 1 \\ \underline{\quad} \\ \underline{\quad} \end{pmatrix} + c_2 \begin{pmatrix} -1 \\ 0 \\ \underline{\quad} \\ 1 \end{pmatrix} + \begin{pmatrix} 2 \\ 0 \\ 1 \\ \underline{\quad} \end{pmatrix}, \quad (c_1,\ c_2 \in \mathbf{R}).$$

例 3.2 λ 取何值时，讨论方程组

$$\begin{cases} \lambda x_1 - x_2 - x_3 = 1, \\ -x_1 + \lambda x_2 - x_3 = -\lambda, \\ -x_1 - x_2 + \lambda x_3 = \lambda^2 \end{cases}$$

（1）有唯一解；（2）无解；（3）有无穷多解，并写出方程组的通解．

解 1 对增广矩阵 $\boldsymbol{B}$ 施行初等变换变为行阶梯形矩阵：

$$\boldsymbol{B} = \begin{pmatrix} \lambda & -1 & -1 & 1 \\ -1 & \lambda & -1 & -\lambda \\ -1 & -1 & \lambda & \lambda^2 \end{pmatrix} \xrightarrow{r_1 \leftrightarrow r_3} \begin{pmatrix} -1 & -1 & \lambda & \lambda^2 \\ -1 & \lambda & -1 & -\lambda \\ \lambda & -1 & -1 & 1 \end{pmatrix}$$

$$\xrightarrow{r_1 \times (-1)} \begin{pmatrix} 1 & 1 & -\lambda & -\lambda^2 \\ -1 & \lambda & -1 & -\lambda \\ \lambda & -1 & -1 & 1 \end{pmatrix} \xrightarrow[r_3 - \lambda r_1]{r_2 + r_1} \begin{pmatrix} 1 & 1 & -\lambda & -\lambda^2 \\ 0 & \lambda+1 & -1-\lambda & -\lambda-\lambda^2 \\ 0 & -1-\lambda & -1+\lambda^2 & 1+\lambda^3 \end{pmatrix}$$

$$\xrightarrow{r_3 + r_2} \begin{pmatrix} 1 & 1 & -\lambda & -\lambda^2 \\ 0 & \lambda+1 & -1-\lambda & -\lambda-\lambda^2 \\ 0 & 0 & (\lambda-2)(\lambda+1) & (\lambda-1)^2(\lambda+1) \end{pmatrix}.$$

（1）当 $\lambda \neq 2$ 且 $\lambda \neq -1$ 时，__________，方程组有唯一解．

（2）当 $\lambda = 2$ 时，$R(\boldsymbol{A}) = 2$，__________，方程组无解．

（3）当 $\lambda = -1$ 时，$R(\boldsymbol{B}) = R(\boldsymbol{A}) = 1 < 3$，故方程组有无穷多解．此时，

$$\boldsymbol{B} \sim \begin{pmatrix} 1 & 1 & 1 & -1 \\ 0 & 0 & 0 & 0 \\ 0 & 0 & 0 & 0 \end{pmatrix}.$$

由此可得通解 $x_1 = -1 - x_2 - x_3$（x_2, x_3 可取任意值），即

$$\begin{pmatrix} x_1 \\ x_2 \\ x_3 \end{pmatrix} = c_1 \begin{pmatrix} -1 \\ 1 \\ 0 \end{pmatrix} + c_2 \begin{pmatrix} -1 \\ 0 \\ 1 \end{pmatrix} + \begin{pmatrix} -1 \\ 0 \\ 0 \end{pmatrix}, \quad (c_1, c_2 \in \mathbf{R}).$$

解 2 由于 $|\boldsymbol{A}|=\begin{vmatrix}\lambda & -1 & -1\\ -1 & \lambda & -1\\ -1 & -1 & \lambda\end{vmatrix}=(\lambda-2)(\lambda+1)^2$,

因此，有

(1) 当 $\lambda\neq 2$ 且 $\lambda\neq -1$ 时，$R(\boldsymbol{A})=R(\boldsymbol{B})=3$，方程组有唯一解.

(2) 当 $\lambda=2$ 时，$\boldsymbol{B}=\begin{pmatrix}2 & -1 & -1 & 1\\ -1 & 2 & -1 & -2\\ -1 & -1 & 2 & 4\end{pmatrix}$

$$\underset{\sim}{r_1+r_2}\begin{pmatrix}1 & 1 & -2 & -1\\ -1 & 2 & -1 & -2\\ -1 & -1 & 2 & 4\end{pmatrix}$$

$$\underset{r_3+r_1}{\overset{r_2+r_1}{\sim}}\begin{pmatrix}1 & 1 & -2 & -1\\ 0 & 3 & -3 & -3\\ 0 & 0 & 0 & 3\end{pmatrix},$$

$R(\boldsymbol{A})=2$, $R(\boldsymbol{B})=3$，故方程组______.

(3) 当 $\lambda=-1$ 时，$\boldsymbol{B}=\begin{pmatrix}-1 & -1 & -1 & 1\\ -1 & -1 & -1 & 1\\ -1 & -1 & -1 & 1\end{pmatrix}\sim\begin{pmatrix}-1 & -1 & -1 & 1\\ 0 & 0 & 0 & 0\\ 0 & 0 & 0 & 0\end{pmatrix}$,

________________，故方程组有无穷多解，

通解为

$$\begin{pmatrix}x_1\\ x_2\\ x_3\end{pmatrix}=c_1\begin{pmatrix}-1\\ 1\\ 0\end{pmatrix}+c_2\begin{pmatrix}-1\\ 0\\ 1\end{pmatrix}+\begin{pmatrix}-1\\ 0\\ 0\end{pmatrix},\ (c_1,c_2\in\mathbf{R}).$$

例 3.3 讨论方程组 $\boldsymbol{Ax}=\boldsymbol{b}$ 何时有唯一解，无穷多解，无解？其中

$$\boldsymbol{A}=\begin{pmatrix}1 & \lambda & 1\\ 1 & 2\lambda & 1\\ \mu & 1 & 1\end{pmatrix},\ \boldsymbol{b}=\begin{pmatrix}3\\ 4\\ 4\end{pmatrix}.$$

解 计算可得 $|\boldsymbol{A}|=$________.

(1) 当 $\lambda\neq 0$ 且 $\mu\neq 1$ 时，方程组有唯一解.

(2) 当 $\lambda=0$ 时，

$$\boldsymbol{B}=\begin{pmatrix}1 & 0 & 1 & 3\\ 1 & 0 & 1 & 4\\ \mu & 1 & 1 & 4\end{pmatrix}\underset{r_3-\mu r_1}{\overset{r_2-r_1}{\sim}}\begin{pmatrix}1 & 0 & 1 & 3\\ 0 & 0 & 0 & 1\\ 0 & 1 & 1-\mu & 4-3\mu\end{pmatrix}$$

$$\overset{r_2\leftrightarrow r_3}{\sim}\begin{pmatrix}1 & 0 & 1 & 3\\ 0 & 1 & 1-\mu & 4-3\mu\\ 0 & 0 & 0 & 1\end{pmatrix},$$

$R(\boldsymbol{A})=2$，$R(\boldsymbol{B})=3$，故方程组无解.

(3) 当 $\mu=1$ 且 $\lambda\neq0$ 时，

$$\boldsymbol{B}=\begin{pmatrix}1&\lambda&1&3\\1&2\lambda&1&4\\1&1&1&4\end{pmatrix}\overset{r_2-r_1}{\sim}\begin{pmatrix}1&\lambda&1&3\\0&\lambda&0&1\\1&1&1&4\end{pmatrix}\overset{r_1-r_2}{\sim}\begin{pmatrix}1&0&1&2\\0&\lambda&0&1\\1&1&1&4\end{pmatrix}$$

$$\overset{r_2\div\lambda}{\sim}\begin{pmatrix}1&0&1&2\\0&1&0&\frac{1}{\lambda}\\1&1&1&4\end{pmatrix}\overset{r_3-r_1}{\sim}\begin{pmatrix}1&0&1&2\\0&1&0&\frac{1}{\lambda}\\0&1&0&2\end{pmatrix}\overset{r_3-r_2}{\sim}\begin{pmatrix}1&0&1&2\\0&1&0&\frac{1}{\lambda}\\0&0&0&2-\frac{1}{\lambda}\end{pmatrix},$$

$\lambda\neq\frac{1}{2}$ 时，$R(\boldsymbol{A})=2$，$R(\boldsymbol{B})=3$，故方程组_____.

$\lambda=\frac{1}{2}$ 时，$R(\boldsymbol{B})=R(\boldsymbol{A})=2<3$，故方程组有__________.

定理 3.2　线性方程组 $\boldsymbol{Ax}=\boldsymbol{b}$ 有解的充分必要条件是 $R(\boldsymbol{A})=R(\boldsymbol{A},\boldsymbol{b})$.

由定理 3.1 容易得出齐次线性方程组解的判别条件.

3.1.2　齐次线性方程组有解的判别

定理 3.3　n 元齐次线性方程组 $\boldsymbol{Ax}=\boldsymbol{0}$

(1) 仅有零解的充分必要条件是 $R(\boldsymbol{A})=n$;

(2) 有非零解，即无穷多解的充分必要条件是 $R(\boldsymbol{A})<n$.

例 3.4　求解齐次线性方程组

$$\begin{cases}x_1+2x_2+3x_3=0,\\2x_1+5x_2+3x_3=0,\\x_1+8x_3=0.\end{cases}$$

解　对系数矩阵 $\boldsymbol{A}$ 施行初等变换将其化为行阶梯矩阵:

$$\boldsymbol{A}=\begin{pmatrix}1&2&3\\2&5&3\\1&0&8\end{pmatrix}\overset{r_2-2r_1}{\underset{\quad}{\sim}}\begin{pmatrix}1&2&3\\0&1&-3\\0&-2&5\end{pmatrix}\overset{r_3+2r_2}{\sim}\begin{pmatrix}1&2&3\\0&1&-3\\0&0&-1\end{pmatrix},$$

因 $R(\boldsymbol{A})=$___，故该齐次方程组只有零解.

下面把定理 3.2 推广到矩阵方程.

3.1.3　矩阵方程有解的判别

定理 3.4　矩阵方程 $\boldsymbol{AX}=\boldsymbol{B}$ 有解的充分必要条件是 $R(\boldsymbol{A})=R(\boldsymbol{A},\boldsymbol{B})$.

证　设 $\boldsymbol{A}$ 为 $m\times n$ 矩阵，$\boldsymbol{B}$ 为 $m\times l$ 矩阵，则 $\boldsymbol{X}$ 为 $n\times l$ 矩阵. 把 $\boldsymbol{X}$ 和 $\boldsymbol{B}$ 按列分块，记为

$$\boldsymbol{X}=(\boldsymbol{x}_1,\boldsymbol{x}_2,\cdots,\boldsymbol{x}_l),\ \boldsymbol{B}=(\boldsymbol{b}_1,\boldsymbol{b}_2,\cdots,\boldsymbol{b}_l),$$

则矩阵方程 $\boldsymbol{AX}=\boldsymbol{B}$ 等价于 l 个向量方程

$$\boldsymbol{A}\boldsymbol{x}_i=\boldsymbol{b}_i\ (i=1,\ 2,\ \cdots,\ l).$$

充分性　由于 $R(\boldsymbol{A})=R(\boldsymbol{A},\boldsymbol{B})$，故

$$R(\boldsymbol{A})=R(\boldsymbol{A},\boldsymbol{b}_i),$$

从而根据定理 3.1 知 l 个向量方程 $\boldsymbol{A}\boldsymbol{x}_i=\boldsymbol{b}_i$ $(i=1,2,\cdots,l)$ 都有解，所以矩阵方程 $\boldsymbol{AX}=\boldsymbol{B}$ 有解.

必要性　设矩阵方程 $\boldsymbol{AX}=\boldsymbol{B}$ 有解，从而 l 个向量方程 $\boldsymbol{A}\boldsymbol{x}_i=\boldsymbol{b}_i$ $(i=1,\ 2,\ \cdots,\ l)$ 都有解，设解为 $\boldsymbol{x}_i=\begin{pmatrix}x_{1i}\\x_{2i}\\\vdots\\x_{ni}\end{pmatrix}$ $(i=1,2,\cdots,l)$，记

$$x_{1i}\boldsymbol{\alpha}_1+x_{2i}\boldsymbol{\alpha}_2+\cdots+x_{ni}\boldsymbol{\alpha}_n=\boldsymbol{b}_i,$$

因此对矩阵 $(\boldsymbol{A},\boldsymbol{B})=(\boldsymbol{\alpha}_1,\boldsymbol{\alpha}_2,\cdots,\boldsymbol{\alpha}_n,\boldsymbol{b}_1,\cdots,\boldsymbol{b}_l)$ 适当施行初等列变换可使 $(\boldsymbol{A},\boldsymbol{B})\sim(\boldsymbol{A},\boldsymbol{O})$，因此 $R(\boldsymbol{A})=R(\boldsymbol{A},\boldsymbol{B})$.

例 3.5　设 $\boldsymbol{A}=\begin{pmatrix}2&-2&1&3\\9&-5&2&8\end{pmatrix}$，求一个 4×2 矩阵 $\boldsymbol{B}$，使 $\boldsymbol{AB}=\boldsymbol{O}$，$R(\boldsymbol{B})=2$.

解　因为满足条件 $\boldsymbol{AB}=\boldsymbol{O}$ 的矩阵 $\boldsymbol{B}$ 有无穷多个，所以可以通过求解矩阵方程 $\boldsymbol{AX}=\boldsymbol{O}$ 找到满足条件的矩阵 $\boldsymbol{B}$. 由于

$$\boldsymbol{A}=\begin{pmatrix}2&-2&1&3\\9&-5&2&8\end{pmatrix}\sim\begin{pmatrix}2&-2&1&3\\5&-1&0&2\end{pmatrix},$$

于是矩阵方程 $\boldsymbol{AX}=\boldsymbol{O}$ 的同解方程组为

$$\begin{cases}x_3+3x_4=-2x_1+2x_2,\\ \qquad 2x_4=-5x_1+x_2,\end{cases}$$

求得其通解为

$$\begin{pmatrix}x_1\\x_2\\x_3\\x_4\end{pmatrix}=c_1\begin{pmatrix}1\\0\\\frac{11}{2}\\ \ \end{pmatrix}+c_2\begin{pmatrix}0\\1\\ \ \\\frac{1}{2}\end{pmatrix}.$$

这里，可取满足条件 $\boldsymbol{AB}=\boldsymbol{O}$，且 $R(\boldsymbol{B})=2$ 的一个矩阵 $\boldsymbol{B}$ 为

$$\boldsymbol{B}=\begin{pmatrix}1&0\\0&1\\\frac{11}{2}&\frac{1}{2}\\-\frac{5}{2}&\frac{1}{2}\end{pmatrix}.$$

定理3.5　设 $\boldsymbol{AB}=\boldsymbol{C}$，则 $R(\boldsymbol{C})\leqslant\min\{R(\boldsymbol{A}),R(\boldsymbol{B})\}$.

证　由 $\boldsymbol{AB}=\boldsymbol{C}$ 知，矩阵方程 $\boldsymbol{AX}=\boldsymbol{C}$ 有解 $\boldsymbol{X}=\boldsymbol{B}$，故由定理3.4，可知 $R(\boldsymbol{A})=R(\boldsymbol{A},\boldsymbol{C})$，而 $R(\boldsymbol{C})\leqslant R(\boldsymbol{A},\boldsymbol{C})$，因此 $R(\boldsymbol{C})\leqslant R(\boldsymbol{A})$. 又 $\boldsymbol{B}^{\mathrm{T}}\boldsymbol{A}^{\mathrm{T}}=\boldsymbol{C}^{\mathrm{T}}$，同法可得 $R(\boldsymbol{C}^{\mathrm{T}})\leqslant R(\boldsymbol{B}^{\mathrm{T}})$，即 $R(\boldsymbol{C})\leqslant R(\boldsymbol{B})$，所以 $R(\boldsymbol{C})\leqslant\min\{R(\boldsymbol{A}),R(\boldsymbol{B})\}$.

定理3.6　矩阵方程 $\boldsymbol{A}_{m\times n}\boldsymbol{X}_{n\times l}=\boldsymbol{O}$ 只有零解的充分必要条件是 $R(\boldsymbol{A})=n$.

练习1

一、选择题

1. 非齐次线性方程组 $\boldsymbol{A}_{m\times n}\boldsymbol{x}=\boldsymbol{b}$ 有解的充要条件为（　　）.

(A) $\boldsymbol{b}=\boldsymbol{0}$；　(B) $m<n$；

(C) $m=n$；　(D) $R(\boldsymbol{A})=R(\boldsymbol{A},\boldsymbol{b})$.

2. 如果方程组 $\boldsymbol{Ax}=\boldsymbol{b}$ 中，方程个数小于未知数个数，则（　　）.

(A) $\boldsymbol{Ax}=\boldsymbol{b}$ 必有无穷多解；　(B) $\boldsymbol{Ax}=\boldsymbol{0}$ 有非零解；

(C) $\boldsymbol{Ax}=\boldsymbol{0}$ 只有零解；　(D) $\boldsymbol{Ax}=\boldsymbol{b}$ 一定无解.

3. 如果方程组 $\boldsymbol{Ax}=\boldsymbol{b}$ 对应的齐次线性方程组 $\boldsymbol{Ax}=\boldsymbol{0}$ 有无穷多解，则 $\boldsymbol{Ax}=\boldsymbol{b}$（　　）.

(A) 必有无穷多解；　(B) 可能有唯一解；

(C) 可能无解；　(D) 一定无解.

4. 设 $\boldsymbol{A}$ 为 $m\times n$ 矩阵，对应的齐次线性方程组为 $\boldsymbol{Ax}=\boldsymbol{0}$，那么有结论（　　）.

(A) 当 $m\geqslant n$ 时，方程组仅有零解；

(B) 当 $m\geqslant n$ 时，方程组有非零解；

(C) 若 $\boldsymbol{A}$ 有 n 阶子式不为零，则方程组只有零解；

(D) 若所有 $n-1$ 阶子式不为零，则方程组只有零解.

5. 设 $\boldsymbol{A}_{m\times n}$ 矩阵的秩 $R(\boldsymbol{A})=n$，则非齐次方程组 $\boldsymbol{Ax}=\boldsymbol{b}$（　　）.

(A) 可能有解；　(B) 一定有解；

(C) 一定有唯一解；　(D) 一定有无穷多解.

二、填空题

1. 齐次线性方程组 $\begin{cases}\lambda x_1+x_2+x_3=0,\\x_1+\lambda x_2+x_3=0,\\x_1+x_2+x_3=0\end{cases}$ 只有零解，则 λ 应满足的条件是________.

2. 设 n 元齐次线性方程组 $\boldsymbol{Ax}=\boldsymbol{0}$ 的系数矩阵 $\boldsymbol{A}$ 的秩为 r，则 $\boldsymbol{Ax}=\boldsymbol{0}$ 有非零解的充分必要条件是________.

3. 线性方程组 $\begin{cases}x_1+2x_2+kx_3=1,\\2x_1+4x_2+8x_3=3\end{cases}$ 无解，则 $k=$________.

3.2 向量组及其线性组合

为讨论非齐次线性方程组解的结构，这一节引入向量及向量组的概念.

3.2.1 向量及向量组

在解析几何中，我们把既有大小又有方向的量称为向量（vector）. 平面上向量的坐标用两个有序的数所构成的数组表示，三维空间中向量的坐标则用三个有序的数所构成的数组表示. 由此，沿用这个几何术语，我们引入 n 维向量（n-dimensional vector）的概念.

定义 3.1 n 个数 a_1，a_2，…，a_n 构成的有序数组，称为 n 维向量，并称

$$\boldsymbol{\alpha}=(a_1,a_2,\cdots,a_n) \text{或} \boldsymbol{\alpha}=\begin{pmatrix}a_1\\a_2\\\vdots\\a_n\end{pmatrix}^{\mathrm{T}}$$

为 n 维行向量（row vector），称

$$\boldsymbol{\alpha}=\begin{pmatrix}a_1\\a_2\\\vdots\\a_n\end{pmatrix}$$

为 n 维列向量（column vector）. 其中 a_i 称为向量 $\boldsymbol{\alpha}$ 的第 i 个分量（component）.

分量全为实数的向量称为实向量，分量为复数的向量称为复向量. 本章主要讨论实向量，且在没有明确说明的情况下. 我们默认所讨论的向量为列向量.

几何中，“空间”通常是作为点的集合，这样的空间称为点空间. 我们把三维向量的全体组成的集合

$$\mathbf{R}^3=\{\boldsymbol{r}=(x,y,z)^{\mathrm{T}}\mid x,y,z\in\mathbf{R}\}$$

称为三维向量空间. n 维向量的全体组成的集合

$$\mathbf{R}^n=\{\boldsymbol{x}=(x_1,x_2,\cdots,x_n)^{\mathrm{T}}\mid x_1,x_2,\cdots,x_n\in\mathbf{R}\}$$

称为 n 维向量空间.

从矩阵的角度，行向量即行矩阵，列向量即列矩阵. 因此一般地，行向量和列向量被看作是两个不同的向量. 显然，两个向量 $\boldsymbol{\alpha}=(a_1,a_2,\cdots,a_n)$，$\boldsymbol{\beta}=(b_1,b_2,\cdots,b_n)$ 相等，当且仅当 $a_i=b_i(i=1,2,\cdots,n)$，记作 $\boldsymbol{\alpha}=\boldsymbol{\beta}$. 分量全为零的向量称为零向量（zero vector），不同维数的零向量是不同的. 向量（$-a_1,-a_2,\cdots,-a_n$）称为向

量 $\boldsymbol{\alpha}=(a_1,a_2,\cdots,a_n)$ 的负向量（negative vector），记作 $-\boldsymbol{\alpha}$. 向量的线性运算完全按照矩阵的线性运算定义并按照矩阵的运算法则进行.

例 3.6　三维向量的线性运算与几何中矢量的线性运算是一致的（见图 3.1）. 设向量 $\boldsymbol{\alpha}_1=(1,2,-1)^{\mathrm{T}}$，$\boldsymbol{\alpha}_2=(0,1,3)^{\mathrm{T}}$，计算 $2\boldsymbol{\alpha}_2$，$\boldsymbol{\alpha}_1+2\boldsymbol{\alpha}_2$.

解
$$2\boldsymbol{\alpha}_2=2\begin{pmatrix}0\\1\\3\end{pmatrix}=\begin{pmatrix}0\\2\\6\end{pmatrix},$$
$$\boldsymbol{\alpha}_1+2\boldsymbol{\alpha}_2=\begin{pmatrix}1\\2\\-1\end{pmatrix}+\begin{pmatrix}0\\2\\6\end{pmatrix}=\begin{pmatrix}1\\4\\5\end{pmatrix}.$$

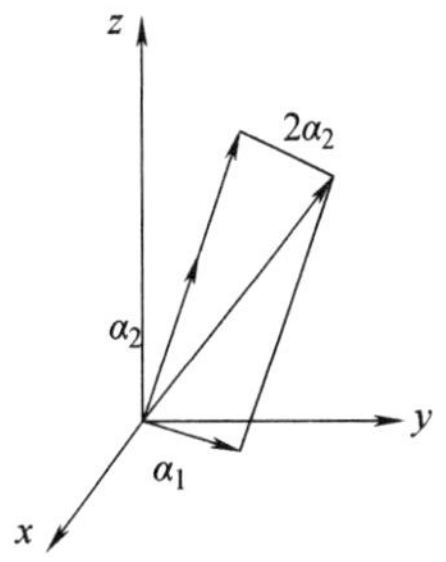

图　3.1

若干个同维数的列向量（或同维数的行向量）组成的集合称为向量组，通常记为 $\boldsymbol{A}$：$\boldsymbol{\alpha}_1$，$\boldsymbol{\alpha}_2$，…，$\boldsymbol{\alpha}_n$. 应该注意，含有限个向量的有序向量组与矩阵一一对应.

例如，一个 $m\times n$ 矩阵 $\boldsymbol{A}$，若把它的每一列看作是一个列向量，
$$\boldsymbol{A}=\begin{pmatrix}a_{11}&a_{12}&\cdots&a_{1n}\\a_{21}&a_{22}&\cdots&a_{2n}\\\vdots&\vdots&&\vdots\\a_{m1}&a_{m2}&\cdots&a_{mn}\end{pmatrix}=(\boldsymbol{\alpha}_1,\boldsymbol{\alpha}_2,\cdots,\boldsymbol{\alpha}_n),$$
则矩阵 $\boldsymbol{A}$ 可以看作是由它的全体列向量组成的一个含 n 个 m 维列向量 $\boldsymbol{\alpha}_1$，$\boldsymbol{\alpha}_2$，…，$\boldsymbol{\alpha}_n$ 构成的向量组；反之，一个含 n 个 m 维列向量的向量组构成一个 $m\times n$ 矩阵. 同理，若把 $m\times n$ 矩阵 $\boldsymbol{A}$ 的每行看作是一个行向量，
$$\boldsymbol{A}=\begin{pmatrix}a_{11}&a_{12}&\cdots&a_{1n}\\a_{21}&a_{22}&\cdots&a_{2n}\\\vdots&\vdots&&\vdots\\a_{m1}&a_{m2}&\cdots&a_{mn}\end{pmatrix}=\begin{pmatrix}\boldsymbol{\beta}_1\\\boldsymbol{\beta}_2\\\vdots\\\boldsymbol{\beta}_m\end{pmatrix},$$
则矩阵 $\boldsymbol{A}$ 可看作是由它的全体行向量组成的一个含 m 个 n 维行向量的向量组 $\boldsymbol{\beta}_1$，$\boldsymbol{\beta}_2$，…，$\boldsymbol{\beta}_m$；反之，一个含 m 个 n 维行向量的向量组构成一个 $m\times n$ 阶矩阵.

特殊地，n 阶单位阵 $\boldsymbol{E}$ 是由 n 维单位向量组
$$\boldsymbol{e}_1=\begin{pmatrix}1\\0\\\vdots\\0\end{pmatrix},\ \boldsymbol{e}_2=\begin{pmatrix}0\\1\\\vdots\\0\end{pmatrix},\ \cdots,\ \boldsymbol{e}_n=\begin{pmatrix}0\\0\\\vdots\\1\end{pmatrix}$$
构成.

在讨论向量组时，往往要讨论一个向量与一组与它同维向量之间

的关系．设向量

$$\boldsymbol{\alpha}_1=\begin{pmatrix}1\\-1\\0\end{pmatrix},\ \boldsymbol{\alpha}_2=\begin{pmatrix}0\\1\\1\end{pmatrix},\ \boldsymbol{\alpha}_3=\begin{pmatrix}1\\1\\0\end{pmatrix},\ \boldsymbol{\beta}=\begin{pmatrix}2\\-2\\-2\end{pmatrix}.$$

容易看到$\boldsymbol{\beta}$可由$\boldsymbol{\alpha}_1-2\boldsymbol{\alpha}_2+\boldsymbol{\alpha}_3$表示．下面给出线性组合和线性表示的定义．

3.2.2 线性组合和线性表示

定义 3.2 给定n维向量组$\boldsymbol{A}$：$\boldsymbol{\alpha}_1$，$\boldsymbol{\alpha}_2$，…，$\boldsymbol{\alpha}_m$，对于任何一组实数k_1，k_2，…，k_m，表达式

$$k_1\boldsymbol{\alpha}_1+k_2\boldsymbol{\alpha}_2+\cdots+k_m\boldsymbol{\alpha}_m$$

称为向量组$\boldsymbol{A}$的线性组合（linear combination），对于向量组$\boldsymbol{A}$：$\boldsymbol{\alpha}_1$，…，$\boldsymbol{\alpha}_m$和向量$\boldsymbol{b}$，如果存在一组实数λ_1，λ_2，…，λ_m，使得

$$\boldsymbol{b}=\lambda_1\boldsymbol{\alpha}_1+\lambda_2\boldsymbol{\alpha}_2+\cdots+\lambda_m\boldsymbol{\alpha}_m,$$

称向量$\boldsymbol{b}$为向量组$\boldsymbol{A}$的线性组合，或称$\boldsymbol{b}$可由$\boldsymbol{\alpha}_1$，$\boldsymbol{\alpha}_2$，…，$\boldsymbol{\alpha}_m$线性表示（linear expression）．λ_1，λ_2，…，λ_m称为该线性表示的系数．

例 3.7 已知$\boldsymbol{\beta}_1=\begin{pmatrix}1\\0\\-1\end{pmatrix}$，$\boldsymbol{\beta}_2=\begin{pmatrix}1\\1\\1\end{pmatrix}$，$\boldsymbol{\beta}_3=\begin{pmatrix}3\\1\\-1\end{pmatrix}$，$\boldsymbol{\beta}_4=\begin{pmatrix}5\\3\\1\end{pmatrix}$．判断$\boldsymbol{\beta}_4$可否由$\boldsymbol{\beta}_1$，$\boldsymbol{\beta}_2$，$\boldsymbol{\beta}_3$线性表示？

解 设$\boldsymbol{\beta}_4$可由$\boldsymbol{\beta}_1$，$\boldsymbol{\beta}_2$，$\boldsymbol{\beta}_3$线性表示，即存在一组数k_1，k_2，k_3，使得$\boldsymbol{\beta}_4=k_1\boldsymbol{\beta}_1+k_2\boldsymbol{\beta}_2+k_3\boldsymbol{\beta}_3$，比较两端的对应分量可得

$$\begin{pmatrix}1&1&3\\0&1&1\\-1&1&-1\end{pmatrix}\begin{pmatrix}k_1\\k_2\\k_3\end{pmatrix}=\begin{pmatrix}5\\3\\1\end{pmatrix},$$

取上面方程组的一组解为$\begin{pmatrix}k_1\\k_2\\k_3\end{pmatrix}=\begin{pmatrix}0\\2\\1\end{pmatrix}$，于是有$\boldsymbol{\beta}_4=0\boldsymbol{\beta}_1+___\boldsymbol{\beta}_2+1\boldsymbol{\beta}_3$，

故$\boldsymbol{\beta}_4$可由$\boldsymbol{\beta}_1$，$\boldsymbol{\beta}_2$，$\boldsymbol{\beta}_3$线性表示．

注意，如果取另一组解$\begin{pmatrix}k_1\\k_2\\k_3\end{pmatrix}=\begin{pmatrix}2\\3\\0\end{pmatrix}$时，则有$\boldsymbol{\beta}_4=___\boldsymbol{\beta}_1+3\boldsymbol{\beta}_2+0\boldsymbol{\beta}_3$.

这表明$\boldsymbol{\beta}_4$可由$\boldsymbol{\beta}_1$，$\boldsymbol{\beta}_2$，$\boldsymbol{\beta}_3$线性表示式但不唯一．

由例 3.7 可知，如果向量$\boldsymbol{b}$能由向量组$\boldsymbol{A}$：$\boldsymbol{\alpha}_1$，$\boldsymbol{\alpha}_2$，…，$\boldsymbol{\alpha}_m$线性表示，就是存在实数x_1，x_2，…，x_m，使得$x_1\boldsymbol{\alpha}_1+x_2\boldsymbol{\alpha}_2+\cdots+x_m\boldsymbol{\alpha}_m=\boldsymbol{b}$，则

$$x_1\boldsymbol{\alpha}_1+x_2\boldsymbol{\alpha}_2+\cdots+x_m\boldsymbol{\alpha}_m=\boldsymbol{b}\Leftrightarrow(\boldsymbol{\alpha}_1,\ \boldsymbol{\alpha}_2,\ \cdots,\ \boldsymbol{\alpha}_m)\begin{pmatrix}x_1\\x_2\\\vdots\\x_m\end{pmatrix}=\boldsymbol{b}$$

$$\Leftrightarrow\boldsymbol{Ax}=\boldsymbol{b}\Leftrightarrow R(\boldsymbol{A})=R(\boldsymbol{A},\boldsymbol{b}).$$

由此，向量组的线性表示问题等价地转化为线性方程组的求解问题.

定理 3.7　向量 $\boldsymbol{b}$ 能由向量组 $\boldsymbol{A}$：$\boldsymbol{\alpha}_1$，$\boldsymbol{\alpha}_2$，…，$\boldsymbol{\alpha}_m$线性表示的充要条件是矩阵 $\boldsymbol{A}=(\boldsymbol{\alpha}_1,\boldsymbol{\alpha}_2,\cdots,\boldsymbol{\alpha}_m)$ 的秩等于矩阵 $\boldsymbol{B}=(\boldsymbol{\alpha}_1,\boldsymbol{\alpha}_2,\cdots,\boldsymbol{\alpha}_m,\boldsymbol{b})$ 的秩.

再解例 3.7，将矩阵化为行阶梯形，有

$$\begin{pmatrix}1&1&3&5\\0&1&1&3\\-1&1&-1&1\end{pmatrix}\xrightarrow{r_3+r_1}\begin{pmatrix}1&1&1&3\\0&1&1&3\\0&2&2&6\end{pmatrix}\xrightarrow{r_3-2r_2}\begin{pmatrix}1&1&3&5\\0&1&1&3\\0&0&0&0\end{pmatrix}$$

$R(\boldsymbol{\beta}_1,\boldsymbol{\beta}_2,\boldsymbol{\beta}_3)=R(\boldsymbol{\beta}_1,\boldsymbol{\beta}_2,\boldsymbol{\beta}_3,\boldsymbol{\beta}_4)=2$，故 $\boldsymbol{\beta}_4$ 可由 $\boldsymbol{\beta}_1$，$\boldsymbol{\beta}_2$，$\boldsymbol{\beta}_3$ 线性表示. 再将矩阵化为行最简形，得到

$$\begin{pmatrix}1&1&3&5\\0&1&1&3\\0&0&0&0\end{pmatrix}\xrightarrow{r_1-r_2}\begin{pmatrix}1&0&2&2\\0&1&1&3\\0&0&0&0\end{pmatrix}$$

$\boldsymbol{\beta}_4=2\boldsymbol{\beta}_1+3\boldsymbol{\beta}_2+0\boldsymbol{\beta}_3$.

对于两个向量组之间的关系，下面给出向量组的等价定义.

3.2.3　向量组的等价

定义 3.3　设两个向量组 $\boldsymbol{A}$：$\boldsymbol{\alpha}_1$，$\boldsymbol{\alpha}_2$，…，$\boldsymbol{\alpha}_m$及 $\boldsymbol{B}$：$\boldsymbol{\beta}_1$，$\boldsymbol{\beta}_2$，…，$\boldsymbol{\beta}_s$，若 B 组中的每个向量都能由向量组 A 线性表示，则称向量组 B 能由向量组 A 线性表示. 若两个向量组 A 和 B 能彼此线性表示，则称这两个向量组等价（equivalence).

例 3.8　证明向量组 $\boldsymbol{A}$：$\boldsymbol{\alpha}_1=\begin{pmatrix}1\\0\\0\end{pmatrix}$，$\boldsymbol{\alpha}_2=\begin{pmatrix}0\\1\\0\end{pmatrix}$，$\boldsymbol{\alpha}_3=\begin{pmatrix}0\\0\\1\end{pmatrix}$与向量组 $\boldsymbol{B}$：$\boldsymbol{\beta}_1=\begin{pmatrix}1\\1\\0\end{pmatrix}$，$\boldsymbol{\beta}_2=\begin{pmatrix}0\\1\\1\end{pmatrix}$，$\boldsymbol{\beta}_3=\begin{pmatrix}1\\0\\1\end{pmatrix}$等价.

证　容易看到

$$\begin{aligned}\boldsymbol{\beta}_1&=\ \boldsymbol{\alpha}_1+\ \boldsymbol{\alpha}_2+0\boldsymbol{\alpha}_3,\\\boldsymbol{\beta}_2&=0\boldsymbol{\alpha}_1+\ \boldsymbol{\alpha}_2+\ \boldsymbol{\alpha}_3,\\\boldsymbol{\beta}_3&=\ \boldsymbol{\alpha}_1+0\boldsymbol{\alpha}_2+\ \boldsymbol{\alpha}_3,\end{aligned}$$

另一方面，设 $\boldsymbol{\alpha}_1=k_1\boldsymbol{\beta}_1+k_2\boldsymbol{\beta}_2+k_3\boldsymbol{\beta}_3$，方程组

$$\begin{pmatrix}1&0&1\\1&1&0\\0&1&1\end{pmatrix}\begin{pmatrix}k_1\\k_2\\k_3\end{pmatrix}=\begin{pmatrix}1\\0\\0\end{pmatrix}$$ 的一组解为 $$\begin{pmatrix}k_1\\k_2\\k_3\end{pmatrix}=\begin{pmatrix}\frac{1}{2}\\-\frac{1}{2}\\\frac{1}{2}\end{pmatrix}$$，于是有 $\boldsymbol{\alpha}_1=\underline{\quad}\boldsymbol{\beta}_1-\frac{1}{2}\boldsymbol{\beta}_2+\underline{\quad}\boldsymbol{\beta}_3$，

同理可求得

$$\boldsymbol{\alpha}_2=\frac{1}{2}\boldsymbol{\beta}_1+\frac{1}{2}\boldsymbol{\beta}_2-\frac{1}{2}\boldsymbol{\beta}_3,$$

$$\boldsymbol{\alpha}_3=-\frac{1}{2}\boldsymbol{\beta}_1+\frac{1}{2}\boldsymbol{\beta}_2+\frac{1}{2}\boldsymbol{\beta}_3.$$

于是，向量组 $\boldsymbol{A}$ 和向量组 $\boldsymbol{B}$ 能彼此线性表示，故这两个向量组等价.

记向量组 $\boldsymbol{A}$ 和向量组 $\boldsymbol{B}$ 所构成的矩阵分别为

$$\boldsymbol{A}=(\boldsymbol{\alpha}_1,\boldsymbol{\alpha}_2,\cdots,\boldsymbol{\alpha}_m),\boldsymbol{B}=(\boldsymbol{\beta}_1,\boldsymbol{\beta}_2,\cdots,\boldsymbol{\beta}_s),$$

向量组 $\boldsymbol{B}$ 能由向量组 $\boldsymbol{A}$ 表示，即对 $\boldsymbol{\beta}_j\,(j=1,2,\cdots,s)$ 存在数组 k_{1j}，k_{2j}，…，k_{mj}，使

$$\boldsymbol{\beta}_j=k_{1j}\boldsymbol{\alpha}_1+k_{2j}\boldsymbol{\alpha}_2+\cdots+k_{mj}\boldsymbol{\alpha}_m=(\boldsymbol{\alpha}_1,\boldsymbol{\alpha}_2,\cdots,\boldsymbol{\alpha}_m)\begin{pmatrix}k_{1j}\\k_{2j}\\\vdots\\k_{mj}\end{pmatrix},$$

于是

$$(\boldsymbol{\beta}_1,\boldsymbol{\beta}_2,\cdots,\boldsymbol{\beta}_s)=(\boldsymbol{\alpha}_1,\boldsymbol{\alpha}_2,\cdots,\boldsymbol{\alpha}_m)\begin{pmatrix}k_{11}&k_{12}&\cdots&k_{1s}\\k_{21}&k_{22}&\cdots&k_{2s}\\\vdots&\vdots&&\vdots\\k_{m1}&k_{m2}&\cdots&k_{ms}\end{pmatrix}.$$

其中矩阵 $\boldsymbol{K}_{m\times s}=(k_{ij})$ 为向量组 $\boldsymbol{B}$ 能由向量组 $\boldsymbol{A}$ 线性表示的系数矩阵. 显然，若矩阵 $\boldsymbol{B}=\boldsymbol{AK}$，则 $\boldsymbol{B}$ 的列向量可由 $\boldsymbol{A}$ 的列向量组线性表示，$\boldsymbol{K}$ 为线性表示的系数矩阵. 同时，$\boldsymbol{B}$ 的行向量可由 $\boldsymbol{K}$ 的行向量组线性表示，$\boldsymbol{A}$ 为线性表示的系数矩阵. 由定理 3.4，可以得到：

定理 3.8 向量组 $\boldsymbol{B}$：$\boldsymbol{\beta}_1$，$\boldsymbol{\beta}_2$，…，$\boldsymbol{\beta}_s$ 能由向量组 $\boldsymbol{A}$：$\boldsymbol{\alpha}_1$，$\boldsymbol{\alpha}_2$，…，$\boldsymbol{\alpha}_m$ 线性表示的充要条件是矩阵 $\boldsymbol{A}=(\boldsymbol{\alpha}_1,\boldsymbol{\alpha}_2,\cdots,\boldsymbol{\alpha}_m)$ 的秩等于矩阵 $(\boldsymbol{A},\boldsymbol{B})=(\boldsymbol{\alpha}_1,\boldsymbol{\alpha}_2,\cdots,\boldsymbol{\alpha}_m,\boldsymbol{\beta}_1,\cdots,\boldsymbol{\beta}_s)$ 的秩，即 $R(\boldsymbol{A})=R(\boldsymbol{A},\boldsymbol{B})$.

推论 向量组 $\boldsymbol{A}$：$\boldsymbol{\alpha}_1$，$\boldsymbol{\alpha}_2$，…，$\boldsymbol{\alpha}_m$ 与向量组 $\boldsymbol{B}$：$\boldsymbol{\beta}_1$，$\boldsymbol{\beta}_2$，…，$\boldsymbol{\beta}_s$ 等价的充要条件是 $R(\boldsymbol{A})=R(\boldsymbol{B})=R(\boldsymbol{A},\boldsymbol{B})$.

再解例 3.8，由

$$(\boldsymbol{A},\boldsymbol{B})=\begin{pmatrix}1&0&0&1&0&1\\0&1&0&1&1&0\\0&0&1&0&1&1\end{pmatrix},$$

显然有 $R(\boldsymbol{A})=R(\boldsymbol{A},\boldsymbol{B})=3$，计算

$$\boldsymbol{B}=\begin{pmatrix}1&0&1\\1&1&0\\0&1&1\end{pmatrix}\overset{r_2-r_1}{\sim}\begin{pmatrix}1&0&1\\0&1&\underline{\qquad}\\0&\underline{\quad}&1\end{pmatrix}\overset{r_3-r_2}{\sim}\begin{pmatrix}1&0&1\\0&1&-1\\0&0&\underline{\quad}\end{pmatrix}$$

得到 $R(\boldsymbol{B})=3$，从而向量组 $\boldsymbol{A}$ 与向量组 $\boldsymbol{B}$ 等价.

定理 3.9　向量组 $\boldsymbol{B}$：$\boldsymbol{\beta}_1$，$\boldsymbol{\beta}_2$，…，$\boldsymbol{\beta}_s$ 能由向量组 $\boldsymbol{A}$：$\boldsymbol{\alpha}_1$，$\boldsymbol{\alpha}_2$，…，$\boldsymbol{\alpha}_m$ 线性表示，则 $R(\boldsymbol{B})\leqslant R(\boldsymbol{A})$.

证　记 $\boldsymbol{A}=(\boldsymbol{\alpha}_1,\boldsymbol{\alpha}_2,\cdots,\boldsymbol{\alpha}_m)$，$\boldsymbol{B}=(\boldsymbol{\beta}_1,\boldsymbol{\beta}_2,\cdots,\boldsymbol{\beta}_s)$，根据定理 3.8，有 $R(\boldsymbol{A})=R(\boldsymbol{A},\boldsymbol{B})$，而 $R(\boldsymbol{B})\leqslant R(\boldsymbol{A},\boldsymbol{B})$，因此 $R(\boldsymbol{B})\leqslant R(\boldsymbol{A})$.

由上面的结论，可知下面四个命题等价.

(1) 向量 $\boldsymbol{b}$ 能由向量组 $\boldsymbol{A}$：$\boldsymbol{\alpha}_1$，…，$\boldsymbol{\alpha}_m$ 线性表示；

(2) 线性方程组 $\boldsymbol{Ax}=\boldsymbol{b}$ 有解；

(3) 向量组 $\boldsymbol{\alpha}_1$，$\boldsymbol{\alpha}_2$，…，$\boldsymbol{\alpha}_m$ 与向量组 $\boldsymbol{\alpha}_1$，$\boldsymbol{\alpha}_2$，…，$\boldsymbol{\alpha}_m$，$\boldsymbol{b}$ 等价；

(4) $R(\boldsymbol{A})=R(\boldsymbol{A},\boldsymbol{b})$.

同样，也可知下面四个命题等价.

(1) 向量组 $\boldsymbol{\beta}_1$，$\boldsymbol{\beta}_2$，…，$\boldsymbol{\beta}_s$ 能由向量组 $\boldsymbol{A}$：$\boldsymbol{\alpha}_1$，$\boldsymbol{\alpha}_2$，…，$\boldsymbol{\alpha}_m$ 线性表示；

(2) 矩阵方程 $\boldsymbol{AX}=\boldsymbol{B}$ 有解；

(3) 向量组 $\boldsymbol{\alpha}_1$，$\boldsymbol{\alpha}_2$，…，$\boldsymbol{\alpha}_m$ 与向量组 $\boldsymbol{\beta}_1$，$\boldsymbol{\beta}_2$，…，$\boldsymbol{\beta}_s$ 等价；

(4) $R(\boldsymbol{A})=R(\boldsymbol{A},\boldsymbol{B})$.

练习2

一、选择题

1. 设 $\boldsymbol{\alpha}_1=\begin{pmatrix}1\\2\end{pmatrix}$，$\boldsymbol{\alpha}_2=\begin{pmatrix}1\\0\end{pmatrix}$，$\boldsymbol{\alpha}_3=\begin{pmatrix}2\\0\end{pmatrix}$，则下列说法错误的是(　　).

(A) $\boldsymbol{\alpha}_2$ 可以由 $\boldsymbol{\alpha}_1$，$\boldsymbol{\alpha}_3$ 线性表示；

(B) $\boldsymbol{\alpha}_1$ 可以由 $\boldsymbol{\alpha}_2$，$\boldsymbol{\alpha}_3$ 线性表示；

(C) $\boldsymbol{\alpha}_3$ 可以由 $\boldsymbol{\alpha}_1$，$\boldsymbol{\alpha}_2$ 线性表示；

(D) $\boldsymbol{\alpha}_1$ 不可以由 $\boldsymbol{\alpha}_2$，$\boldsymbol{\alpha}_3$ 线性表示.

2. 有向量组 $\boldsymbol{\alpha}_1=(1,0,0)$，$\boldsymbol{\alpha}_2=(0,0,1)$，$\boldsymbol{\beta}=($　　$)$ 时，$\boldsymbol{\beta}$ 是 $\boldsymbol{\alpha}_1$，$\boldsymbol{\alpha}_2$ 的线性组合.

(A) $(2,1,1)$；　　(B) $(-2,0,3)$；

(C) $(1,1,0)$；　　(D) $(0,-1,0)$.

3. 下列选项中与"向量组 $\boldsymbol{B}$：$\boldsymbol{\beta}_1$，$\boldsymbol{\beta}_2$，…，$\boldsymbol{\beta}_m$ 能由向量组 $\boldsymbol{A}$：$\boldsymbol{\alpha}_1$，$\boldsymbol{\alpha}_2$，…，$\boldsymbol{\alpha}_n$ 线性表示"等价的是(　　).

(A) 矩阵方程 $\boldsymbol{AX}=\boldsymbol{B}$ 无解；

(B) $R(\boldsymbol{A})<R(\boldsymbol{A},\boldsymbol{B})$；

(C) 向量组 $\boldsymbol{A}$：$\boldsymbol{\alpha}_1$，$\boldsymbol{\alpha}_2$，…，$\boldsymbol{\alpha}_n$ 与 $\boldsymbol{B}$：$\boldsymbol{\alpha}_1$，$\boldsymbol{\alpha}_2$，…，$\boldsymbol{\alpha}_n$，$\boldsymbol{\beta}_1$，

$\boldsymbol{\beta}_2$，…，$\boldsymbol{\beta}_m$等价；

(D) $R(\boldsymbol{A}) > R(\boldsymbol{A},\boldsymbol{B})$.

二、填空题

1. 已知向量 $2\boldsymbol{\alpha}+\boldsymbol{\beta}=(1,0,1,1)^{\mathrm{T}}$，$3\boldsymbol{\alpha}+2\boldsymbol{\beta}=(1,-5,3,0)^{\mathrm{T}}$，则 $\boldsymbol{\alpha}-2\boldsymbol{\beta}=$________.

2. 设 $\boldsymbol{\beta}=(1,2,3)^{\mathrm{T}}$，$\boldsymbol{\alpha}_1=(1,0,0)^{\mathrm{T}}$，$\boldsymbol{\alpha}_2=(1,1,0)^{\mathrm{T}}$，$\boldsymbol{\alpha}_3=(1,1,1)^{\mathrm{T}}$，则$\boldsymbol{\beta}$________（填能或不能）由 $\boldsymbol{\alpha}_1$，$\boldsymbol{\alpha}_2$，$\boldsymbol{\alpha}_3$ 线性表示，并且表达式为________.

3. 若向量组$(1,2,3)^{\mathrm{T}}$，$(2,3,6)^{\mathrm{T}}$，$(-1,2,a)^{\mathrm{T}}$可以线性表示任意一个三维列向量，那么 a 应满足的条件是________.

4. 设有两个向量组 $\boldsymbol{A}$：$\boldsymbol{\alpha}_1$，$\boldsymbol{\alpha}_2$，$\boldsymbol{B}$：$\boldsymbol{\beta}_1$，$\boldsymbol{\beta}_2$，$\boldsymbol{\beta}_3$，向量$\boldsymbol{\beta}_1$能由向量组 $\boldsymbol{A}$：$\boldsymbol{\alpha}_1$，$\boldsymbol{\alpha}_2$线性表示的充要条件是________，两向量组等价的充要条件是________.

3.3 向量组的线性相关性

引例 观察线性方程组

$$\begin{cases} x+y+z=0, & (1)\\ 2x+5y+z=0, & (2)\\ 3x+6y+2z=0. & (3)\end{cases} \tag{3.4}$$

仔细观察，可以看到式（3）-式(2)-式(1)=0，于是有

$$\begin{cases} x+y+z=0,\\ 2x+5y+z=0.\end{cases} \tag{3.5}$$

可以看到，方程组（3.4）与方程组（3.5）是同解方程组．方程组（3.4）中的方程（3）是“多余的”．如果一个方程组中有某个方程可由其余的方程线性表示，称该方程组是线性相关的；当方程组没有多余的方程，称该方程组是线性无关的．如果记方程组（3.4）中每个方程对应的变量的系数为行向量组

$$\boldsymbol{\alpha}_1=\begin{pmatrix}1\\1\\1\end{pmatrix}^{\mathrm{T}},\ \boldsymbol{\alpha}_2=\begin{pmatrix}2\\5\\1\end{pmatrix}^{\mathrm{T}},\ \boldsymbol{\alpha}_3=\begin{pmatrix}3\\6\\2\end{pmatrix}^{\mathrm{T}},$$

容易得到 $\boldsymbol{\alpha}_1+\boldsymbol{\alpha}_2-\boldsymbol{\alpha}_3=\boldsymbol{0}$，这是向量组的一个重要性质，称为线性相关性．下面给出向量组的线性相关性的定义．

3.3.1 向量组的线性相关与线性无关基本概念

定义 3.4 对 n 维向量组 $\boldsymbol{\alpha}_1$，$\boldsymbol{\alpha}_2$，…，$\boldsymbol{\alpha}_m$，若存在不全为零的数 k_1，k_2，…，k_m，使得

$$k_1\boldsymbol{\alpha}_1+k_2\boldsymbol{\alpha}_2+\cdots+k_m\boldsymbol{\alpha}_m=\boldsymbol{0},$$

则称向量组 $\boldsymbol{\alpha}_1$，$\boldsymbol{\alpha}_2$，…，$\boldsymbol{\alpha}_m$是线性相关的(linear dependence)，当且

仅当数组 $k_1, k_2, \cdots, k_m$ 全为 0 时，才有

$$k_1\boldsymbol{\alpha}_1+k_2\boldsymbol{\alpha}_2+\cdots+k_m\boldsymbol{\alpha}_m=\boldsymbol{0},$$

称向量组 $\boldsymbol{\alpha}_1, \boldsymbol{\alpha}_2, \cdots, \boldsymbol{\alpha}_m$ 是线性无关的（linear independence）.

对于 $m=1$ 时，向量组只含一个向量 $\boldsymbol{\alpha}$，若 $\boldsymbol{\alpha}=\boldsymbol{0}$，则 $\boldsymbol{\alpha}$ 是线性相关的；若 $\boldsymbol{\alpha}\neq\boldsymbol{0}$，则 $\boldsymbol{\alpha}$ 是线性无关的．对于包含两个向量的向量组 $\boldsymbol{\alpha}_1, \boldsymbol{\alpha}_2$，它是线性相关的当且仅当它们的分量对应成比例，其几何意义是两个向量共线．三个向量线性相关的几何意义是三个向量共面．

例 3.9　讨论向量组 $\boldsymbol{\beta}_1=\begin{pmatrix}1\\0\\-1\end{pmatrix}, \boldsymbol{\beta}_2=\begin{pmatrix}1\\1\\1\end{pmatrix}, \boldsymbol{\beta}_3=\begin{pmatrix}3\\1\\-1\end{pmatrix}, \boldsymbol{\beta}_4=\begin{pmatrix}5\\3\\1\end{pmatrix}$ 的线性相关性．

解　设 $k_1\boldsymbol{\beta}_1+k_2\boldsymbol{\beta}_2+k_3\boldsymbol{\beta}_3+k_4\boldsymbol{\beta}_4=0$，比较两端的对应分量可得

$$\begin{pmatrix}1&1&3&5\\0&1&1&3\\-1&1&-1&1\end{pmatrix}\begin{pmatrix}k_1\\k_2\\k_3\\k_4\end{pmatrix}=\begin{pmatrix}0\\0\\0\end{pmatrix},$$

得一组非零解 $\begin{pmatrix}k_1\\k_2\\k_3\\k_4\end{pmatrix}=\begin{pmatrix}0\\2\\1\\-1\end{pmatrix}$，故 $\boldsymbol{\beta}_1, \boldsymbol{\beta}_2, \boldsymbol{\beta}_3, \boldsymbol{\beta}_4$ 线性相关．

由例 3.9 知，n 维向量组 $\boldsymbol{A}$：$\boldsymbol{\alpha}_1, \boldsymbol{\alpha}_2, \cdots, \boldsymbol{\alpha}_m$ 线性相关就是齐次线性方程组

$$x_1\boldsymbol{\alpha}_1+x_2\boldsymbol{\alpha}_2+\cdots+x_m\boldsymbol{\alpha}_m=\boldsymbol{0}，即 \boldsymbol{Ax}=\boldsymbol{0}$$

有非零解．

3.3.2　向量组的线性相关性的判别

设 n 维向量组 $\boldsymbol{\alpha}_1, \boldsymbol{\alpha}_2, \cdots, \boldsymbol{\alpha}_m$ 构成矩阵 $\boldsymbol{A}_{n\times m}=(\boldsymbol{\alpha}_1, \boldsymbol{\alpha}_2, \cdots, \boldsymbol{\alpha}_m)$，其中 $\boldsymbol{\alpha}_i=(a_{1i}, a_{2i}, \cdots, a_{ni})^{\mathrm{T}}(i=1,2,\cdots,m)$．对应的齐次线性方程组

$$\begin{cases}x_1a_{11}+x_2a_{12}+\cdots+x_ma_{1m}=0,\\x_1a_{21}+x_2a_{22}+\cdots+x_ma_{2m}=0,\\\qquad\vdots\\x_1a_{n1}+x_2a_{n2}+\cdots+x_ma_{nm}=0\end{cases}$$

的系数矩阵经过初等行变换可化为行最简形

$$\boldsymbol{A} \sim \begin{pmatrix} 1 & \cdots & 0 & d_{1,r+1} & \cdots & d_{1m} \\ 0 & \ddots & 0 & \vdots & & \vdots \\ 0 & 0 & 1 & d_{r,r+1} & \cdots & d_{rm} \\ 0 & 0 & 0 & 0 & \cdots & 0 \\ \vdots & \vdots & \vdots & \vdots & & \vdots \\ 0 & 0 & 0 & 0 & 0 & 0 \end{pmatrix}.$$

若 $R(\boldsymbol{A})=r<m$，有

$$\begin{cases} x_1 = -d_{1,r+1}x_{r+1} + \cdots + d_{1m}x_m, \\ x_2 = -d_{2,r+1}x_{r+1} + \cdots + d_{2m}x_m, \\ \qquad \vdots \\ x_r = -d_{r,r+1}x_{r+1} + \cdots + d_{rm}x_m. \end{cases}$$

取 $x_j=c_j$ $(j=r+1,r+2,\cdots,m)$，$c_j \in \mathbf{R}$，从而方程组有无穷多个非零解，n 维向量组 $\boldsymbol{A}$：$\boldsymbol{\alpha}_1$，$\boldsymbol{\alpha}_2$，…，$\boldsymbol{\alpha}_m$线性相关. 若 $R(\boldsymbol{A})=m$，那么方程组仅有零解，n 维向量组 $\boldsymbol{A}$：$\boldsymbol{\alpha}_1$，$\boldsymbol{\alpha}_2$，…，$\boldsymbol{\alpha}_m$线性无关.

综上所述，得到定理 3.10 和定理 3.11.

定理 3.10 向量组 $\boldsymbol{\alpha}_1$，$\boldsymbol{\alpha}_2$，…，$\boldsymbol{\alpha}_m$线性相关的充要条件是它所构成的矩阵 $\boldsymbol{A}=(\boldsymbol{\alpha}_1,\boldsymbol{\alpha}_2,\cdots,\boldsymbol{\alpha}_m)$ 的秩 $R(\boldsymbol{A})<m$；向量组线性无关的充要条件是 $R(\boldsymbol{A})=m$.

推论 n 个 n 维向量 $\boldsymbol{\alpha}_1$，$\boldsymbol{\alpha}_2$，…，$\boldsymbol{\alpha}_n$组成的向量组线性相关的充要条件是它们所构成的方阵 $\boldsymbol{A}=(\boldsymbol{\alpha}_1,\boldsymbol{\alpha}_2,\cdots,\boldsymbol{\alpha}_n)$ 的行列式 $|\boldsymbol{A}|=0$，$\boldsymbol{\alpha}_1$，$\boldsymbol{\alpha}_2$，…，$\boldsymbol{\alpha}_n$线性无关的充要条件是 $|\boldsymbol{A}|\neq 0$.

例 3.10 已知向量组两 $\boldsymbol{\alpha}_1$，$\boldsymbol{\alpha}_2$，$\boldsymbol{\alpha}_3$线性无关，证明向量组 $\boldsymbol{\beta}_1=\boldsymbol{\alpha}_1+\boldsymbol{\alpha}_2$，$\boldsymbol{\beta}_2=\boldsymbol{\alpha}_2+\boldsymbol{\alpha}_3$，$\boldsymbol{\beta}_3=\boldsymbol{\alpha}_3+\boldsymbol{\alpha}_1$线性无关.

证 设 $k_1\boldsymbol{\beta}_1+k_2\boldsymbol{\beta}_2+k_3\boldsymbol{\beta}_3=\boldsymbol{0}$，则有

$$(k_1+k_3)\boldsymbol{\alpha}_1+(k_1+k_2)\boldsymbol{\alpha}_2+(k_2+k_3)\boldsymbol{\alpha}_3=\boldsymbol{0},$$

因为 $\boldsymbol{\alpha}_1$，$\boldsymbol{\alpha}_2$，$\boldsymbol{\alpha}_3$线性无关，所以

$$\begin{cases} k_1+k_3=0, \\ k_1+k_2=0, \\ k_2+k_3=0, \end{cases} \quad 即 \quad \begin{pmatrix} 1 & 0 & 1 \\ 1 & 1 & 0 \\ 0 & 1 & 1 \end{pmatrix}\begin{pmatrix} k_1 \\ k_2 \\ k_3 \end{pmatrix}=\begin{pmatrix} 0 \\ 0 \\ 0 \end{pmatrix},$$

由系数行列式 $\begin{vmatrix} 1 & 0 & 1 \\ 1 & 1 & 0 \\ 0 & 1 & 1 \end{vmatrix}=2\neq 0$，该齐次方程组只有零解. 故 $\boldsymbol{\beta}_1$，$\boldsymbol{\beta}_2$，$\boldsymbol{\beta}_3$线性无关.

例 3.11 n 阶单位矩阵 $\boldsymbol{E}$ 的列向量分别是

$$\boldsymbol{e}_1=(1,0,0,\cdots,0)^{\mathrm{T}},\ \boldsymbol{e}_2=(0,1,0,\cdots,0)^{\mathrm{T}},\ \cdots,\ \boldsymbol{e}_n=(0,0,\cdots,0,1)^{\mathrm{T}},$$

我们称之为 n 维单位坐标向量（unit coordinate vectors）. 证明向量组 $\boldsymbol{e}_1$，$\boldsymbol{e}_2$，…，$\boldsymbol{e}_n$是线性无关的，且任何 n 维向量均可由此向量组线性表示.

证 设 $k_1\boldsymbol{e}_1+k_2\boldsymbol{e}_2+\cdots+k_n\boldsymbol{e}_n=\mathbf{0}$，则有 $(k_1,k_2,\cdots,k_n)=\mathbf{0}$，于是 $k_1=0$，$k_2=0$，…，$k_n=0$，故 $\boldsymbol{e}_1$，$\boldsymbol{e}_2$，…，$\boldsymbol{e}_n$ 线性无关．

任取 n 维向量 $\boldsymbol{\alpha}=(a_1,a_2,\cdots,a_n)^{\mathrm{T}}$，显然有

$$\boldsymbol{\alpha}=a_1\boldsymbol{e}_1+a_2\boldsymbol{e}_2+\cdots+a_n\boldsymbol{e}_n,$$

即 $\boldsymbol{\alpha}$ 可由 $\boldsymbol{e}_1$，$\boldsymbol{e}_2$，…，$\boldsymbol{e}_n$ 线性表示，且线性表示的系数恰好是 $\boldsymbol{\alpha}$ 的各个分量．

由例 3.11 可知，任一个 n 维非零向量 $\boldsymbol{\alpha}$ 都可由 n 维单位向量 $\boldsymbol{e}_1$，$\boldsymbol{e}_2$，…，$\boldsymbol{e}_n$ 线性表示，从而 $\boldsymbol{e}_1$，$\boldsymbol{e}_2$，…，$\boldsymbol{e}_n$，$\boldsymbol{\alpha}$ 是线性相关的．反之，结论是否成立呢？下面给出线性相关性的判定定理．

定理 3.11 向量组 $\boldsymbol{\alpha}_1$，$\boldsymbol{\alpha}_2$，…，$\boldsymbol{\alpha}_m$（$m\geqslant 2$）线性相关的充分必要条件是向量组中至少有一个向量可由其余 $m-1$ 个向量线性表示．

证 必要性．已知 $\boldsymbol{\alpha}_1$，$\boldsymbol{\alpha}_2$，…，$\boldsymbol{\alpha}_m$ 线性相关，则存在 k_1，k_2，…，k_m 不全为零，使得

$$k_1\boldsymbol{\alpha}_1+k_2\boldsymbol{\alpha}_2+\cdots+k_m\boldsymbol{\alpha}_m=\mathbf{0},$$

不妨设 $k_1\neq 0$，则有 $\boldsymbol{\alpha}_1=\left(-\dfrac{k_2}{k_1}\right)\boldsymbol{\alpha}_2+\left(-\dfrac{k_3}{k_2}\right)\boldsymbol{\alpha}_3+\cdots+\left(-\dfrac{k_m}{k_1}\right)\boldsymbol{\alpha}_m$.

充分性．不妨设 $\boldsymbol{\alpha}_1=k_2\boldsymbol{\alpha}_2+k\boldsymbol{\alpha}_3+\cdots+k_m\boldsymbol{\alpha}_m$，则有

$$(-1)\boldsymbol{\alpha}_1+k_2\boldsymbol{\alpha}_2+\cdots+k_m\boldsymbol{\alpha}_m=\mathbf{0},$$

因为（-1），k_2，…，k_m 不全为零，所以 $\boldsymbol{\alpha}_1$，$\boldsymbol{\alpha}_2$，…，$\boldsymbol{\alpha}_m$ 线性相关．

值得注意的是，向量组 $\boldsymbol{\alpha}_1$，$\boldsymbol{\alpha}_2$，…，$\boldsymbol{\alpha}_m$ 线性相关，不能得出其中任一向量均可由其余 $m-1$ 个向量线性表示．例如：

$\boldsymbol{\alpha}_1=(0,0)^{\mathrm{T}}$，$\boldsymbol{\alpha}_2=(1,0)^{\mathrm{T}}$，显然有 $\boldsymbol{\alpha}_1+0\boldsymbol{\alpha}_2=\mathbf{0}$，但 $\boldsymbol{\alpha}_2$ 不能由 $\boldsymbol{\alpha}_1$ 线性表示。

定理 3.12 若向量组 $\boldsymbol{\alpha}_1$，$\boldsymbol{\alpha}_2$，…，$\boldsymbol{\alpha}_m$ 线性无关，$\boldsymbol{\alpha}_1$，$\boldsymbol{\alpha}_2$，…，$\boldsymbol{\alpha}_m$，$\boldsymbol{\beta}$ 线性相关，则 $\boldsymbol{\beta}$ 可由 $\boldsymbol{\alpha}_1$，$\boldsymbol{\alpha}_2$，…，$\boldsymbol{\alpha}_m$ 线性表示，且表示式唯一．

证 因为 $\boldsymbol{\alpha}_1$，…，$\boldsymbol{\alpha}_m$，$\boldsymbol{\beta}$ 线性相关，所以存在不全为零的数 k_1，…，k_m，k 使得

$$k_1\boldsymbol{\alpha}_1+k_2\boldsymbol{\alpha}_2+\cdots+k_m\boldsymbol{\alpha}_m+k\boldsymbol{\beta}=\mathbf{0}.$$

若 $k=0$，则有 $k_1\boldsymbol{\alpha}_1+k_2\boldsymbol{\alpha}_2+\cdots+k_m\boldsymbol{\alpha}_m=\mathbf{0}$，再由 $\boldsymbol{\alpha}_1$，$\boldsymbol{\alpha}_2$，…，$\boldsymbol{\alpha}_m$ 线性无关，得出 $k_1=k_2=\cdots=k_m=0$. 这与假设矛盾，故必有 $k\neq 0$，从而有

$$\boldsymbol{\beta}=\left(-\frac{k_1}{k}\right)\boldsymbol{\alpha}_1+\left(-\frac{k_2}{k}\right)\boldsymbol{\alpha}_2+\cdots+\left(-\frac{k_m}{k}\right)\boldsymbol{\alpha}_m.$$

于是，$\boldsymbol{\beta}$ 可由 $\boldsymbol{\alpha}_1$，$\boldsymbol{\alpha}_2$，…，$\boldsymbol{\alpha}_m$ 线性表示．

下面证明表示式唯一．若 $\boldsymbol{\beta}=k_1\boldsymbol{\alpha}_1+k_2\boldsymbol{\alpha}_2+\cdots+k_m\boldsymbol{\alpha}_m$ 和 $\boldsymbol{\beta}=l_1\boldsymbol{\alpha}_1+l_2\boldsymbol{\alpha}_2+\cdots+l_m\boldsymbol{\alpha}_m$，则有

$$(k_1-l_1)\boldsymbol{\alpha}_1+(k_2-l_2)\boldsymbol{\alpha}_2+\cdots+(k_m-l_m)\boldsymbol{\alpha}_m=\mathbf{0}.$$

因为 $\boldsymbol{\alpha}_1$，$\boldsymbol{\alpha}_2$，…，$\boldsymbol{\alpha}_m$ 线性无关，故 $k_1-l_1=0$，$k_2-l_2=0$，…，$k_m-l_m=0$，于是 $k_1=l_1$，$k_2=l_2$，…，$k_m=l_m$，即 $\boldsymbol{\beta}$ 的表示式唯一．

3.3.3 向量组的线性相关性的性质

性质 3.1 含有零向量的向量组必线性相关.

证 设向量组 $\boldsymbol{\alpha}_1$, $\boldsymbol{\alpha}_2$, …, $\boldsymbol{\alpha}_m$, 其中 $\boldsymbol{\alpha}_i=\mathbf{0}$, 令 $k_i=1$, 其余的 $k_j=0$, $(j\neq i, j=1,2,\cdots,m)$, 则有

$$k_1\boldsymbol{\alpha}_1+\cdots+k_i\boldsymbol{\alpha}_i+\cdots+k_m\boldsymbol{\alpha}_m=\mathbf{0},$$

故含有零向量的向量组必线性相关.

性质 3.2 m 个 n 维向量组成的向量组, 当维数 n 小于向量的个数 m 时一定线性相关. 特别地, $n+1$ 个 n 维向量一定线性相关.

证 设 n 维向量组 $\boldsymbol{\alpha}_1$, $\boldsymbol{\alpha}_2$, …, $\boldsymbol{\alpha}_m$ 构成的矩阵 $\boldsymbol{A}=(\boldsymbol{\alpha}_1,\boldsymbol{\alpha}_2,\cdots,\boldsymbol{\alpha}_m)$, 有 $R(\boldsymbol{A})\leqslant n$, 若 $n<m$, 则 $R(\boldsymbol{A})<m$, 故由定理 3.7 有 m 个 n 维向量组 $\boldsymbol{\alpha}_1$, $\boldsymbol{\alpha}_2$, …, $\boldsymbol{\alpha}_m$ 线性相关.

性质 3.3 若 $\boldsymbol{\alpha}_1$, …, $\boldsymbol{\alpha}_r$ 线性相关, 则 $\boldsymbol{\alpha}_1$, …, $\boldsymbol{\alpha}_r$, $\boldsymbol{\alpha}_{r+1}$, …, $\boldsymbol{\alpha}_m$ $(m>r)$ 线性相关. 反之, 若 $\boldsymbol{\alpha}_1$, …, $\boldsymbol{\alpha}_r$, $\boldsymbol{\alpha}_{r+1}$, …, $\boldsymbol{\alpha}_m$ $(m>r)$ 线性无关, 则 $\boldsymbol{\alpha}_1$, …, $\boldsymbol{\alpha}_r$ 线性无关.

证 因为 $\boldsymbol{\alpha}_1$, …, $\boldsymbol{\alpha}_r$ 线性相关, 所以存在数组 k_1, …, k_r 不全为零, 使得

$$k_1\boldsymbol{\alpha}_1+\cdots+k_r\boldsymbol{\alpha}_r=\mathbf{0},$$

于是

$$k_1\boldsymbol{\alpha}_1+\cdots+k_r\boldsymbol{\alpha}_r+0\boldsymbol{\alpha}_{r+1}+\cdots+0\boldsymbol{\alpha}_m=\mathbf{0},$$

数组 k_1, …, k_r, 0, …, 0 不全为零, 故 $\boldsymbol{\alpha}_1$, …, $\boldsymbol{\alpha}_r$, $\boldsymbol{\alpha}_{r+1}$, …, $\boldsymbol{\alpha}_m$ 线性相关. 若 $\boldsymbol{\alpha}_1$, …, $\boldsymbol{\alpha}_r$, $\boldsymbol{\alpha}_{r+1}$, …, $\boldsymbol{\alpha}_m$ $(m>r)$ 线性无关, 则 $\boldsymbol{\alpha}_1$, …, $\boldsymbol{\alpha}_r$ 线性无关是上面已经证明结论的逆否命题, 显然成立。

性质 3.4 设 $\boldsymbol{\alpha}_i=(a_{i1},a_{i2},\cdots,a_{ir})$, $\boldsymbol{\beta}_i=(a_{i1},a_{i2},\cdots,a_{ir},a_{ir+1})$ $(i=1,2,\cdots,m)$. 若 r 维向量组 $\boldsymbol{\alpha}_1$, $\boldsymbol{\alpha}_2$, …, $\boldsymbol{\alpha}_m$ 线性无关, 则 $r+1$ 维向量组 $\boldsymbol{\beta}_1$, $\boldsymbol{\beta}_2$, …, $\boldsymbol{\beta}_m$ 也线性无关.

证 用反证法.

假设 $\boldsymbol{\beta}_1$, $\boldsymbol{\beta}_2$, …, $\boldsymbol{\beta}_m$ 线性相关, 则有不全为零的数 k_1, …, k_m, 使得

$$k_1\boldsymbol{\beta}_1+k_2\boldsymbol{\beta}_2+\cdots+k_m\boldsymbol{\beta}_m=\mathbf{0},$$

即

$$\begin{cases}k_1a_{11}+k_2a_{21}+\cdots+k_ma_{m1}=0,\\ \quad\vdots\\ k_1a_{1r}+k_2a_{2r}+\cdots+k_ma_{mr}=0,\\ k_1a_{1r+1}+k_2a_{2r+1}+\cdots+k_ma_{mr+1}=0.\end{cases}$$

而这 $r+1$ 个等式的前 r 个等式就表示

$$k_1\boldsymbol{\alpha}_1+k_2\boldsymbol{\alpha}_2+\cdots+k_m\boldsymbol{\alpha}_m=\mathbf{0}.$$

其中 k_1, k_2, …, k_m 不全为零, 这与 $\boldsymbol{\alpha}_1$, $\boldsymbol{\alpha}_2$, …, $\boldsymbol{\alpha}_m$ 线性无关矛盾. 故 $\boldsymbol{\beta}_1$, $\boldsymbol{\beta}_2$, …, $\boldsymbol{\beta}_m$ 线性无关.

例 3.12 设向量组 $\boldsymbol{\alpha}_1$，$\boldsymbol{\alpha}_2$，$\boldsymbol{\alpha}_3$线性相关，$\boldsymbol{\alpha}_2$，$\boldsymbol{\alpha}_3$，$\boldsymbol{\alpha}_4$线性无关，证明（1）$\boldsymbol{\alpha}_1$能由 $\boldsymbol{\alpha}_2$，$\boldsymbol{\alpha}_3$线性表示；（2）$\boldsymbol{\alpha}_4$不能由 $\boldsymbol{\alpha}_1$，$\boldsymbol{\alpha}_2$，$\boldsymbol{\alpha}_3$线性表示．

证 （1）因为 $\boldsymbol{\alpha}_2$，$\boldsymbol{\alpha}_3$，$\boldsymbol{\alpha}_4$线性无关，从而 $\boldsymbol{\alpha}_2$，$\boldsymbol{\alpha}_3$线性无关，而 $\boldsymbol{\alpha}_1$，$\boldsymbol{\alpha}_2$，$\boldsymbol{\alpha}_3$ 线性相关，再由定理 3.12 知，$\boldsymbol{\alpha}_1$ 能由 $\boldsymbol{\alpha}_2$，$\boldsymbol{\alpha}_3$ 线性表示．

（2）用反证法．假设 $\boldsymbol{\alpha}_4$能由 $\boldsymbol{\alpha}_1$，$\boldsymbol{\alpha}_2$，$\boldsymbol{\alpha}_3$线性表示，不妨设 $\boldsymbol{\alpha}_4 = k_1\boldsymbol{\alpha}_1 + k_2\boldsymbol{\alpha}_2 + k_3\boldsymbol{\alpha}_3$，由（1）知 $\boldsymbol{\alpha}_1$ 能由 $\boldsymbol{\alpha}_2$，$\boldsymbol{\alpha}_3$线性表示，设为 $\boldsymbol{\alpha}_1 = c_1\boldsymbol{\alpha}_2 + c_2\boldsymbol{\alpha}_3$，因此 $\boldsymbol{\alpha}_4 = (k_1c_1 + k_2)\boldsymbol{\alpha}_2 + (k_1c_2 + k_3)\boldsymbol{\alpha}_3$，即 $\boldsymbol{\alpha}_4$能由 $\boldsymbol{\alpha}_2$，$\boldsymbol{\alpha}_3$线性表示，这与 $\boldsymbol{\alpha}_2$，$\boldsymbol{\alpha}_3$，$\boldsymbol{\alpha}_4$线性无关相矛盾，故 $\boldsymbol{\alpha}_4$不能由 $\boldsymbol{\alpha}_1$，$\boldsymbol{\alpha}_2$，$\boldsymbol{\alpha}_3$线性表示．

向量组的维数与向量组向量的个数也存在着密切的关系．例如，

$\boldsymbol{\alpha}_1 = \begin{pmatrix}1\\0\end{pmatrix}$，$\boldsymbol{\alpha}_2 = \begin{pmatrix}0\\1\end{pmatrix}$线性无关，则 $\boldsymbol{\beta}_1 = \begin{pmatrix}1\\0\\2\end{pmatrix}$，$\boldsymbol{\beta}_2 = \begin{pmatrix}0\\1\\3\end{pmatrix}$线性无关．

练习 3

一、选择题

1. n 维向量组 $\boldsymbol{\alpha}_1$，$\boldsymbol{\alpha}_2$，…，$\boldsymbol{\alpha}_m$ 线性无关的充分必要条件是（　　）．

（A）向量组 $\boldsymbol{\alpha}_1$，$\boldsymbol{\alpha}_2$，…，$\boldsymbol{\alpha}_m$中任意两个向量线性无关；

（B）向量组 $\boldsymbol{\alpha}_1$，$\boldsymbol{\alpha}_2$，…，$\boldsymbol{\alpha}_m$至少有一个向量可由其余向量线性表示；

（C）存在不全为零的数 k_1，k_2，…，k_m，使 $k_1\boldsymbol{\alpha}_1 + k_2\boldsymbol{\alpha}_2 + \cdots + k_m\boldsymbol{\alpha}_m \neq \mathbf{0}$；

（D）向量组 $\boldsymbol{\alpha}_1$，$\boldsymbol{\alpha}_2$，…，$\boldsymbol{\alpha}_m$中任一个向量都不能由其余向量线性表示．

2. 设 $\boldsymbol{\beta}$，$\boldsymbol{\alpha}_1$，$\boldsymbol{\alpha}_2$线性相关，$\boldsymbol{\beta}$，$\boldsymbol{\alpha}_2$，$\boldsymbol{\alpha}_3$线性无关，则（　　）．

（A）$\boldsymbol{\alpha}_1$，$\boldsymbol{\alpha}_2$，$\boldsymbol{\alpha}_3$线性相关；

（B）$\boldsymbol{\alpha}_1$，$\boldsymbol{\alpha}_2$，$\boldsymbol{\alpha}_3$线性无关；

（C）$\boldsymbol{\alpha}_1$可用 $\boldsymbol{\beta}$，$\boldsymbol{\alpha}_2$线性表示；

（D）$\boldsymbol{\beta}$ 可用 $\boldsymbol{\alpha}_1$，$\boldsymbol{\alpha}_2$线性表示．

3. 设向量组 $\boldsymbol{\alpha}_1$，$\boldsymbol{\alpha}_2$，$\boldsymbol{\alpha}_3$线性无关，向量 $\boldsymbol{\beta}_1$可由 $\boldsymbol{\alpha}_1$，$\boldsymbol{\alpha}_2$，$\boldsymbol{\alpha}_3$线性表示，而向量 $\boldsymbol{\beta}_2$不能由 $\boldsymbol{\alpha}_1$，$\boldsymbol{\alpha}_2$，$\boldsymbol{\alpha}_3$线性表示，则对于任意常数 k，必有（　　）．

（A）$\boldsymbol{\alpha}_1$，$\boldsymbol{\alpha}_2$，$\boldsymbol{\alpha}_3$，$k\boldsymbol{\beta}_1 + \boldsymbol{\beta}_2$线性无关；

（B）$\boldsymbol{\alpha}_1$，$\boldsymbol{\alpha}_2$，$\boldsymbol{\alpha}_3$，$k\boldsymbol{\beta}_1 + \boldsymbol{\beta}_2$线性相关；

（C）$\boldsymbol{\alpha}_1$，$\boldsymbol{\alpha}_2$，$\boldsymbol{\alpha}_3$，$\boldsymbol{\beta}_1 + k\boldsymbol{\beta}_2$线性无关；

（D）$\boldsymbol{\alpha}_1$，$\boldsymbol{\alpha}_2$，$\boldsymbol{\alpha}_3$，$\boldsymbol{\beta}_1 + k\boldsymbol{\beta}_2$线性相关．

4. 若向量组 $\boldsymbol{\alpha}$，$\boldsymbol{\beta}$，$\boldsymbol{\gamma}$ 线性无关，向量组 $\boldsymbol{\alpha}$，$\boldsymbol{\beta}$，$\boldsymbol{\delta}$ 线性相关，则（　　）.

（A）$\boldsymbol{\alpha}$ 必可由 $\boldsymbol{\beta}$，$\boldsymbol{\gamma}$，$\boldsymbol{\delta}$ 线性表示；

（B）$\boldsymbol{\beta}$ 必不可由 $\boldsymbol{\alpha}$，$\boldsymbol{\gamma}$，$\boldsymbol{\delta}$ 线性表示；

（C）$\boldsymbol{\delta}$ 必可由 $\boldsymbol{\alpha}$，$\boldsymbol{\beta}$，$\boldsymbol{\gamma}$ 线性表示；

（D）$\boldsymbol{\delta}$ 必不可由 $\boldsymbol{\alpha}$，$\boldsymbol{\beta}$，$\boldsymbol{\gamma}$ 线性表示.

5. 向量组 $\boldsymbol{\alpha}_1$，$\boldsymbol{\alpha}_2$，…，$\boldsymbol{\alpha}_n$（$n \geqslant 2$）线性相关的充分必要条件是（　　）.

（A）$\boldsymbol{\alpha}_1$，$\boldsymbol{\alpha}_2$，…，$\boldsymbol{\alpha}_n$ 中至少有一个零向量；

（B）$\boldsymbol{\alpha}_1$，$\boldsymbol{\alpha}_2$，…，$\boldsymbol{\alpha}_n$ 中至少有两个向量成比例；

（C）向量组 $\boldsymbol{\alpha}_1$，$\boldsymbol{\alpha}_2$，…，$\boldsymbol{\alpha}_m$ 中每一个向量都可由其余向量线性表示；

（D）向量组 $\boldsymbol{\alpha}_1$，$\boldsymbol{\alpha}_2$，…，$\boldsymbol{\alpha}_m$ 中至少有一部分组线性相关.

6. 向量组 $\boldsymbol{\alpha}_1$，$\boldsymbol{\alpha}_2$，…，$\boldsymbol{\alpha}_s$ 线性无关的充分条件是（　　）.

（A）$\boldsymbol{\alpha}_1$，$\boldsymbol{\alpha}_2$，…，$\boldsymbol{\alpha}_s$ 均不是零向量；

（B）$\boldsymbol{\alpha}_1$，$\boldsymbol{\alpha}_2$，…，$\boldsymbol{\alpha}_s$ 中任一部分组线性无关；

（C）$\boldsymbol{\alpha}_1$，$\boldsymbol{\alpha}_2$，…，$\boldsymbol{\alpha}_s$ 中任意两个向量线性无关；

（D）$\boldsymbol{\alpha}_1$，$\boldsymbol{\alpha}_2$，…，$\boldsymbol{\alpha}_s$ 中任意两个向量都不成比例.

二、填空题

1. 若向量组 $\boldsymbol{\alpha}_1$，$\boldsymbol{\alpha}_2$，$\boldsymbol{\alpha}_3$ 线性无关，则向量组 $\boldsymbol{\alpha}_1+\boldsymbol{\alpha}_2+\boldsymbol{\alpha}_3$，$\boldsymbol{\alpha}_3+\boldsymbol{\alpha}_1$ 线性________.

2. 设向量组 $\boldsymbol{\alpha}_1$，$\boldsymbol{\alpha}_2$，…，$\boldsymbol{\alpha}_t$ 线性相关，则向量组 $\boldsymbol{\alpha}_1$，$\boldsymbol{\alpha}_2$，…，$\boldsymbol{\alpha}_t$，$\boldsymbol{\beta}$ 线性________.

3. 若 $\boldsymbol{\alpha}_1=(1,0,2)^{\mathrm{T}}$，$\boldsymbol{\alpha}_2=(-1,2,2)^{\mathrm{T}}$，$\boldsymbol{\alpha}_3=(3,k,8)^{\mathrm{T}}$，线性相关，则 $k=$________.

3.4 向量组的秩

由于矩阵与向量组之间存在着对应关系，与矩阵的秩的定义相对应，也有向量组的秩．下面给出向量组的秩的定义．

定义 3.5 设向量组 $\boldsymbol{A}$ 中，若有 r 个向量 $\boldsymbol{\alpha}_1$，$\boldsymbol{\alpha}_2$，…，$\boldsymbol{\alpha}_r$ 线性无关，而所有 $r+1$ 个向量线性相关（如果有 $r+1$ 个向量的情况），称 $\boldsymbol{\alpha}_1$，$\boldsymbol{\alpha}_2$，…，$\boldsymbol{\alpha}_r$ 为向量组 $\boldsymbol{A}$ 的一个极大线性无关组（maximal linear independent system），称 r 为向量组 $\boldsymbol{A}$ 的秩，记作 $R(\boldsymbol{A})=r$.

特别地，只含零向量的向量组，没有最大线性无关组，规定它的秩为 0. 当 $R(\boldsymbol{A})=r$ 时，$\boldsymbol{A}$ 中任意 r 个线性无关的向量都是 $\boldsymbol{A}$ 的一个最大无关组．例如：向量组

$$\boldsymbol{\alpha}_1=\begin{pmatrix}1\\0\\1\end{pmatrix},\ \boldsymbol{\alpha}_2=\begin{pmatrix}0\\1\\0\end{pmatrix},\ \boldsymbol{\alpha}_3=\begin{pmatrix}1\\1\\1\end{pmatrix},$$

容易看出 $\boldsymbol{\alpha}_1$，$\boldsymbol{\alpha}_2$线性无关，而 $\boldsymbol{\alpha}_1+\boldsymbol{\alpha}_2-\boldsymbol{\alpha}_3=\boldsymbol{0}$，知 $\boldsymbol{\alpha}_1$，$\boldsymbol{\alpha}_2$，$\boldsymbol{\alpha}_3$线性相关，故 $\boldsymbol{\alpha}_1$，$\boldsymbol{\alpha}_2$是向量组的一个极大线性无关组．再由 $\boldsymbol{\alpha}_2$，$\boldsymbol{\alpha}_3$线性无关，$\boldsymbol{\alpha}_1=-\boldsymbol{\alpha}_2+\boldsymbol{\alpha}_3$知 $\boldsymbol{\alpha}_2$，$\boldsymbol{\alpha}_3$也是向量组的一个极大线性无关组．因此，向量组的极大线性无关组一般不唯一．

含有有限个向量的向量组 $\boldsymbol{\alpha}_1$，$\boldsymbol{\alpha}_2$，…，$\boldsymbol{\alpha}_m$可构成矩阵

$$\boldsymbol{A}=(\boldsymbol{\alpha}_1,\boldsymbol{\alpha}_2,\cdots,\boldsymbol{\alpha}_m),$$

由此可知，向量组的秩必然与矩阵的秩存在着一定的关系．

定理3.13　矩阵 $\boldsymbol{A}_{m\times n}$的秩等于 r 的充分必要必条件是 $\boldsymbol{A}$ 的列向量组的秩和行向量组的秩都等于 r.

证　必要性设 $R(\boldsymbol{A})=r$，则 $\boldsymbol{A}$ 中至少有一个 r 阶子式 $D_r\neq0$. 根据定理3.10知，D_r所在的 r 个列向量线性无关；又 $\boldsymbol{A}$ 中所有 $r+1$ 阶子式全为零，从而 $\boldsymbol{A}$ 中所有 $r+1$ 个列向量线性相关．所以 $\boldsymbol{A}$ 的列向量组的秩为 r.

再由矩阵秩的性质 $R(\boldsymbol{A})=R(\boldsymbol{A}^{\mathrm{T}})$，类似可证矩阵 $\boldsymbol{A}$ 的行向量组的秩为 r.

充分性设 $\boldsymbol{A}$ 的列向量组的秩为 r，为讨论方便，不妨设 $\boldsymbol{A}$ 的前 r 个列向量是 $\boldsymbol{A}$ 的一个极大线性无关组 $\boldsymbol{A}_0$，于是 $\boldsymbol{A}_0$的列向量线性无关．所以 $\boldsymbol{A}_0$中至少有一个 r 阶子式不为零，从而 $\boldsymbol{A}$ 中至少有一个 r 阶子式不为零．又 $\boldsymbol{A}$ 中所有 $r+1$ 个列向量线性相关，由此 $\boldsymbol{A}$ 的任意 $r+1$ 阶子式全为零．否则，如有某个 $r+1$ 阶子式不为零，则对应的 $r+1$ 个列向量线性无关，与 $\boldsymbol{A}$ 的列向量组的秩为 r 矛盾．于是有 $R(\boldsymbol{A})=r$. 同理，若 $\boldsymbol{A}$ 的行向量组的秩为 r，也可证得 $R(\boldsymbol{A})=r$.

由定理3.13的充分性证明可知，向量组 $\boldsymbol{A}$ 与它自己的极大线性无关组 $\boldsymbol{A}_0$是等价的．于是可得到定理3.13的推论．

推论3.3　（极大线性无关组的一个等价定义）设向量组 $\boldsymbol{A}_0$：$\boldsymbol{\alpha}_1$，$\boldsymbol{\alpha}_2$，…，$\boldsymbol{\alpha}_r$是 $\boldsymbol{A}$ 的一个部分组，且满足

（i）向量组 $\boldsymbol{A}_0$线性无关；

（ii）向量组 $\boldsymbol{A}$ 的任一向量都能由向量组 $\boldsymbol{A}_0$线性表示；

那么向量组 $\boldsymbol{A}_0$便是 $\boldsymbol{A}$ 的一个极大线性无关组．

从向量的角度来看，矩阵 $\boldsymbol{A}$ 经过有限次初等行变换化为矩阵 $\boldsymbol{B}$，则 $\boldsymbol{A}$ 和 $\boldsymbol{B}$ 中任何对应的列向量组都有相同的线性相关性．因此可用初等行变换求已知向量组的一个极大线性无关组．

例3.13　向量组 $\boldsymbol{A}$：$\boldsymbol{\beta}_1=\begin{pmatrix}1\\0\\-2\end{pmatrix}$，$\boldsymbol{\beta}_2=\begin{pmatrix}3\\2\\0\end{pmatrix}$，$\boldsymbol{\beta}_3=\begin{pmatrix}-2\\-1\\1\end{pmatrix}$，$\boldsymbol{\beta}_4=\begin{pmatrix}2\\3\\5\end{pmatrix}$，求 $\boldsymbol{A}$ 的秩和一个极大无关组．

解　$A=(\boldsymbol{\beta}_1\quad \boldsymbol{\beta}_2\quad \boldsymbol{\beta}_3\quad \boldsymbol{\beta}_4)=\begin{pmatrix}1&3&-2&2\\0&2&-1&3\\-2&0&1&5\end{pmatrix}$

$$\xrightarrow{r_3+2r_1}\begin{pmatrix}1&3&-2&2\\0&2&-1&3\\0&6&-3&9\end{pmatrix}\xrightarrow{r_3-3r_2}\begin{pmatrix}1&3&-2&2\\0&2&-1&3\\0&0&0&0\end{pmatrix}=\boldsymbol{B},$$

求得 $R(\boldsymbol{A})=2$. 矩阵 $\boldsymbol{A}$ 中位于 1，2 行 1，2 列的二阶子式 $\begin{vmatrix}1&3\\0&2\end{vmatrix}=2\neq0$，故 $\boldsymbol{\beta}_1$，$\boldsymbol{\beta}_2$ 是 $\boldsymbol{A}$ 的一个极大线性无关组．同理得到 $\boldsymbol{\beta}_1$，$\boldsymbol{\beta}_3$ 也是 $\boldsymbol{A}$ 的一个极大线性无关组；$\boldsymbol{\beta}_1$，$\boldsymbol{\beta}_4$ 也是 $\boldsymbol{A}$ 的一个极大线性无关组．

通常用初等行变换将矩阵 $\boldsymbol{A}$ 化为阶梯形矩阵 $\boldsymbol{B}$，当阶梯形矩阵 $\boldsymbol{B}$ 的秩为 r 时，$\boldsymbol{B}$ 的非零行中第一个非零元素所在的 r 个列向量是线性无关的，从而 $\boldsymbol{A}$ 中的所对应的 r 个列向量也是线性无关的．

例 3.14　向量组 $\boldsymbol{A}$：

$$\boldsymbol{\alpha}_1=\begin{pmatrix}1\\1\\1\\3\end{pmatrix},\ \boldsymbol{\alpha}_2=\begin{pmatrix}-1\\-3\\5\\1\end{pmatrix},\ \boldsymbol{\alpha}_3=\begin{pmatrix}3\\2\\-1\\c+2\end{pmatrix},\ \boldsymbol{\alpha}_4=\begin{pmatrix}-2\\-6\\10\\c\end{pmatrix},$$

求向量组 $\boldsymbol{A}$ 的一个极大无关组．

解　对矩阵 $\boldsymbol{A}=(\boldsymbol{\alpha}_1,\boldsymbol{\alpha}_2,\boldsymbol{\alpha}_3,\boldsymbol{\alpha}_4)$ 进行初等行变换可得

$$\boldsymbol{A}=\begin{pmatrix}1&-1&3&-2\\1&-3&2&-6\\1&5&-1&10\\3&1&c+2&c\end{pmatrix}\xrightarrow[r_4-3r_1]{r_2-r_1}\begin{pmatrix}1&-1&3&-2\\0&-2&-1&-4\\0&6&-4&12\\0&4&\underline{\qquad}&\underline{\qquad}\end{pmatrix}$$

$$\xrightarrow[r_4+2r_2]{r_3+3r_2}\begin{pmatrix}1&-1&3&-2\\0&-2&-1&-4\\0&0&\underline{\qquad}&0\\0&0&c-9&\underline{\qquad}\end{pmatrix}\xrightarrow[r_4+r_3\times(c-9)]{r_3\div7}\begin{pmatrix}1&-1&3&-2\\0&-2&-1&-4\\0&0&-1&0\\0&0&0&c-2\end{pmatrix}=\boldsymbol{B}.$$

（1）$c\neq2$：$R(\boldsymbol{A})=R(\boldsymbol{B})=4$，$\boldsymbol{B}$ 的 1，2，3，4 列线性无关，于是 $\boldsymbol{A}$ 的 1，2，3，4 列线性无关．故 $\boldsymbol{\alpha}_1$，$\boldsymbol{\alpha}_2$，$\boldsymbol{\alpha}_3$，$\boldsymbol{\alpha}_4$ 是 $\boldsymbol{A}$ 的一个极大无关组；

（2）$c=2$：$R(\boldsymbol{A})=R(\boldsymbol{B})=3$，$\boldsymbol{B}$ 的 1，2，3 列线性无关，于是 $\boldsymbol{A}$ 的 1，2，3 列线性无关．故 $\boldsymbol{\alpha}_1$，$\boldsymbol{\alpha}_2$，$\boldsymbol{\alpha}_3$ 是 $\boldsymbol{A}$ 的一个极大无关组．

设向量组 $\boldsymbol{A}$：$\boldsymbol{\alpha}_1$，$\boldsymbol{\alpha}_2$，…，$\boldsymbol{\alpha}_m$ 构成的矩阵 $\boldsymbol{A}=(\boldsymbol{\alpha}_1,\boldsymbol{\alpha}_2,\cdots,\boldsymbol{\alpha}_m)$，根据向量组的秩的定义及定理 3.16，有

$$R(\boldsymbol{\alpha}_1,\boldsymbol{\alpha}_2,\cdots,\boldsymbol{\alpha}_m)=R(\boldsymbol{A}),$$

由此可知，对于矩阵的秩都可以改写为向量组的秩．因此，定理 3.8，定理 3.9 可叙述为

定理3.14 向量组$\boldsymbol{\beta}_1$，$\boldsymbol{\beta}_2$，…，$\boldsymbol{\beta}_s$能由向量组$\boldsymbol{\alpha}_1$，$\boldsymbol{\alpha}_2$，…，$\boldsymbol{\alpha}_m$线性表示的充要条件是

$$R(\boldsymbol{\alpha}_1,\boldsymbol{\alpha}_2,\cdots,\boldsymbol{\alpha}_m)=R(\boldsymbol{\alpha}_1,\boldsymbol{\alpha}_2,\cdots,\boldsymbol{\alpha}_m,\boldsymbol{\beta}_1,\boldsymbol{\beta}_2,\cdots,\boldsymbol{\beta}_s).$$

定理3.15 向量组$\boldsymbol{\beta}_1$，$\boldsymbol{\beta}_2$，…，$\boldsymbol{\beta}_s$能由向量组$\boldsymbol{\alpha}_1$，$\boldsymbol{\alpha}_2$，…，$\boldsymbol{\alpha}_m$线性表示，则$R(\boldsymbol{\beta}_1,\boldsymbol{\beta}_2,\cdots,\boldsymbol{\beta}_s)\leqslant R(\boldsymbol{\alpha}_1,\boldsymbol{\alpha}_2,\cdots,\boldsymbol{\alpha}_m,)$.

例3.15 设矩阵

$$\boldsymbol{A}=\begin{pmatrix}1&-1&1&0\\1&1&-3&1\\1&-2&3&\frac{1}{2}\end{pmatrix},$$

求矩阵的列向量的一个极大无关组，并把不属于极大无关组的列向量用极大线性无关组线性表示.

解

$$\boldsymbol{A}=\begin{pmatrix}1&-1&1&0\\1&1&-3&1\\1&-2&3&\frac{1}{2}\end{pmatrix}\xrightarrow[r_3-r_1]{r_2-r_1}\begin{pmatrix}1&-1&1&0\\0&2&-4&1\\0&-1&2&\frac{1}{2}\end{pmatrix}\xrightarrow{r_3\leftrightarrow r_2}\begin{pmatrix}1&-1&1&0\\0&-1&2&\frac{1}{2}\\0&0&0&0\end{pmatrix},$$

于是得到$R(\boldsymbol{A})=2$，$\boldsymbol{A}$的第1、2列向量$\boldsymbol{\alpha}_1$，$\boldsymbol{\alpha}_2$是一个极大线性无关组.为把其他的列向量用极大无关组线性表示，把$\boldsymbol{A}$化成行最简形为

$$\boldsymbol{A}\overset{行}{\sim}\begin{pmatrix}1&0&-1&-\frac{1}{2}\\0&1&-2&-\frac{1}{2}\\0&0&0&0\end{pmatrix}=\boldsymbol{B},$$

由于方程$\boldsymbol{Ax}=\boldsymbol{0}$与$\boldsymbol{Bx}=\boldsymbol{0}$同解，因此

$$\boldsymbol{\alpha}_3=-1\boldsymbol{\alpha}_1-2\boldsymbol{\alpha}_2,\quad \boldsymbol{\alpha}_4=-\frac{1}{2}\boldsymbol{\alpha}_1-\frac{1}{2}\boldsymbol{\alpha}_2.$$

例3.16 设向量组$\boldsymbol{A}$：$\boldsymbol{\alpha}_1$，$\boldsymbol{\alpha}_2$，…，$\boldsymbol{\alpha}_s$的秩为r_1，向量组$\boldsymbol{B}$：$\boldsymbol{\beta}_1$，$\boldsymbol{\beta}_2$，…，$\boldsymbol{\beta}_t$的秩为r_2，向量组$\boldsymbol{C}$：$\boldsymbol{\alpha}_1$，$\boldsymbol{\alpha}_2$，…，$\boldsymbol{\alpha}_s$，$\boldsymbol{\beta}_1$，$\boldsymbol{\beta}_2$，…，$\boldsymbol{\beta}_r$的秩为r_3，证明

$$\max\{r_1,r_2\}\leqslant r_3\leqslant r_1+r_2.$$

证 设$\boldsymbol{A}$，$\boldsymbol{B}$，$\boldsymbol{C}$的极大线性无关组分别为$\boldsymbol{A}'$，$\boldsymbol{B}'$，$\boldsymbol{C}'$，显然$\boldsymbol{A}'$，$\boldsymbol{B}'$，$\boldsymbol{C}'$所含有的向量个数即为$\boldsymbol{A}$，$\boldsymbol{B}$，$\boldsymbol{C}$的秩，分别为r_1，r_2，r_2，则$\boldsymbol{A}$，$\boldsymbol{B}$，$\boldsymbol{C}$分别与$\boldsymbol{A}'$，$\boldsymbol{B}'$，$\boldsymbol{C}'$等价，易知$\boldsymbol{A}$，$\boldsymbol{B}$均可由$\boldsymbol{C}$线性表示，则由定理3.15有

$$R(\boldsymbol{C})\geqslant R(\boldsymbol{A}),R(\boldsymbol{C})\geqslant R(\boldsymbol{B}),$$

即，$\max\{r_1,r_2\}\leqslant r_3$.

设$\boldsymbol{A}'$与$\boldsymbol{B}'$中的向量共同构成向量组$\boldsymbol{D}$，则$\boldsymbol{A}$，$\boldsymbol{B}$均可由$\boldsymbol{D}$线性表示，即$\boldsymbol{C}$可由$\boldsymbol{D}$线性表示，故$R(\boldsymbol{C})\leqslant R(\boldsymbol{D})$. 而$\boldsymbol{D}$为$r_1+r_2$阶矩

阵，故

$$R(\boldsymbol{D})\leqslant r_1+r_2,$$

即 $r_3\leqslant r_1+r_2$.

练习 4

一、选择题

1. 向量组 $\boldsymbol{\alpha}_1$，$\boldsymbol{\alpha}_2$，…，$\boldsymbol{\alpha}_s$ 的秩为 r，则以下结论错误的是（　　）.

（A）$\boldsymbol{\alpha}_1$，$\boldsymbol{\alpha}_2$，…，$\boldsymbol{\alpha}_s$中至少有 1 个 r 个向量的部分组线性无关；

（B）$\boldsymbol{\alpha}_1$，$\boldsymbol{\alpha}_2$，…，$\boldsymbol{\alpha}_s$中任何 r 个向量的线性无关部分组与 $\boldsymbol{\alpha}_1$，$\boldsymbol{\alpha}_2$，…，$\boldsymbol{\alpha}_s$可互相线性表示；

（C）$\boldsymbol{\alpha}_1$，$\boldsymbol{\alpha}_2$，…，$\boldsymbol{\alpha}_s$中 r 个向量的部分组皆线性无关；

（D）$\boldsymbol{\alpha}_1$，$\boldsymbol{\alpha}_2$，…，$\boldsymbol{\alpha}_s$中 $r+1$ 个向量的部分组皆线性相关.

2. 设向量组 $\boldsymbol{A}$ 是向量组 $\boldsymbol{B}$ 的线性无关的部分向量组，则（　　）.

（A）向量组 $\boldsymbol{A}$ 是向量组 $\boldsymbol{B}$ 的极大线性无关组；

（B）向量组 $\boldsymbol{A}$ 与向量组 $\boldsymbol{B}$ 的秩相等；

（C）当 $\boldsymbol{A}$ 中向量均可由 $\boldsymbol{B}$ 线性表示时，向量组 $\boldsymbol{A}$ 与 $\boldsymbol{B}$ 等价；

（D）当 $\boldsymbol{B}$ 中向量均可由 $\boldsymbol{A}$ 线性表示时，向量组 $\boldsymbol{A}$ 与 $\boldsymbol{B}$ 等价.

3. 向量组 $\boldsymbol{\alpha}_1$，$\boldsymbol{\alpha}_2$，…，$\boldsymbol{\alpha}_m$线性相关的充要条件是它所构成的矩阵 $\boldsymbol{A}=(\boldsymbol{\alpha}_1,\boldsymbol{\alpha}_2,\cdots,\boldsymbol{\alpha}_m)$ 的秩（　　），向量组线性无关的充要条件是（　　）.

（A）$R(\boldsymbol{A})<m$，$R(\boldsymbol{A})=m$；

（B）$R(\boldsymbol{A})>m$；$R(\boldsymbol{A})=m$；

（C）$R(\boldsymbol{A})>m$；$R(\boldsymbol{A})<m$；

（D）$R(\boldsymbol{A})=m$；$R(\boldsymbol{A})=m$.

4. 设有向量组 $\boldsymbol{\alpha}_1=(1,-1,2,4)$，$\boldsymbol{\alpha}_2=(0,3,1,2)$，$\boldsymbol{\alpha}_3=(3,0,7,14)$，$\boldsymbol{\alpha}_4=(1,-2,2,0)$，$\boldsymbol{\alpha}_5=(2,1,5,10)$，则该向量组的极大线性无关组是（　　）.

（A）$\boldsymbol{\alpha}_1$，$\boldsymbol{\alpha}_2$，$\boldsymbol{\alpha}_3$；　　（B）$\boldsymbol{\alpha}_1$，$\boldsymbol{\alpha}_2$，$\boldsymbol{\alpha}_4$；

（C）$\boldsymbol{\alpha}_1$，$\boldsymbol{\alpha}_2$，$\boldsymbol{\alpha}_5$；　　（D）$\boldsymbol{\alpha}_1$，$\boldsymbol{\alpha}_2$，$\boldsymbol{\alpha}_4$，$\boldsymbol{\alpha}_5$.

二、填空题

1. 向量组 $\boldsymbol{A}$：$\boldsymbol{\alpha}_1$，$\boldsymbol{\alpha}_2$，…，$\boldsymbol{\alpha}_r$与向量组 $\boldsymbol{B}$：$\boldsymbol{\beta}_1$，$\boldsymbol{\beta}_2$，…，$\boldsymbol{\beta}_s$等价，且向量组 $\boldsymbol{A}$ 线性无关，则 r 与 s 的大小关系是________.

2. 设有两向量组 $\boldsymbol{A}$：$\boldsymbol{\alpha}_1$，$\boldsymbol{\alpha}_2$和 $\boldsymbol{B}$：$\boldsymbol{\beta}_1$，$\boldsymbol{\beta}_2$，$\boldsymbol{\beta}_3$，向量$\boldsymbol{\beta}_1$能由向量组 $\boldsymbol{A}$：$\boldsymbol{\alpha}_1$，$\boldsymbol{\alpha}_2$线性表示的充要条件是________，两向量组等价的充要条件是________.

3. 已知 $\boldsymbol{\alpha}_1$，$\boldsymbol{\alpha}_2$，$\boldsymbol{\alpha}_3$ 为 n 维向量组，且有 $R(\boldsymbol{\alpha}_1,\boldsymbol{\alpha}_2)=2$，$R(\boldsymbol{\alpha}_1,\boldsymbol{\alpha}_2,\boldsymbol{\alpha}_3)=2$，那么 $R(\boldsymbol{\alpha}_1,\boldsymbol{\alpha}_2,2\boldsymbol{\alpha}_3-3\boldsymbol{\alpha}_2)=$________.

4. 已知向量组 $\boldsymbol{\alpha}$, $\boldsymbol{\beta}$, $\boldsymbol{\gamma}$ 线性相关，而向量组 $\boldsymbol{\beta}$, $\boldsymbol{\gamma}$, $\boldsymbol{\delta}$ 线性无关，则向量组 $\boldsymbol{\alpha}$, $\boldsymbol{\beta}$, $\boldsymbol{\gamma}$ 的秩为________.

3.5　线性方程组解的结构

这节我们将用向量组的线性相关性来讨论线性方程组的解．为此，先给出向量空间的定义．

3.5.1　向量空间

定义 3.6　设 V 为 n 维向量的集合，如果集合 V 非空，且集合 V 对于加法及数乘两种运算封闭，那么就称集合 V 为向量空间（vector space）.

例 3.17　n 维向量的全体组成的集合

$$V=\{\boldsymbol{x}=(x_1,x_2,\cdots,x_n)^{\mathrm{T}}\mid x_1,x_2,\cdots,x_n\in\mathbf{R}\}$$

是一个向量空间．因为，若

$$\boldsymbol{a}=(0,a_2,\cdots,a_n)^{\mathrm{T}}\in V,\ \boldsymbol{b}=(0,b_2,\cdots,b_n)^{\mathrm{T}}\in V,$$

则 $\boldsymbol{a}+\boldsymbol{b}=(0,a_2+b_2,\cdots,a_n+b_n)^{\mathrm{T}}\in V$, $\lambda\boldsymbol{a}=(0,\lambda a_2,\cdots,\lambda a_n)^{\mathrm{T}}\in V$.

例 3.18　集合

$$V=\{\boldsymbol{x}=(1,x_2,\cdots,x_n)^{\mathrm{T}}\mid x_1,x_2,\cdots,x_n\in\mathbf{R}\}$$

不是一个向量空间，因为，若 $\boldsymbol{a}=(1,a_2,\cdots,a_n)^{\mathrm{T}}\in V$，则

$$2\boldsymbol{a}=(2,2a_2,\cdots,2a_n)^{\mathrm{T}}\notin V.$$

定义 3.7　设 V 为向量空间，如果 r 个向量 $\boldsymbol{a}_1$, $\boldsymbol{a}_2$, $\cdots$, $\boldsymbol{a}_r\in\boldsymbol{V}$，且满足

（i）$\boldsymbol{a}_1$, $\boldsymbol{a}_2$, $\cdots$, $\boldsymbol{a}_r$ 线性无关；

（ii）V 中任一个向量都可由 $\boldsymbol{a}_1$, $\boldsymbol{a}_2$, $\cdots$, $\boldsymbol{a}_r$ 线性表示，那么，向量组 $\boldsymbol{a}_1$, $\boldsymbol{a}_2$, $\cdots$, $\boldsymbol{a}_r$ 就称为向量空间的一组基，r 称为向量空间的维数，并称 V 为 r 维向量空间．

例如，由例 3.17 知，任何 n 个线性无关的 n 维向量都可以是向量空间 $\mathbf{R}^n$ 的一个基，由此称 $\mathbf{R}^n$ 为 n 维向量空间．可取它的一组基为

$$\boldsymbol{e}_1=(1,0,\cdots,0)^{\mathrm{T}},\ \boldsymbol{e}_2=(0,1,\cdots,0)^{\mathrm{T}},\ \cdots,\ \boldsymbol{e}_n=(0,0,\cdots,1)^{\mathrm{T}}.$$

例 3.19　对于齐次线性方程组

$$\boldsymbol{Ax}=\boldsymbol{0},\tag{3.6}$$

若存在 n 维向量 $\xi=\begin{pmatrix}b_1\\b_2\\\vdots\\b_n\end{pmatrix}$，使得 $\boldsymbol{A\xi}=\boldsymbol{0}$，则 ξ 被称为方程（3.6）的解向量．齐次线性方程组的解集

$$S=\{\boldsymbol{x}\mid\boldsymbol{Ax}=\boldsymbol{0}\}$$

对加法和数乘运算是封闭的，因此 S 是一个向量空间，称为齐次线性方程组的解空间．

3.5.2 齐次线性方程组解的结构

由 3.4 节知，向量组的全部向量都可由其极大无关组向量线性表示．由此可见，如果齐次方程组有无穷多解时，若能够求出这个解空间的一个极大无关组，那么这个方程的全部解就可由极大无关组线性表示了，我们称这个极大无关组为该齐次方程组的基础解系（system of fundamental solutions）．

定理 3.16 若 n 元齐次线性方程组 $\boldsymbol{Ax}=\boldsymbol{0}$ 的系数矩阵的秩 $R(\boldsymbol{A})=r<n$，则方程组的基础解系存在，且每个基础解系中所含向量的个数为 $n-r$ 个．

证 不妨设系数矩阵 $\boldsymbol{A}$ 的前 r 个列向量线性无关，于是 $\boldsymbol{A}$ 的行最简形矩阵为

$$\boldsymbol{B}=\begin{pmatrix} 1 & \cdots & 0 & b_{11} & \cdots & b_{1,n-r} \\ 0 & \cdots & 0 & b_{21} & \cdots & b_{2,n-r} \\ \vdots & & \vdots & \vdots & & \vdots \\ 0 & \cdots & 1 & b_{r1} & \cdots & b_{r,n-r} \\ 0 & \cdots & 0 & 0 & \cdots & 0 \\ 0 & \cdots & 0 & 0 & \cdots & 0 \\ \vdots & & \vdots & \vdots & & \vdots \\ 0 & \cdots & 0 & 0 & \cdots & 0 \end{pmatrix}.$$

与 $\boldsymbol{B}$ 对应，即有方程组

$$\begin{cases} x_1=-b_{11}x_{r+1}-\cdots-b_{1,n-r}x_n, \\ x_2=-b_{21}x_{r+1}-\cdots-b_{2,n-r}x_n, \\ \qquad\vdots \\ x_r=-b_{r1}x_{r+1}-\cdots-b_{r,n-r}x_n. \end{cases}$$

令自由未知数 $x_{r+1}=c_1$，…，$x_n=c_{n-r}$，即得方程组（3.6）的通解

$$\begin{pmatrix} x_1 \\ \vdots \\ x_r \\ x_{r+1} \\ \vdots \\ x_n \end{pmatrix}=c_1\begin{pmatrix} -b_{11} \\ \vdots \\ -b_{r1} \\ 1 \\ \vdots \\ 0 \end{pmatrix}+\cdots+c_{n-r}\begin{pmatrix} -b_{1,n-r} \\ \vdots \\ -b_{r,n-r} \\ 0 \\ \vdots \\ 1 \end{pmatrix},$$

把上式记作 $\boldsymbol{x}=c_1\boldsymbol{\xi}_1+c_2\boldsymbol{\xi}_2+\cdots+c_{n-r}\boldsymbol{\xi}_{n-r}$.

可知解向量中的任一向量 $\boldsymbol{x}$ 可由 $\boldsymbol{\xi}_1$，$\boldsymbol{\xi}_2$，…，$\boldsymbol{\xi}_{n-r}$ 线性表示，又因为矩阵（$\boldsymbol{\xi}_1,\boldsymbol{\xi}_2,\cdots,\boldsymbol{\xi}_{n-r}$）中有 $n-r$ 阶子式不为零，故

$R(\boldsymbol{\xi}_1,\boldsymbol{\xi}_2,\cdots,\boldsymbol{\xi}_{n-r})=n-r$，所以 $\boldsymbol{\xi}_1$，$\boldsymbol{\xi}_2$，…，$\boldsymbol{\xi}_{n-r}$线性无关．根据极大无关组的等价定义，即知 $\boldsymbol{\xi}_1$，$\boldsymbol{\xi}_2$，…，$\boldsymbol{\xi}_{n-r}$是解向量的极大无关组，即 $\boldsymbol{\xi}_1$，$\boldsymbol{\xi}_2$，…，$\boldsymbol{\xi}_{n-r}$是方程组（3.6）的基础解系．

齐次线性方程组（3.6）的解具有如下性质：

性质 3.5　若 $\boldsymbol{x}=\boldsymbol{\xi}_1$，$\boldsymbol{x}=\boldsymbol{\xi}_2$ 是 $\boldsymbol{Ax}=\boldsymbol{0}$ 的解，则 $\boldsymbol{x}=\boldsymbol{\xi}_1+\boldsymbol{\xi}_2$ 也是 $\boldsymbol{Ax}=\boldsymbol{0}$ 的解．

证　由于 $\boldsymbol{A\xi}_1=\boldsymbol{0}$，$\boldsymbol{A\xi}_2=\boldsymbol{0}$，$\boldsymbol{A}(\boldsymbol{\xi}_1+\boldsymbol{\xi}_2)=\boldsymbol{A\xi}_1+\boldsymbol{A\xi}_2=\boldsymbol{0}$，故 $\boldsymbol{x}=\boldsymbol{\xi}_1+\boldsymbol{\xi}_2$ 也是 $\boldsymbol{Ax}=\boldsymbol{0}$ 的解．

性质 3.6　若 $\boldsymbol{x}=\boldsymbol{\xi}$ 是 $\boldsymbol{Ax}=\boldsymbol{0}$ 的解，k 为任意实数，则 $\boldsymbol{x}=k\boldsymbol{\xi}$ 也是 $\boldsymbol{Ax}=\boldsymbol{0}$ 的解．

证　由于 $\boldsymbol{A\xi}=0$，$\boldsymbol{A}(k\boldsymbol{\xi})=k(\boldsymbol{A\xi})=\boldsymbol{0}$，即 $\boldsymbol{x}=k\boldsymbol{\xi}$ 也是 $\boldsymbol{Ax}=\boldsymbol{0}$ 的解．

性质 3.7　如果设 $\boldsymbol{\xi}_1$，$\boldsymbol{\xi}_2$，…，$\boldsymbol{\xi}_{n-r}$为对应的齐次线性方程组的基础解系，则齐次线性方程组的通解表示为

$$x=k_1\boldsymbol{\xi}_1+k_2\boldsymbol{\xi}_2+\cdots+k_{n-r}\boldsymbol{\xi}_{n-r}\quad k_1,\ k_2,\ \cdots,\ k_{n-r}\in\mathbf{R}.$$

例 3.20　求齐次方程组 $\begin{cases}x_1+2x_2+2x_3+x_4=0,\\2x_1+x_2-2x_3-2x_4=0,\\x_1-x_2-4x_3-3x_4=0\end{cases}$ 的基础解系与通解．

解　对系数矩阵 $\boldsymbol{A}$ 施行初等变换将其化为行最简形矩阵

$$\boldsymbol{A}=\begin{pmatrix}1&2&2&1\\2&1&-2&-2\\1&-1&-4&-3\end{pmatrix}\xrightarrow[r_3-r_1]{r_2-2r_1}\begin{pmatrix}1&2&2&1\\0&-3&-6&-4\\0&-3&-6&-4\end{pmatrix}$$

$$\xrightarrow{r_3-r_2}\begin{pmatrix}1&2&2&1\\0&-3&-6&-4\\0&0&0&0\end{pmatrix}\xrightarrow{r_2\div(-3)}\begin{pmatrix}1&2&2&1\\0&1&2&\frac{4}{3}\\0&0&0&0\end{pmatrix}$$

$$\xrightarrow{r_1-2r_2}\begin{pmatrix}1&0&-2&-\frac{5}{3}\\0&1&2&\frac{4}{3}\\0&0&0&0\end{pmatrix},$$

得同解方程组为

$$\begin{cases}x_1=\underline{\quad}x_3+\frac{5}{3}x_4,\\x_2=-2x_3\underline{\qquad}x_4,\end{cases}$$

令 $\begin{pmatrix}x_3\\x_4\end{pmatrix}=\begin{pmatrix}1\\0\end{pmatrix}$及$\begin{pmatrix}0\\1\end{pmatrix}$，则对应有$\begin{pmatrix}x_1\\x_2\end{pmatrix}=\begin{pmatrix}2\\-2\end{pmatrix}$及$\begin{pmatrix}\frac{5}{3}\\-\frac{4}{3}\end{pmatrix}$，即得基础解系

$$\boldsymbol{\xi}_1=\begin{pmatrix}2\\-2\\1\\0\end{pmatrix},\ \boldsymbol{\xi}_2=\begin{pmatrix}\frac{5}{3}\\-\frac{4}{3}\\0\\1\end{pmatrix},$$

通解为

$$\begin{pmatrix}x_1\\x_2\\x_3\\x_4\end{pmatrix}=c_1\begin{pmatrix}2\\-2\\1\\0\end{pmatrix}+c_2\begin{pmatrix}\frac{5}{3}\\-\frac{4}{3}\\0\\1\end{pmatrix}\ (c_1,\ c_2\in\mathbf{R}).$$

注 在解方程组的过程中，因为自由未知量的选择方法不唯一，所以基础解系也是不唯一的.

3.5.3 非齐次线性方程组的解的结构

对于非齐次线性方程组

$$\boldsymbol{A}\boldsymbol{x}=\boldsymbol{b}, \tag{3.7}$$

具有以下的性质.

性质 3.8 若 $\boldsymbol{x}=\boldsymbol{\eta}_1$，$\boldsymbol{x}=\boldsymbol{\eta}_2$ 是非齐次线性方程组（3.7）的解，则 $\boldsymbol{x}=\boldsymbol{\eta}_2-\boldsymbol{\eta}_1$ 是对应齐次线性方程组 $\boldsymbol{A}\boldsymbol{x}=\boldsymbol{0}$ 的解.

证 因 $\boldsymbol{A}\boldsymbol{\eta}_1=\boldsymbol{b}$，$\boldsymbol{A}\boldsymbol{\eta}_2=\boldsymbol{b}$，则

$$\boldsymbol{A}(\boldsymbol{\eta}_2-\boldsymbol{\eta}_1)=\boldsymbol{A}\boldsymbol{\eta}_2-\boldsymbol{A}\boldsymbol{\eta}_1=\boldsymbol{b}-\boldsymbol{b}=\boldsymbol{0},$$

故 $\boldsymbol{x}=\boldsymbol{\eta}_2-\boldsymbol{\eta}_1$ 是对应齐次线性方程组 $\boldsymbol{A}\boldsymbol{x}=\boldsymbol{0}$ 的解.

性质 3.9 若 $\boldsymbol{x}=\boldsymbol{\eta}$ 是 $\boldsymbol{A}\boldsymbol{x}=\boldsymbol{b}$ 的解，$\boldsymbol{x}=\boldsymbol{\xi}$ 是对应齐次线性方程组 $\boldsymbol{A}\boldsymbol{x}=\boldsymbol{0}$ 的解，则 $\boldsymbol{x}=\boldsymbol{\xi}+\boldsymbol{\eta}$ 是 $\boldsymbol{A}\boldsymbol{x}=\boldsymbol{b}$ 的解.

证 因为 $\boldsymbol{A}\boldsymbol{\eta}=\boldsymbol{b}$，$\boldsymbol{A}\boldsymbol{\xi}=\boldsymbol{0}$，则 $\boldsymbol{A}(\boldsymbol{\xi}+\boldsymbol{\eta})=\boldsymbol{A}\boldsymbol{\xi}+\boldsymbol{A}\boldsymbol{\eta}=\boldsymbol{0}+\boldsymbol{b}=\boldsymbol{b}$，故 $\boldsymbol{x}=\boldsymbol{\xi}+\boldsymbol{\eta}$ 是 $\boldsymbol{A}\boldsymbol{x}=\boldsymbol{b}$ 的解.

由性质 3.8，性质 3.9 知，非齐次线性方程组的解集

$$S=\{\boldsymbol{x}\mid\boldsymbol{A}\boldsymbol{x}=\boldsymbol{b}\}$$

对加法和数乘运算不是封闭的，因此 S 不是一个向量空间. 由性质 3.9 可知，非齐次线性方程组的通解可由对应齐次方程组的通解加上非齐次线性方程组自身的任意一个解求得.

性质 3.10 如果设 $\boldsymbol{\xi}_1$，$\boldsymbol{\xi}_2$，…，$\boldsymbol{\xi}_{n-r}$ 为对应的齐次线性方程组的基础解系，$\boldsymbol{\eta}^*$ 为非齐次线性方程组的一个特解，则非齐次线性方程组的通解表示为

$$\boldsymbol{x}=k_1\boldsymbol{\xi}_1+k_2\boldsymbol{\xi}_2\cdots+k_{n-r}\boldsymbol{\xi}_{n-r}+\boldsymbol{\eta}^*,\quad k_1,\ k_2,\ \cdots,\ k_{n-r}\in\mathbf{R}.$$

例 3.21　求线性方程组 $\begin{cases} x_1 - x_2 + x_3 - x_4 = 1, \\ x_1 - x_2 - x_3 + x_4 = 0, \\ 2x_1 - 2x_2 - 4x_3 + 4x_4 = -1 \end{cases}$ 的通解.

解　对增广矩阵 $\boldsymbol{B}$ 施行初等变换

$$\boldsymbol{B} = \begin{pmatrix} 1 & -1 & 1 & -1 & 1 \\ 1 & -1 & -1 & 1 & 0 \\ 2 & -2 & -4 & 4 & -1 \end{pmatrix} \underset{r_3 - 2r_1}{\overset{r_2 - r_1}{\sim}} \begin{pmatrix} 1 & -1 & 1 & -1 & 1 \\ 0 & 0 & -2 & 2 & -1 \\ 0 & 0 & -6 & 6 & -3 \end{pmatrix}$$

$$\overset{r_3 - 3r_2}{\sim} \begin{pmatrix} 1 & -1 & 1 & -1 & 1 \\ 0 & 0 & -2 & 2 & -1 \\ 0 & 0 & 0 & 0 & 0 \end{pmatrix} \overset{r_2 \div (-2)}{\sim} \begin{pmatrix} 1 & -1 & 1 & -1 & 1 \\ 0 & 0 & 1 & -1 & \frac{1}{2} \\ 0 & 0 & 0 & 0 & 0 \end{pmatrix}$$

$$\overset{r_1 - r_2}{\sim} \begin{pmatrix} 1 & -1 & 0 & 0 & \frac{1}{2} \\ 0 & 0 & 1 & -1 & \frac{1}{2} \\ 0 & 0 & 0 & 0 & 0 \end{pmatrix},$$

可见 $R(\boldsymbol{B}) = R(\boldsymbol{A}) = 2$，并有

$$\begin{cases} x_1 = \frac{1}{2} + x_2, \\ x_3 = \frac{1}{2} + x_4, \end{cases} \text{取 } x_2 = x_4 = 0 \text{，得方程组的一个解 } \boldsymbol{\eta}^* = \begin{pmatrix} \frac{1}{2} \\ 0 \\ \frac{1}{2} \\ 0 \end{pmatrix}.$$

又对应齐次方程组 $\begin{cases} x_1 = x_2, \\ x_3 = x_4 \end{cases}$ 中，取 $\begin{pmatrix} x_2 \\ x_4 \end{pmatrix} = \begin{pmatrix} 1 \\ 0 \end{pmatrix}$ 及 $\begin{pmatrix} 0 \\ 1 \end{pmatrix}$，则 $\begin{pmatrix} x_1 \\ x_3 \end{pmatrix} = \begin{pmatrix} 1 \\ 0 \end{pmatrix}$ 及 $\begin{pmatrix} 0 \\ 1 \end{pmatrix}$，即得对应齐次方程组的一个基础解系

$$\boldsymbol{\xi}_1 = \begin{pmatrix} 1 \\ 1 \\ 0 \\ 0 \end{pmatrix}, \ \boldsymbol{\xi}_2 = \begin{pmatrix} 0 \\ 0 \\ 1 \\ 1 \end{pmatrix}.$$

所以原非齐次方程组的通解为

$$\begin{pmatrix} x_1 \\ x_2 \\ x_3 \\ x_4 \end{pmatrix} = k_1 \begin{pmatrix} 1 \\ 1 \\ 0 \\ 0 \end{pmatrix} + k_2 \begin{pmatrix} 0 \\ 0 \\ 1 \\ 1 \end{pmatrix} + \begin{pmatrix} \frac{1}{2} \\ 0 \\ \frac{1}{2} \\ 0 \end{pmatrix} \quad (c_1, \ c_2 \in \mathbf{R})$$

例 3.22　证明：平面上三条互异直线 $ax + by + c = 0$，$bx + cy +$

$a=0$，$cx+ay+b=0$，若 $a+b+c=0$，则这三条直线交于一点.

证 要证这三条互异的直线交于一点，就是要证方程组

$$\begin{cases} ax+by=-c, \\ bx+cy=-a, \\ cx+ay=-b \end{cases} \tag{3.8}$$

有唯一解.

将方程组（3.7）的增广阵作初等行变换化为行阶梯形，即

$$\begin{pmatrix} a & b & -c \\ b & c & -a \\ c & a & -b \end{pmatrix} \sim \begin{pmatrix} a & b & -c \\ b & c & -a \\ a+b+c & a+b+c & -a-b-c \end{pmatrix}$$

$$\sim \begin{pmatrix} a & b & -c \\ b & c & -a \\ 0 & 0 & 0 \end{pmatrix},$$

由 $a+b+c=0$，有

$$\begin{vmatrix} a & b \\ b & c \end{vmatrix} = a(-a-b)-b^2 = -\frac{1}{2}[a^2+(a+b)^2+b^2] \leqslant 0,$$

上式当且仅当 $a=b=0$ 时等号才成立．但 $a=b=0$ 与 $ax+by+c=0$ 为直线方程矛盾．故 $\begin{vmatrix} a & b \\ b & c \end{vmatrix} \neq 0$. 由此知方程组（3.8）的系数矩阵的秩与增广矩阵的秩相等且等于该方程组未知量的个数 2，所以方程组（3.8）有唯一解.

例 3.23 设 $R(\boldsymbol{A}_{3\times3})=2$，$\boldsymbol{Ax}=\boldsymbol{b}$，（$\boldsymbol{b}\neq\boldsymbol{0}$）的 3 个解 $\boldsymbol{\eta}_1$，$\boldsymbol{\eta}_2$，$\boldsymbol{\eta}_3$ 满足

$$\boldsymbol{\eta}_1+\boldsymbol{\eta}_2=\begin{pmatrix} 2 \\ 0 \\ -2 \end{pmatrix},\ \boldsymbol{\eta}_1+\boldsymbol{\eta}_3=\begin{pmatrix} 3 \\ 1 \\ -1 \end{pmatrix},$$

求 $\boldsymbol{Ax}=\boldsymbol{b}$ 的通解.

解 由 $R(\boldsymbol{A}_{3\times3})=2$ 可知，$\boldsymbol{Ax}=\boldsymbol{0}$ 的基础解系含有 3-2=1 个线性无关的解向量．因为 $\boldsymbol{A}[(\boldsymbol{\eta}_1+\boldsymbol{\eta}_2)-(\boldsymbol{\eta}_1+\boldsymbol{\eta}_3)]=\boldsymbol{0}$，所以令

$$\boldsymbol{\xi}=(\boldsymbol{\eta}_1+\boldsymbol{\eta}_2)-(\boldsymbol{\eta}_1+\boldsymbol{\eta}_3)=\begin{pmatrix} -1 \\ -1 \\ -1 \end{pmatrix}$$

是 $\boldsymbol{Ax}=\boldsymbol{0}$ 的基础解系．而 $\boldsymbol{A\eta}_1=\boldsymbol{b}$，$\boldsymbol{A\eta}_2=\boldsymbol{b}$，所以

$$\boldsymbol{\eta}^*=\frac{1}{2}(\boldsymbol{\eta}_1+\boldsymbol{\eta}_2)=\begin{pmatrix} 1 \\ 0 \\ -1 \end{pmatrix}$$

是 $\boldsymbol{Ax}=\boldsymbol{b}$ 的特解，故其通解为

$$\boldsymbol{x}=k\boldsymbol{\xi}+\boldsymbol{\eta}^*=k\begin{pmatrix} -1 \\ -1 \\ -1 \end{pmatrix}+\begin{pmatrix} 1 \\ 0 \\ -1 \end{pmatrix}.$$

练习 5

一、选择题

1. 若 $\boldsymbol{\xi}_1$，$\boldsymbol{\xi}_2$是齐次线性方程组 $\boldsymbol{Ax}=\boldsymbol{0}$ 的一个基础解系，则（　　）.

（A）$\boldsymbol{\xi}_1$，$\boldsymbol{\xi}_2$线性相关；

（B）$k_1\boldsymbol{\xi}_1+k_2\boldsymbol{\xi}_2$不是 $\boldsymbol{Ax}=\boldsymbol{0}$ 的解；

（C）$\boldsymbol{\xi}_1+\boldsymbol{\xi}_2$，$\boldsymbol{\xi}_1-\boldsymbol{\xi}_2$是 $\boldsymbol{Ax}=\boldsymbol{0}$ 的一个基础解系；

（D）$\boldsymbol{\xi}_1+\boldsymbol{\xi}_2$，$\boldsymbol{\xi}_1-\boldsymbol{\xi}_2$不是 $\boldsymbol{Ax}=\boldsymbol{0}$ 的一个基础解系.

2. 设 n 阶方阵 $\boldsymbol{A}$ 的伴随矩阵 $\boldsymbol{A}^*\neq\boldsymbol{O}$，若非齐次线性方程组 $\boldsymbol{Ax}=\boldsymbol{b}$ 存在互不相等的解，则对应的齐次线性方程组 $\boldsymbol{Ax}=\boldsymbol{0}$ 的基础解系（　　）.

（A）不存在；

（B）仅含一个非零解向量；

（C）含有两个线性无关的解向量；

（D）含有三个线性无关的解向量.

3. 设齐次线性方程组 $\boldsymbol{Ax}=\boldsymbol{0}$，其中 $\boldsymbol{A}$ 为 $m\times n$ 矩阵，且 $R(\boldsymbol{A})=n-3$，$\boldsymbol{\xi}_1$，$\boldsymbol{\xi}_2$，$\boldsymbol{\xi}_3$是方程组的三个线性无关的解向量，则（　　）是 $\boldsymbol{Ax}=\boldsymbol{0}$ 的基础解系.

（A）$\boldsymbol{\xi}_1$，$\boldsymbol{\xi}_1+\boldsymbol{\xi}_2$，$\boldsymbol{\xi}_1+\boldsymbol{\xi}_2+\boldsymbol{\xi}_3$；

（B）$\boldsymbol{\xi}_1-\boldsymbol{\xi}_2$，$\boldsymbol{\xi}_2-\boldsymbol{\xi}_3$，$\boldsymbol{\xi}_3-\boldsymbol{\xi}_1$；

（C）$\boldsymbol{\xi}_1+\boldsymbol{\xi}_2$，$\boldsymbol{\xi}_2+\boldsymbol{\xi}_3$，$\boldsymbol{\xi}_3-\boldsymbol{\xi}_1$；

（D）$\boldsymbol{\xi}_3-\boldsymbol{\xi}_2-\boldsymbol{\xi}_1$，$\boldsymbol{\xi}_3+\boldsymbol{\xi}_2+\boldsymbol{\xi}_1$，$-2\boldsymbol{\xi}_3$.

二、填空题

1. 设矩阵 $\boldsymbol{A}_{4\times3}$，$R(\boldsymbol{A})=2$，已知 $\boldsymbol{\alpha}_1=(1,\ 2,\ 3)^{\mathrm{T}}$，$\boldsymbol{\alpha}_2=(2,\ 1,\ 5)^{\mathrm{T}}$，为线性方程组 $\boldsymbol{Ax}=\boldsymbol{b}$ 的两组解，则 $\boldsymbol{Ax}=\boldsymbol{b}$ 的通解为________.

2. 设 $\boldsymbol{Ax}=\boldsymbol{0}$，若 $\boldsymbol{A}$ 是 6 阶方阵，$R(\boldsymbol{A})=1$，则基础解系中所含解向量的个数为________.

3. 设非齐次线性方程组的系数矩阵的秩 $R(\boldsymbol{A}_{5\times3})=2$，$\boldsymbol{\xi}_1$，$\boldsymbol{\xi}_2$是该方程的两个解，并且 $\boldsymbol{\xi}_1+\boldsymbol{\xi}_2=(1,3,0)^{\mathrm{T}}$，$2\boldsymbol{\xi}_1+3\boldsymbol{\xi}_2=(2,5,1)^{\mathrm{T}}$，则该方程的通解为________.

3.6　应用实例

实例 1　企业生产总值

一座城市有三个重要的企业：一个是煤矿，一个是发电厂，还有一条铁路. 开采一元钱的煤，煤矿必须支付 0.25 元的运输费，而生产一元钱的电力，发电厂需支付煤矿 0.65 元的燃料费，自己亦需支付 0.05 元的电费来驱动辅助设备及支付 0.05 元的运输费. 而提供一元钱的运输费铁路需支付 0.55 元的煤作燃料，0.10 元的电费驱动它的辅助设备．某个星期内，煤矿从外面接到价值 50000 元煤的订货，发电厂从外面接到价值 25000 元钱电力的订货，外界对地方铁路没有要求．问这个三个企业在那一个星期总生产总值多少时才能精确地满足它们本身的要求和外界的要求？

解 各企业产出一元钱的产品所需的费用如表 3.1 所示：

表 3.1

产品费用＼企业	煤矿	发电厂	铁路
煤燃料费/元	0	0.65	0.55
电力费/元	0	0.05	0.10
运输费/元	0.25	0.05	0

对于一个星期的周期，设 x_1 表示煤矿的总产值，x_2 表示电厂的总产值，x_3 表示铁路的总产值，则有

$$\begin{cases} x_1-(0x_1+0.65x_2+0.55x_3)=50000, \\ x_2-(0x_1+0.05x_2+0.10x_3)=25000, \\ x_3-(0.25x_1+0.05x_2+0x_3)=0. \end{cases}$$

化简后写成矩阵形式为

$$\begin{pmatrix} 1 & -0.65 & -0.55 \\ 0 & 0.95 & -0.10 \\ -0.25 & -0.05 & 1 \end{pmatrix}\begin{pmatrix} x_1 \\ x_2 \\ x_3 \end{pmatrix}=\begin{pmatrix} 50000 \\ 25000 \\ 0 \end{pmatrix}.$$

记

$$\boldsymbol{A}=\begin{pmatrix} 1 & -0.65 & -0.55 \\ 0 & 0.95 & -0.10 \\ -0.25 & -0.05 & 1 \end{pmatrix},\ \boldsymbol{x}=\begin{pmatrix} x_1 \\ x_2 \\ x_3 \end{pmatrix},\ \boldsymbol{b}=\begin{pmatrix} 50000 \\ 25000 \\ 0 \end{pmatrix},$$

则上式可写为 $\boldsymbol{Ax}=\boldsymbol{b}$. 解得

$$\begin{cases} x_1=8.0423, \\ x_2=2.8583, \\ x_3=2.1535. \end{cases}$$

所以煤矿总产值为 80423 元，发电厂总产值为 28583 元，铁路总产值为 21535 元．

实例 2 平面的位置关系

设有空间中的三个平面

$$\pi_1:\ 3x+2y+z=1-a,$$

$$\pi_2:\ x+4y-3z=1+a,$$

$$\pi_3:\ 3x-3y+(b-1)z=-9.$$

讨论这三个平面的位置关系．

解 考察线性方程组

$$\begin{cases}3x+2y+z=1-a,\\ x+4y-3z=1+a,\\ 3x-3y+(b-1)z=-9.\end{cases}$$

对增广矩阵进行初等变换得

$$\begin{pmatrix}3 & 2 & 1 & 1-a\\ 1 & 4 & -3 & 1+a\\ 3 & -3 & b-1 & -9\end{pmatrix}\longrightarrow\begin{pmatrix}1 & -1 & 2 & -a\\ 0 & 5 & -5 & 1+2a\\ 0 & 0 & b-7 & 3a-9\end{pmatrix}.$$

当 $b\neq 7$ 时，方程组有唯一解，三个平面交于一点

$$\left(\frac{1-3a}{5}-\frac{3(a-3)}{b-7},\frac{1+2a}{5}+\frac{3(a-3)}{b-7},\frac{3(a-3)}{b-7}\right).$$

当 $b=7$ 且 $a=3$ 时，方程组有无穷解，其通解为

$$\begin{pmatrix}x\\ y\\ z\end{pmatrix}=\begin{pmatrix}-\frac{8}{5}\\ \frac{7}{5}\\ 0\end{pmatrix}+t\begin{pmatrix}-1\\ 1\\ 1\end{pmatrix},\ t \text{ 为任意常数}.$$

故这三个平面交于一条直线

$$\begin{cases}x=-\frac{8}{5}-t,\\ y=\frac{7}{5}+t,\\ z=t.\end{cases}$$

当 $b=7$ 且 $a\neq 3$ 时，方程组无解，由于这三个平面的法向量两两互不平行，故这三个平面互不平行，从而它们两两相交于三条彼此平行的互不重合的直线．

实例 3　化学方程式的配平

化学方程描述了被消耗和新生成的物质之间的定量关系．例如，化学实验的结果表明，丙烷燃烧时将消耗氧气并产生二氧化碳和水，其化学反应的方程为

$$(x_1)C_3H_8+(x_2)O_2\longrightarrow(x_3)CO_2+(x_4)H_2O. \tag{3.9}$$

如何配平该化学方程呢?

解　要配平这个方程，必须找到适当的 x_1，x_2，x_3，x_4，使得反应式左右的碳、氢、氧元素相匹配．配平化学方程的标准方法是建立一个向量方程组，每个方程分别描述一种原子在反应前后的数目．在上面的方程中，有碳、氢、氧三种元素需要配平，构成了三个方程．而有四种物质，其数量用四个变量 x_1，x_2，x_3，x_4 来表示．将每种物质分子中的元素原子数按碳、氢、氧的次序排成列，可以写出

$$C_3H_8:\begin{pmatrix}3\\ 8\\ 0\end{pmatrix},\ O_2:\begin{pmatrix}0\\ 0\\ 2\end{pmatrix},\ CO_2:\begin{pmatrix}1\\ 0\\ 2\end{pmatrix},\ H_2O:\begin{pmatrix}0\\ 2\\ 1\end{pmatrix},$$

要使方程（3.9）配平，x_1，x_2，x_3，x_4必须满足

$$x_1\cdot\begin{pmatrix}3\\8\\0\end{pmatrix}+x_2\cdot\begin{pmatrix}0\\0\\2\end{pmatrix}=x_3\cdot\begin{pmatrix}1\\0\\2\end{pmatrix}+x_4\cdot\begin{pmatrix}0\\2\\1\end{pmatrix}.$$

将所有项移到左端，并写成矩阵相乘的形式，就有

$$\begin{pmatrix}3&0&-1&0\\8&0&0&-2\\0&2&-2&-1\end{pmatrix}\begin{pmatrix}x_1\\x_2\\x_3\\x_4\end{pmatrix}=\begin{pmatrix}0\\0\\0\end{pmatrix},$$

即求解齐次线性方程组 $\boldsymbol{Ax}=\boldsymbol{0}$ 的解．将系数矩阵 $\boldsymbol{A}$ 化为最简形

$$\boldsymbol{U}_0=\begin{pmatrix}1&0&0&-1/4\\0&1&0&-5/4\\0&0&1&-3/4\end{pmatrix}.$$

要注意这四列对应于四个变量的系数，对应的方程是

$$x_1-0.2500x_4=0,$$
$$x_2-1.2500x_4=0,$$
$$x_3-0.7500x_4=0.$$

即 x_4是自由变量．因为化学家们喜欢把方程的系数取为最小可能的整数，此处可取 $x_4=4$，则 x_1，x_2，x_3，均有整数解，$x_1=1$，$x_2=5$，$x_3=3$. 因而配平后的化学方程为

$$C_3H_8+5O_2\longrightarrow 3CO_2+4H_2O.$$

实例4　减肥配方的实现

设3种食物每100g中蛋白质、碳水化合物和脂肪的含量如表3.2（含量表）所示，表中还给出了20世纪80年代美国流行的剑桥大学医学院的简捷营养处方．现在的问题是：如果用这3种食物作为每天的主要食物，那么它们的用量应各取多少才能全面准确地实现营养目标．

表3.2　含量表

营养	每100g食物所含营养/g			减肥所要求的每日营养量
	脱脂牛奶	大豆面粉	乳清	
蛋白质	36	51	13	33
碳水化合物	52	34	74	45
脂肪	0	7	1.1	3

解　设脱脂牛奶的用量为 x_1个单位（100g），大豆面粉的用量为 x_2个单位，乳清的用量为 x_3个单位，表中的三个营养成分列向量为

$$\boldsymbol{a}_1=\begin{pmatrix}36\\52\\0\end{pmatrix},\ \boldsymbol{a}_2=\begin{pmatrix}51\\34\\7\end{pmatrix},\ \boldsymbol{a}_3=\begin{pmatrix}13\\74\\1.1\end{pmatrix},$$

则它们的组合所具有的营养为

$$x_1\boldsymbol{a}_1+x_2\boldsymbol{a}_2+x_3\boldsymbol{a}_3=x_1\begin{pmatrix}36\\52\\0\end{pmatrix}+x_2\begin{pmatrix}51\\34\\7\end{pmatrix}+x_3\begin{pmatrix}13\\74\\1.1\end{pmatrix}.$$

使这个合成的营养与剑桥配方的要求相等，就可以得到以下的矩阵方程

$$\begin{pmatrix}36&51&13\\52&34&74\\0&7&1.1\end{pmatrix}\begin{pmatrix}x_1\\x_2\\x_3\end{pmatrix}=\begin{pmatrix}33\\45\\3\end{pmatrix}\Rightarrow \boldsymbol{A}\boldsymbol{x}=\boldsymbol{b}.$$

求得

$$\boldsymbol{x}=\begin{pmatrix}0.2772\\0.3919\\0.2332\end{pmatrix},$$

即脱脂牛奶的用量为 27.7g，大豆面粉的用量为 39.2g，乳清的用量为 23.3g，这样就能保证所需的综合营养量．

数学家——范德蒙

范德蒙，（Vandermonde，Alexandre Theophile 法国数学家，1735—1796）1735 年生于巴黎，蒙日的好友，1771 年成为巴黎科学院院士，1796 年 1 月 1 日逝世．范德蒙在高等代数方面有重要贡献．他在 1771 年发表的论文中证明了多项式方程根的任何对称式都能用方程的系数表示出来．他不仅把行列式应用于解线性方程组，而且对行列式理论本身进行了开创性研究，是行列式的奠基者．他给出了用二阶子式和它的余子式来展开行列式的法则，还提出了专门的行列式符号．他具有拉格朗日的预解式、置换理论等思想，为群的观念的产生做了一些准备工作．

第 3 章综合练习 A

1. 求解下列齐次线性方程组：

（1）$\begin{cases}x_1+2x_2+x_3+2x_4=0,\\ x_2+x_3+x_4=0,\\ x_1+x_2+x_4=0;\end{cases}$

（2）$\begin{cases}x_1+x_2-3x_4-x_5=0,\\ x_1-x_2+2x_3-x_4=0,\\ 4x_1-2x_2+6x_3+3x_4-4x_5=0,\\ 2x_1-4x_2-2x_3+4x_4-7x_5=0.\end{cases}$

2. 下列非齐次线性方程组是否有解，若有无穷多解，求出其

通解：

(1) $\begin{cases} x_1 + x_3 = 1, \\ 4x_1 + x_2 + 2x_3 = 3, \\ 6x_1 + x_2 + 4x_3 = 5; \end{cases}$

(2) $\begin{cases} 2x_1 + x_2 - x_3 + x_4 = 1, \\ x_1 + 2x_2 + x_3 - x_4 = 2, \\ x_1 + x_2 + 2x_3 + x_4 = 3; \end{cases}$

(3) $\begin{cases} 2x_1 + x_2 - x_3 + x_4 = 1, \\ 3x_1 - 2x_2 + 2x_3 - 3x_4 = 2, \\ 5x_1 + x_2 - x_3 - 2x_4 = -1, \\ 2x_1 - x_2 + x_3 - 3x_4 = 4. \end{cases}$

3. 已知方程组$\begin{pmatrix} 1 & 2 & 1 \\ 2 & 3 & a+2 \\ 1 & a & -2 \end{pmatrix}\begin{pmatrix} x_1 \\ x_2 \\ x_3 \end{pmatrix}=\begin{pmatrix} 1 \\ 1 \\ 1 \end{pmatrix}$无解，求 a.

4. 问 λ 取何值时，方程组$\begin{cases} 2x_1 + \lambda x_2 - x_3 = 1, \\ \lambda x_1 - x_2 + x_3 = 2, \\ 4x_1 + 5x_2 - 5x_3 = 1 \end{cases}$ 无解，有唯一解？

5. 设方程组$\begin{cases} x_1 - x_2 + 2x_3 = 1, \\ 2x_1 + x_2 + x_3 = \alpha, \\ x_1 - 2x_2 + 3x_3 = \beta \end{cases}$有解，问 α，β 应满足什么条件？并求方程组的解.

6. 设 $\boldsymbol{\alpha}_1=(1,1,1)$，$\boldsymbol{\alpha}_2=(-1,2,1)$，$\boldsymbol{\alpha}_3=(2,3,4)$，计算向量 $\boldsymbol{\beta}=3\alpha_1+2\alpha_2-\alpha_3$.

7. 将下列向量 $\boldsymbol{\beta}$ 表示为其他向量的线性组合

(1) $\boldsymbol{\beta}=(3,5,-6)$，$\boldsymbol{\alpha}_1=(1,0,1)$，$\boldsymbol{\alpha}_2=(1,1,1)$，$\boldsymbol{\alpha}_3=(0,-1,-1)$；

(2) $\boldsymbol{\beta}=(2,-1,5,1)$，$\boldsymbol{\alpha}_1=(1,1,1,1)$，$\boldsymbol{\alpha}_2=(1,1,1,0)$，$\boldsymbol{\alpha}_3=(1,1,0,0)$，$\boldsymbol{\alpha}_4=(1,0,0,0)$.

8. 当 t 为何值时，$\boldsymbol{\beta}=(1,t,5)^{\mathrm{T}}$能由向量组 $\boldsymbol{\alpha}_1=(1,-3,2)^{\mathrm{T}}$，$\boldsymbol{\alpha}_2=(2,-1,1)^{\mathrm{T}}$线性表示.

9. 讨论向量组

$\boldsymbol{\alpha}_1=(2,1,3,-1)^{\mathrm{T}}$，$\boldsymbol{\alpha}_2=(3,-1,2,0)^{\mathrm{T}}$，$\boldsymbol{\alpha}_3=(1,3,4,-2)^{\mathrm{T}}$，$\boldsymbol{\alpha}_4=(4,-3,1,1)^{\mathrm{T}}$的线性相关性.

10. 已知向量组 $\boldsymbol{\alpha}=(t,1,1)$，$\boldsymbol{\beta}=(1,t,-1)$，$\boldsymbol{\gamma}=(1,-1,t)$，问 t 取何值时向量组线性相关.

11. 设 $\boldsymbol{\beta}_1=\boldsymbol{\alpha}_1$，$\boldsymbol{\beta}_2=\boldsymbol{\alpha}_1+\boldsymbol{\alpha}_2$，…，$\boldsymbol{\beta}_r=\boldsymbol{\alpha}_1+\boldsymbol{\alpha}_2+\cdots+\boldsymbol{\alpha}_r$，且向量组 $\boldsymbol{\alpha}_1$，$\boldsymbol{\alpha}_2$，…，$\boldsymbol{\alpha}_r$线性无关，证明向量组 $\boldsymbol{\beta}_1$，$\boldsymbol{\beta}_2$，…，$\boldsymbol{\beta}_r$线性无关.

12. 求向量组 $\boldsymbol{\alpha}_1=(2,6,12,4)^{\mathrm{T}}$，$\boldsymbol{\alpha}_2=(1,3,6,2)^{\mathrm{T}}$，$\boldsymbol{\alpha}_3=(2,1,2,-1)^{\mathrm{T}}$，$\boldsymbol{\alpha}_4=(3,5,10,2)^{\mathrm{T}}$，$\boldsymbol{\alpha}_5=(-2,1,2,10)^{\mathrm{T}}$的秩.

13. 设向量组 $\boldsymbol{\alpha}_1=\begin{pmatrix}a\\3\\1\end{pmatrix}$，$\boldsymbol{\alpha}_2=\begin{pmatrix}2\\b\\3\end{pmatrix}$，$\boldsymbol{\alpha}_3=\begin{pmatrix}1\\2\\1\end{pmatrix}$，$\boldsymbol{\alpha}_4=\begin{pmatrix}2\\3\\1\end{pmatrix}$的秩为 2，求 a，b.

14. 求下列向量组的秩及一个极大线性无关组，并将其余向量用极大无关组表示.

(1) $\boldsymbol{\alpha}_1=(1,-1,2,4)^{\mathrm{T}}$，$\boldsymbol{\alpha}_2=(0,3,1,2)^{\mathrm{T}}$，$\boldsymbol{\alpha}_3=(3,0,7,14)^{\mathrm{T}}$，$\boldsymbol{\alpha}_4=(1,-1,2,0)^{\mathrm{T}}$，$\boldsymbol{\alpha}_5=(2,1,5,0)^{\mathrm{T}}$；

(2) $\boldsymbol{\alpha}_1=(1,-2,3,-1,2)^{\mathrm{T}}$，$\boldsymbol{\alpha}_2=(3,-1,5,-3,-1)^{\mathrm{T}}$，$\boldsymbol{\alpha}_3=(5,0,7,-5,-4)^{\mathrm{T}}$，$\boldsymbol{\alpha}_4=(2,1,2,-2,-3)^{\mathrm{T}}$.

15. 求方程组$\begin{cases}x_1-8x_2+10x_3+2x_4=0,\\2x_1+4x_2+5x_3-x_4=0,\\3x_1+8x_2+6x_3-2x_4=0\end{cases}$的一个基础解系.

16. 求非齐次方程组$\begin{cases}x_1-5x_2+2x_3-3x_4=11,\\5x_1+3x_2+6x_3-x_4=-1,\\2x_1+4x_2+2x_3+x_4=-6\end{cases}$的通解.

第 3 章综合练习 B

1. λ 取何值时，线性方程组

$$\begin{cases}(2\lambda+1)x_1-\lambda x_2+(\lambda+1)x_3=\lambda-1,\\(\lambda-2)x_1+(\lambda-1)x_2+(\lambda-2)x_3=\lambda,\\(2\lambda-1)x_1+(\lambda-1)x_2+(2\lambda-1)x_3=\lambda\end{cases}$$

有唯一解、无解、无穷多组解？在有无穷多组解时求通解.

2. 已知线性方程组

$$\begin{cases}x_1+x_2+x_3+x_4+x_5=a,\\3x_1+2x_2+x_3+x_4-3x_5=0,\\x_2+2x_3+2x_4+6x_5=b,\\5x_1+4x_2+3x_3+3x_4-x_5=2,\end{cases}$$

a，b 为何值时，方程组有解？并求出其全部解.

3. 设向量组 $\boldsymbol{\alpha}_1$，$\boldsymbol{\alpha}_2$，…，$\boldsymbol{\alpha}_m$（$m>1$）线性无关，且 $\boldsymbol{\beta}=\boldsymbol{\alpha}_1+\boldsymbol{\alpha}_2+\cdots+\boldsymbol{\alpha}_m$，证明向量 $\boldsymbol{\beta}-\boldsymbol{\alpha}_1$，$\boldsymbol{\beta}-\boldsymbol{\alpha}_2$，…，$\boldsymbol{\beta}-\boldsymbol{\alpha}_m$线性无关.

4. 设非零向量 $\boldsymbol{\beta}$ 可以由向量组 $\boldsymbol{\alpha}_1$，$\boldsymbol{\alpha}_2$，…，$\boldsymbol{\alpha}_r$线性表示，证明：表示法唯一的充要条件是 $\boldsymbol{\alpha}_1$，$\boldsymbol{\alpha}_2$，…，$\boldsymbol{\alpha}_r$线性无关.

5. 设向量组 $\boldsymbol{\alpha}_1$，$\boldsymbol{\alpha}_2$，$\boldsymbol{\alpha}_3$，$\boldsymbol{\alpha}_4$的秩为 3，而向量组 $\boldsymbol{\alpha}_1$，$\boldsymbol{\alpha}_2$，$\boldsymbol{\alpha}_3$，

$\boldsymbol{\alpha}_5$的秩为4，证明：向量组$\boldsymbol{\alpha}_1$，$\boldsymbol{\alpha}_2$，$\boldsymbol{\alpha}_3$，$\boldsymbol{\alpha}_5-\boldsymbol{\alpha}_4$线性无关．

6. 已知向量组$\boldsymbol{\alpha}_1=(1,4,0,2)^{\mathrm{T}}$，$\boldsymbol{\alpha}_2=(2,7,1,3)^{\mathrm{T}}$，$\boldsymbol{\alpha}_3=(0,1,-1,a)^{\mathrm{T}}$，$\boldsymbol{\beta}_1=(3,10,b,4)^{\mathrm{T}}$．问：

（Ⅰ）a，b取何值时，$\boldsymbol{\beta}$不能由$\boldsymbol{\alpha}_1$，$\boldsymbol{\alpha}_2$，$\boldsymbol{\alpha}_3$线性表出？

（Ⅱ）a，b取何值时，$\boldsymbol{\beta}$可由$\boldsymbol{\alpha}_1$，$\boldsymbol{\alpha}_2$，$\boldsymbol{\alpha}_3$线性表出？并写出此表示式．

7. 确定常数a，使向量组$\boldsymbol{\alpha}_1=(1,1,a)^{\mathrm{T}}$，$\boldsymbol{\alpha}_2=(1,a,1)^{\mathrm{T}}$，$\boldsymbol{\alpha}_3=(a,1,1)^{\mathrm{T}}$可由向量组$\boldsymbol{\beta}_1=(1,1,a)^{\mathrm{T}}$，$\boldsymbol{\beta}_2=(-2,a,4)^{\mathrm{T}}$，$\boldsymbol{\beta}_3=(-2,a,a)^{\mathrm{T}}$线性表示，但向量组$\boldsymbol{\beta}_1$，$\boldsymbol{\beta}_2$，$\boldsymbol{\beta}_3$不能由向量组$\boldsymbol{\alpha}_1$，$\boldsymbol{\alpha}_2$，$\boldsymbol{\alpha}_3$线性表示．

8. 已知向量组$\boldsymbol{A}$：$\boldsymbol{\alpha}_1$，$\boldsymbol{\alpha}_2$，$\boldsymbol{\alpha}_3$；$\boldsymbol{B}$：$\boldsymbol{\alpha}_1$，$\boldsymbol{\alpha}_2$，$\boldsymbol{\alpha}_3$，$\boldsymbol{\alpha}_4$；$\boldsymbol{C}$：$\boldsymbol{\alpha}_1$，$\boldsymbol{\alpha}_2$，$\boldsymbol{\alpha}_3$，$\boldsymbol{\alpha}_5$．如果各向量组的秩分别为$R(\boldsymbol{A})=R(\boldsymbol{B})=3$，$R(\boldsymbol{C})=4$，证明：向量组$\boldsymbol{D}$：$\boldsymbol{\alpha}_1$，$\boldsymbol{\alpha}_2$，$\boldsymbol{\alpha}_3$，$\boldsymbol{\alpha}_5-\boldsymbol{\alpha}_4$的秩为4．

9. 已知4阶方阵$\boldsymbol{A}=(\boldsymbol{\alpha}_1,\boldsymbol{\alpha}_2,\boldsymbol{\alpha}_3,\boldsymbol{\alpha}_4)$，$\boldsymbol{\alpha}_1,\boldsymbol{\alpha}_2,\boldsymbol{\alpha}_3,\boldsymbol{\alpha}_4$均为4维列向量，其中$\boldsymbol{\alpha}_2$，$\boldsymbol{\alpha}_3$，$\boldsymbol{\alpha}_4$线性无关，$\boldsymbol{\alpha}_1=2\boldsymbol{\alpha}_2-\boldsymbol{\alpha}_3$，如果$\boldsymbol{\beta}=\boldsymbol{\alpha}_1+\boldsymbol{\alpha}_2+\boldsymbol{\alpha}_3+\boldsymbol{\alpha}_4$，求线性方程组$\boldsymbol{Ax}=\boldsymbol{\beta}$的通解．

10. 设$\boldsymbol{\alpha}_1$，$\boldsymbol{\alpha}_2$，…，$\boldsymbol{\alpha}_s$是齐次线性方程组$\boldsymbol{Ax}=\boldsymbol{0}$的一个基础解系，向量$\boldsymbol{\beta}$不是方程组$\boldsymbol{Ax}=\boldsymbol{0}$的解，证明：$\boldsymbol{\beta}$，$\boldsymbol{\beta}+\boldsymbol{\alpha}_1$，$\boldsymbol{\beta}+\boldsymbol{\alpha}_2$，…，$\boldsymbol{\beta}+\boldsymbol{\alpha}_s$线性无关．

11. 设$\boldsymbol{A}=\begin{pmatrix}1&a&0&0\\0&1&a&0\\0&0&1&a\\a&0&0&1\end{pmatrix}$，$\boldsymbol{\beta}=\begin{pmatrix}1\\-1\\0\\0\end{pmatrix}$．

（Ⅰ）计算行列式$|\boldsymbol{A}|$；

（Ⅱ）当实数a为何值时，方程组$\boldsymbol{Ax}=\boldsymbol{\beta}$有无穷多解，并求其通解.

12. 已知3阶矩阵$\boldsymbol{A}$的第一行是(a,b,c)，a，b，c不全为零，矩阵

$$\boldsymbol{B}=\begin{pmatrix}1&2&3\\2&4&6\\3&6&k\end{pmatrix}\ (k\text{ 为常数}),$$

且$\boldsymbol{AB}=\boldsymbol{0}$，求线性方程组$\boldsymbol{Ax}=\boldsymbol{0}$的通解．

13. 已知非齐次线性方程组

$$\begin{cases}x_1+x_2+x_3+x_4=-1,\\4x_1+3x_2+5x_3-x_4=-1,\\ax_1+x_2+3x_3+bx_4=1\end{cases}$$

有3个线性无关的解．

（Ⅰ）证明方程组系数矩阵$\boldsymbol{A}$的秩$R(\boldsymbol{A})=2$；（Ⅱ）求a，b的值及方程组的通解．

14. 设有齐次方程组

$$\begin{cases}(1+a)x_1+x_2+\cdots+x_n=0,\\2x_1+(2+a)x_2+\cdots+2x_n=0,\\\quad\vdots\\nx_1+nx_2+\cdots+(n+a)x_n=0,\end{cases}\quad(n\geqslant 2)$$

试问 a 为何值时，该方程组有非零解，并求其通解.

15. 已知齐次线性方程组

$$(\text{I})\begin{cases}x_1+2x_2+3x_3=0,\\2x_1+3x_2+5x_3=0,\\x_1+x_2+ax_3=0\end{cases}\text{和}(\text{II})\begin{cases}x_1+bx_2+cx_3=0,\\2x_1+b^2x_2+(c+1)x_3=0\end{cases}$$

同解，求 a，b，c 的值.

第 4 章

矩阵的特征值和二次型

矩阵的特征值、特征向量、相似矩阵是矩阵理论的重要组成部分，它们不仅在数学的各分支，如微分方程、差分方程中有重要应用，而且在其他科学技术领域和数量经济分析等各领域也有广泛的应用．本章主要介绍矩阵的特征值与特征向量，矩阵的相似等内容．

4.1 向量的内积

4.1.1 向量的内积

在解析几何中，我们曾引进向量的数量积

$$\boldsymbol{x}\cdot\boldsymbol{y}=|\boldsymbol{x}||\boldsymbol{y}|\cos\theta,$$

且在直角坐标系中，有

$$(x_1,x_2,x_3)\cdot(y_1,y_2,y_3)=x_1y_1+x_2y_2+x_3y_3.$$

n 维向量的内积是数量积的一种推广．

定义 4.1 设有 n 维向量

$$\boldsymbol{x}=\begin{pmatrix}x_1\\x_2\\\vdots\\x_n\end{pmatrix},\quad \boldsymbol{y}=\begin{pmatrix}y_1\\y_2\\\vdots\\y_n\end{pmatrix},$$

令$(\boldsymbol{x},\boldsymbol{y})=x_1y_1+x_2y_2+\cdots+x_ny_n$，$(\boldsymbol{x},\boldsymbol{y})$称为向量 $\boldsymbol{x}$ 与 $\boldsymbol{y}$ 的内积（inner product）．

内积是一种向量的运算，用矩阵记号表示，当 $\boldsymbol{x}$ 与 $\boldsymbol{y}$ 都是列向量时，有

$$(\boldsymbol{x},\boldsymbol{y})=\boldsymbol{x}^{\mathrm{T}}\boldsymbol{y}.$$

内积满足下列运算规律（其中 $\boldsymbol{x},\boldsymbol{y},\boldsymbol{z}$ 为 n 维向量，λ 为实数）

（ⅰ）$(\boldsymbol{x},\boldsymbol{y})=(\boldsymbol{y},\boldsymbol{x})$；

(ⅱ) $(\lambda\boldsymbol{x},\boldsymbol{y})=\lambda(\boldsymbol{x},\boldsymbol{y})$;

(ⅲ) $(\boldsymbol{x}+\boldsymbol{y},\boldsymbol{z})=(\boldsymbol{x},\boldsymbol{z})+(\boldsymbol{y},\boldsymbol{z})$.

n 维向量没有 3 维向量那样直观的长度和夹角的概念. 因此只能按数量积的直角坐标计算公式来推广，可以利用内积来定义 n 维向量的长度和夹角.

定义 4.2 令 $\|\boldsymbol{x}\|=\sqrt{(\boldsymbol{x},\boldsymbol{x})}=\sqrt{x_1^2+x_2^2+\cdots+x_n^2}$，$\|x\|$称为 n 维向量 $\boldsymbol{x}$ 的长度（length of a vector）（或范数 norm）.

向量的长度具有下述性质：

1. 非负性：当 $\boldsymbol{x}\neq\boldsymbol{0}$ 时，$\|\boldsymbol{x}\|>0$；当 $\boldsymbol{x}=\boldsymbol{0}$ 时，$\|\boldsymbol{x}\|=0$；
2. 齐次性：$\|\lambda\boldsymbol{x}\|=|\lambda|\|\boldsymbol{x}\|$；
3. 三角不等式：$\|\boldsymbol{x}+\boldsymbol{y}\|\leqslant\|\boldsymbol{x}\|+\|\boldsymbol{y}\|$.

特别地，当$\|\boldsymbol{x}\|=1$ 时，称 $\boldsymbol{x}$ 为单位向量（unit vector）.

向量的内积满足

$$(\boldsymbol{x},\boldsymbol{y})^2\leqslant(\boldsymbol{x},\boldsymbol{x})(\boldsymbol{y},\boldsymbol{y}).$$

上式称为 Schwartz 不等式，这里不予证明. 由此可得

$$\left|\frac{(\boldsymbol{x},\ \boldsymbol{y})}{\|\boldsymbol{x}\|\|\boldsymbol{y}\|}\right|\leqslant 1 \text{（当}\|\boldsymbol{x}\|\|\boldsymbol{y}\|\neq 0\text{ 时）}.$$

于是有下面的定义：

定义 4.3 当$\|\boldsymbol{x}\|\neq 0$，$\|\boldsymbol{y}\|\neq 0$ 时，

$$\theta=\arccos\frac{(\boldsymbol{x},\ \boldsymbol{y})}{\|\boldsymbol{x}\|\|\boldsymbol{y}\|}.$$

称它为 n 维向量 $\boldsymbol{x}$ 与 $\boldsymbol{y}$ 的夹角（included angle）.

当 $(\boldsymbol{x},\boldsymbol{y})=0$ 时，称向量 $\boldsymbol{x}$ 与 $\boldsymbol{y}$ 正交（orthogonal）. 显然，若 $\boldsymbol{x}=\boldsymbol{0}$，则 $\boldsymbol{x}$ 与任何向量都正交. 两两正交的非零向量组称为正交向量组.

例 4.1 已知 $\boldsymbol{\alpha}=(2,1,3,2)^{\mathrm{T}}$，$\boldsymbol{\beta}=(1,2,-2,1)^{\mathrm{T}}$，求$\|\boldsymbol{\alpha}\|$，$\|\boldsymbol{\alpha}+\boldsymbol{\beta}\|$及 $\boldsymbol{\alpha}$ 与 $\boldsymbol{\beta}$ 的夹角.

解 $\|\boldsymbol{\alpha}\|=\sqrt{(\boldsymbol{\alpha},\boldsymbol{\alpha})}=\sqrt{2^2+\underline{\qquad}+3^2+\underline{\qquad}}=3\sqrt{2}$,

$$\|\boldsymbol{\alpha}+\boldsymbol{\beta}\|=\sqrt{(\boldsymbol{\alpha}+\boldsymbol{\beta},\boldsymbol{\alpha}+\boldsymbol{\beta})}=\sqrt{(2+1)^2+\underline{\qquad}+(3-2)^2+\underline{\qquad}}=2\sqrt{7},$$

$$\theta=\arccos\frac{[\boldsymbol{\alpha},\boldsymbol{\beta}]}{\|\boldsymbol{\alpha}\|\|\boldsymbol{\beta}\|}=\arccos\frac{\underline{\qquad\qquad}}{3\sqrt{2}\cdot\sqrt{10}}=\arccos 0=\frac{\pi}{2}.$$

定理 4.1 正交向量组必是线性无关向量组.

证 不妨设 $\boldsymbol{\alpha}_1$，$\boldsymbol{\alpha}_2$，…，$\boldsymbol{\alpha}_r$是一个正交向量组，则 $\boldsymbol{\alpha}_1$，$\boldsymbol{\alpha}_2$，…，$\boldsymbol{\alpha}_r$两两正交且非零，下面证 $\boldsymbol{\alpha}_1$，$\boldsymbol{\alpha}_2$，…，$\boldsymbol{\alpha}_r$线性无关.

设有常数 k_1，k_2，…，k_r，使 $\sum\limits_{i=1}^{r}k_i\boldsymbol{\alpha}_i=\boldsymbol{0}$，两边分别用 $\boldsymbol{\alpha}_j$（$j=1,2,\cdots,r$）作内积，则有 $k_j(\boldsymbol{\alpha}_j,\boldsymbol{\alpha}_j)=\boldsymbol{0}$，又因为 $\boldsymbol{\alpha}_j\neq\boldsymbol{0}$，从而必有$k_j=0$，于是向量组 $\boldsymbol{\alpha}_1$，$\boldsymbol{\alpha}_2$，…，$\boldsymbol{\alpha}_r$线性无关.

正交向量组是线性无关的向量组，但线性无关的向量组却不一定是正交向量组. 例如，$\boldsymbol{\alpha}_1=\begin{pmatrix}1\\0\\0\end{pmatrix}$，$\boldsymbol{\alpha}_2=\begin{pmatrix}1\\1\\0\end{pmatrix}$，$\boldsymbol{\alpha}_3=\begin{pmatrix}1\\1\\1\end{pmatrix}$是线性无关向量组，但由于 $(\boldsymbol{\alpha}_1,\boldsymbol{\alpha}_2)=1$，$(\boldsymbol{\alpha}_2,\boldsymbol{\alpha}_3)=2$，$(\boldsymbol{\alpha}_1,\boldsymbol{\alpha}_3)=1$，因此，它不是正交向量组.

4.1.2 线性无关向量组的正交化方法

定义 4.4 设 n 维向量 $\boldsymbol{e}_1$，$\boldsymbol{e}_2$，…，$\boldsymbol{e}_r$是向量空间 V（$V\subset\mathbf{R}^n$）的一组基，如果 $\boldsymbol{e}_1$，$\boldsymbol{e}_2$，…，$\boldsymbol{e}_r$两两正交，且都是单位向量，则称 $\boldsymbol{e}_1$，$\boldsymbol{e}_2$，…，$\boldsymbol{e}_r$是 V 的一组规范正交基（orthonormal basis).

例如

$$\boldsymbol{e}_1=\begin{pmatrix}\frac{1}{\sqrt{2}}\\\frac{1}{\sqrt{2}}\\0\\0\end{pmatrix},\ \boldsymbol{e}_2=\begin{pmatrix}\frac{1}{\sqrt{2}}\\-\frac{1}{\sqrt{2}}\\0\\0\end{pmatrix},\ \boldsymbol{e}_3=\begin{pmatrix}0\\0\\\frac{1}{\sqrt{2}}\\\frac{1}{\sqrt{2}}\end{pmatrix},\ \boldsymbol{e}_4=\begin{pmatrix}0\\0\\\frac{1}{\sqrt{2}}\\-\frac{1}{\sqrt{2}}\end{pmatrix}$$

是 $\mathbf{R}^4$ 的一个规范正交基.

对任意一个线性无关的向量组，用格拉姆 · 施密特正交化过程（Gram-schmidt orthogonalization process）可以得到一个与其等价的正交单位向量组. 具体做法如下：

设向量空间 $\boldsymbol{V}$ 的基为 $\boldsymbol{\alpha}_1$，$\boldsymbol{\alpha}_2$，…，$\boldsymbol{\alpha}_r$，令

$$\boldsymbol{\beta}_1=\boldsymbol{\alpha}_1,$$

$$\boldsymbol{\beta}_2=\boldsymbol{\alpha}_2-\frac{(\boldsymbol{\alpha}_2,\boldsymbol{\beta}_1)}{(\boldsymbol{\beta}_1,\boldsymbol{\beta}_1)}\boldsymbol{\beta}_1,$$

$$\vdots$$

$$\boldsymbol{\beta}_r=\boldsymbol{\alpha}_r-\frac{(\boldsymbol{\alpha}_r,\boldsymbol{\beta}_{r-1})}{(\boldsymbol{\beta}_{r-1},\boldsymbol{\beta}_{r-1})}\boldsymbol{\beta}_{r-1}-\cdots-\frac{(\boldsymbol{\alpha}_r,\boldsymbol{\beta}_1)}{(\boldsymbol{\beta}_1,\boldsymbol{\beta}_1)}\boldsymbol{\beta}_1,$$

容易验证 $\boldsymbol{\beta}_1$，$\boldsymbol{\beta}_2$，…，$\boldsymbol{\beta}_r$ 两两正交，且 $\boldsymbol{\beta}_1$，$\boldsymbol{\beta}_2$，…，$\boldsymbol{\beta}_r$ 与 $\boldsymbol{\alpha}_1$，$\boldsymbol{\alpha}_2$，…，$\boldsymbol{\alpha}_r$等价.

令 $\boldsymbol{e}_j=\frac{1}{\|\boldsymbol{\beta}_j\|}\boldsymbol{\beta}_j$，则 $\boldsymbol{e}_1$，$\boldsymbol{e}_2$，…，$\boldsymbol{e}_r$是 $\boldsymbol{V}$ 的规范正交基.

例 4.2 设 $\boldsymbol{\alpha}_1=\begin{pmatrix}1\\1\\0\\0\end{pmatrix}$，$\boldsymbol{\alpha}_2=\begin{pmatrix}1\\0\\1\\0\end{pmatrix}$，$\boldsymbol{\alpha}_3=\begin{pmatrix}-1\\0\\0\\1\end{pmatrix}$，试用施密特正交化过程把这组向量规范正交化.

解　取 $\boldsymbol{\beta}_1=\boldsymbol{\alpha}_1=\begin{pmatrix}1\\1\\0\\0\end{pmatrix}$,

$$\boldsymbol{\beta}_2=\boldsymbol{\alpha}_2-\frac{(\boldsymbol{\alpha}_2,\boldsymbol{\beta}_1)}{(\boldsymbol{\beta}_1,\boldsymbol{\beta}_1)}\boldsymbol{\beta}_1=\boldsymbol{\alpha}_2+\underline{\qquad}\boldsymbol{\beta}_1=\begin{pmatrix}\frac{1}{2}\\-\frac{1}{2}\\1\\0\end{pmatrix},$$

$$\boldsymbol{\beta}_3=\boldsymbol{\alpha}_3-\frac{(\boldsymbol{\alpha}_3,\boldsymbol{\beta}_2)}{(\boldsymbol{\beta}_2,\boldsymbol{\beta}_2)}\boldsymbol{\beta}_2-\frac{(\boldsymbol{\alpha}_3,\boldsymbol{\beta}_1)}{(\boldsymbol{\beta}_1,\boldsymbol{\beta}_1)}\boldsymbol{\beta}_1\boldsymbol{\alpha}_2+\underline{\qquad}\boldsymbol{\beta}_2+\frac{1}{2}\boldsymbol{\beta}_1=\begin{pmatrix}-\frac{1}{3}\\\frac{1}{3}\\\frac{1}{3}\\1\end{pmatrix},$$

再把它们单位化，取

$$\boldsymbol{e}_1=\frac{1}{\|\boldsymbol{\beta}_1\|}\boldsymbol{\beta}_1=\underline{\qquad}\begin{pmatrix}1\\1\\0\\0\end{pmatrix},$$

$$\boldsymbol{e}_2=\frac{1}{\|\boldsymbol{\beta}_2\|}\boldsymbol{\beta}_2=\frac{\sqrt{6}}{2}\begin{pmatrix}\frac{1}{2}\\\underline{\qquad}\\1\\0\end{pmatrix},$$

$$\boldsymbol{e}_3=\frac{1}{\|\boldsymbol{\beta}_3\|}\boldsymbol{\beta}_3=\frac{\sqrt{3}}{2}\begin{pmatrix}-\frac{1}{3}\\\frac{1}{3}\\\underline{\qquad}\\1\end{pmatrix},$$

$\boldsymbol{e}_1$，$\boldsymbol{e}_2$，$\boldsymbol{e}_3$即为所求．

4.1.3　正交矩阵及正交变换

定义 4.5　如果 n 阶方阵 $\boldsymbol{A}$ 满足 $\boldsymbol{A}^{\mathrm{T}}\boldsymbol{A}=\boldsymbol{E}$，即

$$\boldsymbol{A}^{-1}=\boldsymbol{A}^{\mathrm{T}},$$

那么称 $\boldsymbol{A}$ 为正交阵（orthogonal matrix）.

设 $\boldsymbol{A}=(\boldsymbol{\alpha}_1,\boldsymbol{\alpha}_2,\cdots,\boldsymbol{\alpha}_n)$，那么 $\boldsymbol{A}^{\mathrm{T}}\boldsymbol{A}=\boldsymbol{E}$ 可以表示为

$$\begin{pmatrix}\boldsymbol{\alpha}_1^{\mathrm{T}}\\ \boldsymbol{\alpha}_2^{\mathrm{T}}\\ \vdots\\ \boldsymbol{\alpha}_n^{\mathrm{T}}\end{pmatrix}(\boldsymbol{\alpha}_1,\boldsymbol{\alpha}_2,\cdots,\boldsymbol{\alpha}_n)=\boldsymbol{E},$$

也就是关系式

$$\boldsymbol{\alpha}_i^{\mathrm{T}}\boldsymbol{\alpha}_j=\boldsymbol{\delta}_{ij}=\begin{cases}1, & i=j,\\ 0, & i\neq j,\end{cases}\quad (i,j=1,2,\cdots,n).$$

这表明，方阵 $\boldsymbol{A}$ 为正交阵的充分必要条件是 $\boldsymbol{A}$ 的列向量都是单位向量，且两两正交.

正交矩阵具有下述性质：

（ⅰ）若 $\boldsymbol{Q}$ 为正交矩阵，则其行列式的值为 1 或 −1；

（ⅱ）若 $\boldsymbol{Q}$ 为正交矩阵，则 $\boldsymbol{Q}$ 可逆，且 $\boldsymbol{Q}^{-1}=\boldsymbol{Q}^{\mathrm{T}}$；

（ⅲ）若 $\boldsymbol{P}$、$\boldsymbol{Q}$ 都是正交矩阵，则它们的乘积 $\boldsymbol{PQ}$ 也是正交矩阵.

例 4.3 验证下列矩阵是正交阵.

$$\boldsymbol{P}=\begin{pmatrix}\cos\theta & -\sin\theta\\ \sin\theta & \cos\theta\end{pmatrix};\quad \boldsymbol{Q}=\begin{pmatrix}0 & \frac{1}{\sqrt{2}} & -\frac{1}{\sqrt{2}}\\ -\frac{2}{\sqrt{6}} & \frac{1}{\sqrt{6}} & \frac{1}{\sqrt{6}}\\ \frac{1}{\sqrt{3}} & \frac{1}{\sqrt{3}} & \frac{1}{\sqrt{3}}\end{pmatrix}.$$

证 因为 $\boldsymbol{P}$，$\boldsymbol{Q}$ 矩阵的每个列向量都是单位阵，且两两正交，所以它们都是正交阵.

例 4.4 已知 $\boldsymbol{\alpha}_1=(1,\ 1,\ 1)^{\mathrm{T}}$，求一组非零向量 $\boldsymbol{\alpha}_2$，$\boldsymbol{\alpha}_3$，使 $\boldsymbol{\alpha}_1$，$\boldsymbol{\alpha}_2$，$\boldsymbol{\alpha}_3$ 两两正交，并将此三个向量构成的矩阵化为正交阵.

解法一 由题意 $(\boldsymbol{\alpha}_1,\boldsymbol{\alpha}_2)=\boldsymbol{\alpha}_1^{\mathrm{T}}\boldsymbol{\alpha}_2=0$，$(\boldsymbol{\alpha}_1,\boldsymbol{\alpha}_3)=\boldsymbol{\alpha}_1^{\mathrm{T}}\boldsymbol{\alpha}_3=0$，故满足齐次方程 $\boldsymbol{\alpha}_1^{\mathrm{T}}\boldsymbol{x}=0$，即 $x_1+x_2+x_3=0$，得到基础解系为

$$\xi_1=\begin{pmatrix}1\\0\\-1\end{pmatrix},\ \xi_2=\begin{pmatrix}0\\1\\-1\end{pmatrix},$$

把基础解系正交化，取

$$\boldsymbol{\alpha}_2=\xi_1=\begin{pmatrix}1\\0\\-1\end{pmatrix},$$

$$\boldsymbol{\alpha}_3=\xi_2-\frac{(\xi_2,\ \alpha_2)}{(\alpha_2,\ \alpha_2)}\xi_1=\begin{pmatrix}0\\1\\-1\end{pmatrix}-\frac{1}{2}\begin{pmatrix}1\\0\\-1\end{pmatrix}=\frac{1}{2}\begin{pmatrix}-1\\2\\-1\end{pmatrix},$$

将 $\boldsymbol{\alpha}_1$，$\boldsymbol{\alpha}_2$，$\boldsymbol{\alpha}_3$单位化，得到正交阵

$$\left(\frac{\boldsymbol{\alpha}_1}{\|\boldsymbol{\alpha}_1\|}, \frac{\boldsymbol{\alpha}_2}{\|\boldsymbol{\alpha}_2\|}, \frac{\boldsymbol{\alpha}_3}{\|\boldsymbol{\alpha}_3\|}\right) = \begin{pmatrix} \frac{1}{\sqrt{3}} & \frac{1}{\sqrt{2}} & -\frac{1}{\sqrt{6}} \\ \frac{1}{\sqrt{3}} & 0 & \sqrt{\frac{2}{3}} \\ \frac{1}{\sqrt{3}} & -\frac{1}{\sqrt{2}} & -\frac{1}{\sqrt{6}} \end{pmatrix}.$$

解法二　求 $x_1+x_2+x_3=0$ 的基础解系，可直接取满足方程的两个正交的向量

$$\boldsymbol{\alpha}_2 = \begin{pmatrix} 1 \\ 0 \\ -1 \end{pmatrix}, \ \boldsymbol{\alpha}_3 = \begin{pmatrix} -1 \\ 2 \\ -1 \end{pmatrix},$$

将 $\boldsymbol{\alpha}_1$，$\boldsymbol{\alpha}_2$，$\boldsymbol{\alpha}_3$单位化，得到正交阵.

定义 4.6　若 $\boldsymbol{P}$ 是正交矩阵，称线性变换 $\boldsymbol{y}=\boldsymbol{P}\boldsymbol{x}$ 为正交变换（orthogonal transformation）.

设 $\boldsymbol{y}=\boldsymbol{P}\boldsymbol{x}$ 为正交变换，则有

$$\|\boldsymbol{y}\| = \sqrt{\boldsymbol{y}^{\mathrm{T}}\boldsymbol{y}} = \sqrt{\boldsymbol{x}^{\mathrm{T}}\boldsymbol{P}^{\mathrm{T}}\boldsymbol{P}\boldsymbol{x}} = \sqrt{\boldsymbol{x}^{\mathrm{T}}x} = \|\boldsymbol{x}\|,$$

这就说明正交变换对于线段长度保持不变，这是正交变换的优良特性.

例 4.5　设二阶正交矩阵 $\boldsymbol{P} = \begin{pmatrix} \cos\varphi & -\sin\varphi \\ \sin\varphi & \cos\varphi \end{pmatrix}$，对向量 $\boldsymbol{x} = \begin{pmatrix} x_1 \\ x_2 \end{pmatrix}$实施正交变换 $\boldsymbol{y}=\boldsymbol{P}\boldsymbol{x}$ 相当于对向量实施旋转变换，并且向量的长度保持不变（见图 4.1）. 例如取 $\varphi=\frac{\pi}{4}$，$\boldsymbol{x}=\begin{pmatrix} 2 \\ 4 \end{pmatrix}$，

$$\boldsymbol{y}=\boldsymbol{P}\boldsymbol{x} = \begin{pmatrix} \cos\frac{\pi}{4} & -\sin\frac{\pi}{4} \\ \sin\frac{\pi}{4} & \cos\frac{\pi}{4} \end{pmatrix}\begin{pmatrix} 2 \\ 4 \end{pmatrix} = \begin{pmatrix} -\sqrt{2} \\ 3\sqrt{2} \end{pmatrix}.$$

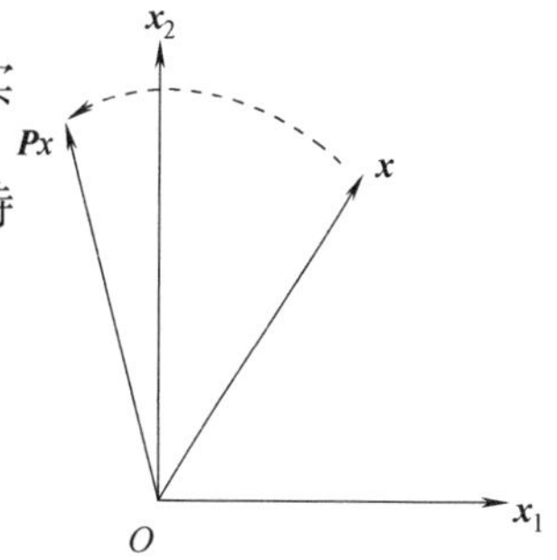

图　4.1

练习 1

一、选择题

1. 下列向量是单位向量的是（　　）.

(A) $(1,1,1)$；　　(B) $\left(0,-\frac{\sqrt{2}}{2},\frac{\sqrt{2}}{2}\right)$；

(C) $(1,0,-2)$；　　(D) $\left(0,-1,\frac{\sqrt{2}}{2}\right)$.

2. 设 $\boldsymbol{A}$ 为正交矩阵，则（　　）.

(A) $|\boldsymbol{A}|=1$；　　(B) $|\boldsymbol{A}|=-1$；

(C) $|\boldsymbol{A}|=\pm1$；　　(D) $|\boldsymbol{A}|$的值不能确定.

3. 设 $\boldsymbol{A}=(\boldsymbol{\alpha}_1,\boldsymbol{\alpha}_2,\cdots,\boldsymbol{\alpha}_r)$ 为正交矩阵，则下列结论不正确的是

(　　).

(A) 向量组 $\boldsymbol{\alpha}_1$, $\boldsymbol{\alpha}_2$, …, $\boldsymbol{\alpha}_r$ 是正交向量组;

(B) 向量组 $\boldsymbol{\alpha}_1$, $\boldsymbol{\alpha}_2$, …, $\boldsymbol{\alpha}_r$ 是规范正交向量组;

(C) 向量组 $\boldsymbol{\alpha}_1$, $\boldsymbol{\alpha}_2$, …, $\boldsymbol{\alpha}_r$ 线性相关;

(D) 向量组 $\boldsymbol{\alpha}_1$, $\boldsymbol{\alpha}_2$, …, $\boldsymbol{\alpha}_r$ 的秩等于 r.

4. 下列结论错误的是(　　).

(A) 若向量 $\boldsymbol{\alpha}$ 与向量 $\boldsymbol{\beta}$ 正交, 则对于任意实数 a, b, $a\boldsymbol{\alpha}$ 与 $b\boldsymbol{\beta}$ 也正交;

(B) 若向量 $\boldsymbol{\beta}$ 与向量 $\boldsymbol{\alpha}_1$, $\boldsymbol{\alpha}_2$ 都正交, 则 $\boldsymbol{\beta}$ 与 $\boldsymbol{\alpha}_1$, $\boldsymbol{\alpha}_2$ 的任一线性组合也正交;

(C) 若向量 $\boldsymbol{\alpha}$ 与向量 $\boldsymbol{\beta}$ 正交, 则 $\boldsymbol{\alpha}$, $\boldsymbol{\beta}$ 中至少有一个是零向量;

(D) 若向量 $\boldsymbol{\alpha}$ 与任意同维向量正交, 则 $\boldsymbol{\alpha}$ 是零向量.

二、填空题

1. 设 $\boldsymbol{\alpha}_1$ 与 $\boldsymbol{\alpha}_2$ 正交, 且 $\|\boldsymbol{\alpha}_1\| = 1$, $\|\boldsymbol{\alpha}_2\| = \sqrt{5}$, 则 $\|2\boldsymbol{\alpha}_1 - \boldsymbol{\alpha}_2\| =$ ________.

2. 设 $\boldsymbol{\alpha} = (-2,1,2)$, 则 $\|\boldsymbol{\alpha}\| =$ ________.

3. 设向量 $\boldsymbol{\alpha} = (1,3,5)$, $\boldsymbol{\beta} = (-2,3,0)$, 则 $(\boldsymbol{\alpha},\boldsymbol{\beta}) =$ ________.

4. 若向量组 $\boldsymbol{\alpha}_1$, $\boldsymbol{\alpha}_2$, …, $\boldsymbol{\alpha}_m$ 是正交向量组, 则 $\boldsymbol{\alpha}_1$, $\boldsymbol{\alpha}_2$, …, $\boldsymbol{\alpha}_m$ 的秩为________.

4.2 方阵的特征值与特征向量

工程技术中的一些问题, 如振动问题和稳定性问题, 常常可以归结为求一个方阵的特征值和特征向量的问题, 数学中诸如方阵的对角化等问题都要用到特征值理论.

4.2.1 方阵的特征值与特征向量的定义与求法

定义 4.7 对于 n 阶方阵 $\boldsymbol{A}$, 若有数 λ 和 n 维列向量 $\boldsymbol{x} \neq \boldsymbol{0}$ 使关系式

$$\boldsymbol{A}\boldsymbol{x} = \lambda\boldsymbol{x} \tag{4.1}$$

成立, 则称数 λ 为 $\boldsymbol{A}$ 的特征值 (eigenvalue), 称非零向量 $\boldsymbol{x}$ 为 $\boldsymbol{A}$ 的属于特征值 λ 的特征向量 (eigenvector).

特征向量有明显的几何意义. 一个矩阵乘以向量 $\boldsymbol{x}$ 结果仍是一个同维数的向量. 向量 $\boldsymbol{x}$ 经过变换后保持向量的方向不变, 只是进行长度上的伸缩, 特征值反映的是该向量伸缩的倍数. 例如: 如图 4.2 所示, 设

$$\boldsymbol{A} = \begin{pmatrix} 1 & 2 \\ 0 & 2 \end{pmatrix},\ \boldsymbol{x} = \begin{pmatrix} -1 \\ 1 \end{pmatrix},\ \boldsymbol{y} = \begin{pmatrix} 2 \\ 1 \end{pmatrix},$$

则

$$\boldsymbol{Ax}=\begin{pmatrix}1\\2\end{pmatrix},\ \boldsymbol{Ay}=\begin{pmatrix}4\\2\end{pmatrix}=2\boldsymbol{y}.$$

于是 $\boldsymbol{y}$ 为矩阵 $\boldsymbol{A}$ 对应于特征值为 2 的特征向量，$\boldsymbol{x}$ 不是矩阵 $\boldsymbol{A}$ 的特征向量.

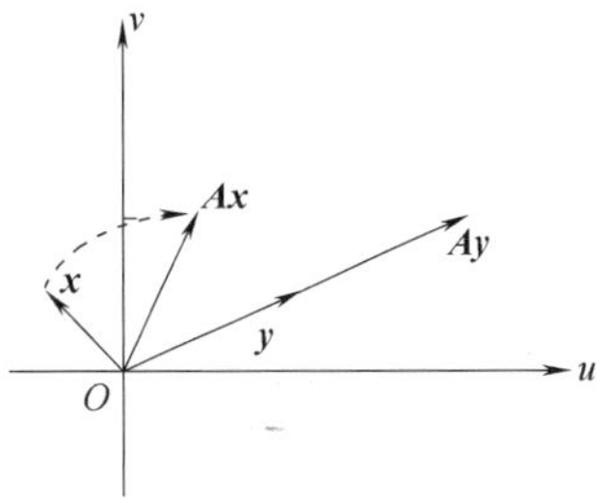

图　4.2

式（4.1）可以写成

$$(\boldsymbol{A}-\lambda\boldsymbol{E})\boldsymbol{x}=\boldsymbol{0},$$

即

$$\begin{pmatrix}a_{11}-\lambda & a_{12} & \cdots & a_{1n}\\ a_{21} & a_{22}-\lambda & \cdots & a_{2n}\\ \vdots & \vdots & & \vdots\\ a_{n1} & a_{n2} & \cdots & a_{nn}-\lambda\end{pmatrix}\begin{pmatrix}x_1\\x_2\\ \vdots\\x_n\end{pmatrix}=\begin{pmatrix}0\\0\\ \vdots\\0\end{pmatrix}.$$

这是含有 n 个未知数 n 个方程的齐次方程组，方阵 $\boldsymbol{A}$ 属于特征值 λ 的特征向量就是这个齐次线性方程组的非零解，它有非零解的充分必要条件是其系数矩阵行列式等于零，即

$$|\boldsymbol{A}-\lambda\boldsymbol{E}|=\begin{vmatrix}a_{11}-\lambda & a_{12} & \cdots & a_{1n}\\ a_{21} & a_{22}-\lambda & \cdots & a_{2n}\\ \vdots & \vdots & & \vdots\\ a_{n1} & a_{n2} & \cdots & a_{nn}-\lambda\end{vmatrix}=0,$$

而上式是一个关于 λ 的 n 次多项式，记

$$f(\lambda)=|\boldsymbol{A}-\lambda\boldsymbol{E}|,$$

称 $f(\lambda)$ 为方阵 $\boldsymbol{A}$ 的特征多项式（characteristic polynomial）. 称 $|\boldsymbol{A}-\lambda\boldsymbol{E}|=0$ 是方阵 $\boldsymbol{A}$ 的特征方程（characteristic equation）.

由于 n 次多项式在复数范围内总有 n 个根（重根按重数计算），所以 n 阶特征方程恰有 n 个特征根（重根按重数计算）. 设属于特征值 λ_i 的特征向量为 $\boldsymbol{p}_i$，若 λ_i 为实数，则 $\boldsymbol{p}_i$ 可取实向量；若 λ_i 为复数，则 $\boldsymbol{p}_i$ 为复向量.

例 4.6　求 $\boldsymbol{A}=\begin{pmatrix}-1 & 1 & 0\\ -4 & 3 & 0\\ 1 & 0 & 2\end{pmatrix}$ 的特征值与特征向量.

解　由矩阵 $\boldsymbol{A}$ 的特征多项式

$$f(\lambda)=\begin{vmatrix}-1-\lambda & 1 & 0\\ -4 & 3-\lambda & 0\\ 1 & 0 & 2-\lambda\end{vmatrix}=(2-\lambda)(\lambda-1)^2=0,$$

求得特征值为 $\lambda_1=2$，$\lambda_2=\lambda_3=1$.

当 $\lambda_1=2$ 时，解齐次方程组

$$(\boldsymbol{A}-2\boldsymbol{E})\boldsymbol{x}=\begin{pmatrix}-3 & 1 & 0\\ -4 & 1 & 0\\ 1 & 0 & 0\end{pmatrix}\boldsymbol{x}=\boldsymbol{0},$$

$$(\boldsymbol{A}-2\boldsymbol{E})=\begin{pmatrix}-3&1&0\\-4&1&0\\1&0&0\end{pmatrix}\xrightarrow{r_3\leftrightarrow r_1}\begin{pmatrix}1&0&0\\-4&1&0\\-3&1&0\end{pmatrix}\xrightarrow[r_3+3r_1]{r_2+4r_1}\begin{pmatrix}1&0&0\\0&1&0\\0&1&0\end{pmatrix}$$

$$\sim\begin{pmatrix}1&0&0\\0&1&0\\0&0&0\end{pmatrix}.$$

求得它的基础解系为

$$\boldsymbol{p}_1=\begin{pmatrix}0\\0\\1\end{pmatrix},$$

于是，属于 $\lambda_1=$___的特征向量为 $\boldsymbol{x}=k_1\boldsymbol{p}_1$.（$k_1\neq0$）

当 $\lambda_2=\lambda_3=1$ 时，解齐次方程组

$$(\boldsymbol{A}-\boldsymbol{E})\boldsymbol{x}=\begin{pmatrix}-2&1&0\\-4&2&0\\1&0&1\end{pmatrix}\boldsymbol{x}=\boldsymbol{0},$$

$$(\boldsymbol{A}-\boldsymbol{E})=\begin{pmatrix}-2&1&0\\-4&2&0\\1&0&1\end{pmatrix}\sim\begin{pmatrix}1&0&1\\-2&1&0\\-4&2&0\end{pmatrix}\sim\begin{pmatrix}1&0&1\\-2&1&0\\0&0&0\end{pmatrix}\sim\begin{pmatrix}1&0&1\\0&1&2\\0&0&0\end{pmatrix},$$

求得它的基础解系为

$$\boldsymbol{p}_2=\begin{pmatrix}-1\\-2\\1\end{pmatrix},$$

于是，属于 $\lambda_2=\lambda_3=1$ 的特征向量为 $\boldsymbol{x}=$_____（$k_2\neq0$）.

例 4.7 求 $\boldsymbol{A}=\begin{pmatrix}1&2&2\\2&1&2\\2&2&1\end{pmatrix}$ 的特征值与特征向量.

解 由矩阵 $\boldsymbol{A}$ 的特征多项式

$$f(\lambda)=\begin{vmatrix}1-\lambda&2&2\\2&1-\lambda&2\\2&2&1-\lambda\end{vmatrix}\xlongequal{r_2-r_1}\begin{vmatrix}1-\lambda&2&2\\1+\lambda&-1-\lambda&0\\2&2&1-\lambda\end{vmatrix}$$

$$\xlongequal{c_1+c_2}\begin{vmatrix}3-\lambda&2&2\\0&-1-\lambda&0\\4&2&1-\lambda\end{vmatrix}=(-1-\lambda)(5-\lambda)(\lambda+1)$$

$$=0,$$

求得特征值为 $\lambda_1=5$，$\lambda_2=\lambda_3=-1$.

当 $\lambda_1=5$ 时，解齐次方程组

$$(\boldsymbol{A}-5\boldsymbol{E})\boldsymbol{x}=\begin{pmatrix}-4&2&2\\2&-4&2\\2&2&-4\end{pmatrix}\boldsymbol{x}=\boldsymbol{0},$$

求得它的基础解系为

$$\boldsymbol{p}_1=\begin{pmatrix}1\\1\\1\end{pmatrix},$$

于是，属于 $\lambda_1=5$ 的特征向量为 $\boldsymbol{x}=k_1\boldsymbol{p}_1$（$k_1\neq0$）.

当 $\lambda_2=\lambda_3=-1$ 时，解齐次方程组

$$(\boldsymbol{A}-(-1)\boldsymbol{E})\boldsymbol{x}=\begin{pmatrix}2&2&2\\2&2&2\\2&2&2\end{pmatrix}\boldsymbol{x}=\boldsymbol{0},$$

求得它的基础解系为

$$\boldsymbol{p}_2=\begin{pmatrix}-1\\1\\0\end{pmatrix},\ \boldsymbol{p}_3=\begin{pmatrix}-1\\0\\1\end{pmatrix},$$

于是，属于 $\lambda_2=\lambda_3=-1$ 的特征向量为 $\boldsymbol{x}=k_2\boldsymbol{p}_2+k_3\boldsymbol{p}_3$（$k_2,k_3$不同时为0）.

4.2.2 方阵特征值与特征向量的性质

性质 4.1　设 $\boldsymbol{x}$ 是方阵 $\boldsymbol{A}$ 的属于特征值 λ 的特征向量，k 为任意非零常数，则 $k\boldsymbol{x}$ 也是 $\boldsymbol{A}$ 的属于特征值 λ 的特征向量.

证　由定义 $\boldsymbol{Ax}=\lambda\boldsymbol{x}$，有

$$\boldsymbol{A}(k\boldsymbol{x})=k(\boldsymbol{Ax})=k(\lambda\boldsymbol{x})=\lambda(k\boldsymbol{x}),$$

这就是说，$k\boldsymbol{x}$ 也是 $\boldsymbol{A}$ 的属于特征值 λ 的特征向量.

注　方阵 $\boldsymbol{A}$ 的属于特征值 λ 的特征向量不是唯一的.

因为对任意 n 维非零列向量 $\boldsymbol{x}$ 都有 $\boldsymbol{Ex}=1\boldsymbol{x}$，所以 1 是单位阵 $\boldsymbol{E}$ 的特征值，任意的 n 维非零列向量 $\boldsymbol{x}$ 都是属于特征值 1 的特征向量.

性质 4.2　设方阵 $\boldsymbol{A}$ 可逆时，$\frac{1}{\lambda}$是 $\boldsymbol{A}^{-1}$的特征值.

证　当 $\boldsymbol{A}$ 可逆时，由 $\boldsymbol{Ax}=\lambda\boldsymbol{x}$，有 $\boldsymbol{x}=\lambda\boldsymbol{A}^{-1}\boldsymbol{x}$，因 $\boldsymbol{x}\neq\boldsymbol{0}$，知 $\lambda\neq0$，故 $\boldsymbol{A}^{-1}\boldsymbol{x}=\frac{1}{\lambda}\boldsymbol{x}$，所以$\frac{1}{\lambda}$是 $\boldsymbol{A}^{-1}$的特征值.

性质 4.3　设 λ 是方阵 $\boldsymbol{A}$ 的特征值，λ^k是 $\boldsymbol{A}^k$的特征值.

证　因 λ 为 $\boldsymbol{A}$ 的特征值，故 $\boldsymbol{x}\neq\boldsymbol{0}$ 时，有 $\boldsymbol{Ax}=\lambda\boldsymbol{x}$. 于是 $\boldsymbol{A}^2\boldsymbol{x}=\boldsymbol{A}(\boldsymbol{Ax})=\boldsymbol{A}(\lambda\boldsymbol{x})=\lambda^2\boldsymbol{x}$. 所以 λ^2是 $\boldsymbol{A}^2$的特征值.

假设 $i=k-1$ 时，有 $\boldsymbol{A}^{k-1}\boldsymbol{x}=\lambda^{k-1}\boldsymbol{x}$. 当 $i=k$ 时，有

$$\boldsymbol{A}^k\boldsymbol{x}=\boldsymbol{A}(\boldsymbol{A}^{k-1}\boldsymbol{x})=\boldsymbol{A}(\lambda^{k-1}\boldsymbol{x})=\lambda^{k-1}(\boldsymbol{Ax})=\lambda^k\boldsymbol{x},$$

由数学归纳法知，λ^k是 $\boldsymbol{A}^k$的特征值.

性质 4.4　设 λ 为 $\boldsymbol{A}$ 的特征值，$\varphi(\lambda)=a_0+a_1\lambda+\cdots+a_m\lambda^m$，$\varphi(\boldsymbol{A})=a_0\boldsymbol{E}+a_1\boldsymbol{A}+\cdots+a_m\boldsymbol{A}^m$，则 $\varphi(\lambda)$是 $\varphi(\boldsymbol{A})$的特征值.

性质 4.5　方阵 $\boldsymbol{A}$ 的属于不同特征值的特征向量线性无关.

证 设 λ_1，λ_2，是方阵 $\boldsymbol{A}$ 的两个不同的特征值，$\boldsymbol{x}_1$，$\boldsymbol{x}_2$分别是 $\boldsymbol{A}$ 的属于 λ_1，λ_2 的特征向量，于是有

$$\boldsymbol{A}\boldsymbol{x}_1=\lambda_1\boldsymbol{x}_1,\ \boldsymbol{A}\boldsymbol{x}_2=\lambda_2\boldsymbol{x}_2,\ (\lambda_1\neq\lambda_2).$$

下面用反证法证明 $\boldsymbol{x}_1$，$\boldsymbol{x}_2$线性无关．假设 $\boldsymbol{x}_1$ 与 $\boldsymbol{x}_2$ 线性相关，不妨设 $\boldsymbol{x}_2=k\boldsymbol{x}_1$（$k\neq0$），有

$$\boldsymbol{A}\boldsymbol{x}_2=\boldsymbol{A}(k\boldsymbol{x}_1)=k\boldsymbol{A}(\boldsymbol{x}_1)=k\lambda_1\boldsymbol{x}_1,$$

又由 $\boldsymbol{A}\boldsymbol{x}_2=\lambda_2\boldsymbol{x}_2$得，

$$k\lambda_2\boldsymbol{x}_1=\lambda_2\boldsymbol{x}_2=k(\lambda_1\boldsymbol{x}_1),$$

$$k(\lambda_1-\lambda_2)\boldsymbol{x}_1=\boldsymbol{0}.$$

因为 $\boldsymbol{x}_1\neq\boldsymbol{0}$，$k\neq0$，只有 $\lambda_1=\lambda_2$. 这与题设矛盾，所以 $\boldsymbol{x}_1$，$\boldsymbol{x}_2$ 线性无关．

例 4.8 设方阵 $\boldsymbol{A}$ 的两个不同的特征值 λ_1，λ_2 对应的特征向量分别为 $\boldsymbol{x}_1$，$\boldsymbol{x}_2$，证明 $\boldsymbol{x}_1+\boldsymbol{x}_2$不是 $\boldsymbol{A}$ 的特征向量．

证 $\boldsymbol{A}\boldsymbol{x}_1=\lambda_1\boldsymbol{x}_1$，$\boldsymbol{A}\boldsymbol{x}_2=\lambda_2\boldsymbol{x}_2$，（$\lambda_1\neq\lambda_2$），则

$$\boldsymbol{A}(\boldsymbol{x}_1+\boldsymbol{x}_2)=\lambda_1\boldsymbol{x}_1+\lambda_2\boldsymbol{x}_2,$$

现在假设 $\boldsymbol{x}_1+\boldsymbol{x}_2$是 $\boldsymbol{A}$ 的特征向量，则存在数 λ，使得

$$\boldsymbol{A}(\boldsymbol{x}_1+\boldsymbol{x}_2)=\lambda(\boldsymbol{x}_1+\boldsymbol{x}_2)=\lambda_1\boldsymbol{x}_1+\lambda_2\boldsymbol{x}_2,$$

于是$(\lambda-\lambda_1)\boldsymbol{x}_1+(\lambda-\lambda_2)\boldsymbol{x}_2=\boldsymbol{0}$，由性质 4.5，$\boldsymbol{x}_1$，$\boldsymbol{x}_2$线性无关，从而有 $\lambda=\lambda_1=\lambda_2$，与题设矛盾，因此 $\boldsymbol{x}_1+\boldsymbol{x}_2$不是 $\boldsymbol{A}$ 的特征向量．

性质 4.6 设 n 阶方阵 $\boldsymbol{A}=(a_{ij})_{n\times n}$，$\lambda_1$，$\lambda_2$，…，$\lambda_n$为 $\boldsymbol{A}$ 的特征值，则

（1）$|\boldsymbol{A}|=\lambda_1\lambda_2\cdots\lambda_n$，

（2）$\lambda_1+\lambda_2+\cdots+\lambda_n=a_{11}+a_{22}+\cdots+a_{nn}$.

证 （1）根据多项式因式分解与方程根的关系，有如下恒等式

$$|\boldsymbol{A}-\lambda\boldsymbol{E}|=f(\lambda)=(\lambda_1-\lambda)(\lambda_2-\lambda)\cdots(\lambda_n-\lambda).\qquad(4.2)$$

将 $\lambda=0$ 代入式（4.2），容易得到$|\boldsymbol{A}|=\lambda_1\lambda_2\cdots\lambda_n$.

（2）比较式（4.2）两端 λ^{n-1}项的系数，右端展开 λ^{n-1}的系数为 $\lambda_1+\lambda_2+\cdots+\lambda_n$，左端关于 λ^{n-1}的系数来自于

$$|\boldsymbol{A}-\lambda\boldsymbol{E}|=\begin{vmatrix}a_{11}-\lambda & a_{12} & \cdots & a_{1n}\\ a_{21} & a_{22}-\lambda & \cdots & a_{2n}\\ \vdots & \vdots & & \vdots\\ a_{n1} & a_{n2} & \cdots & a_{nn}-\lambda\end{vmatrix}$$

对角线的乘积项，为 $a_{11}+a_{22}+\cdots+a_{nn}$，从而结论成立．

例 4.9 已知 3 阶方阵的特征值为 1，2，-3，求 $|\boldsymbol{A}^*+3\boldsymbol{A}+2\boldsymbol{E}|$.

解 令 $\varphi(\boldsymbol{A})=\boldsymbol{A}^*+3\boldsymbol{A}+2\boldsymbol{E}$，由于 $\boldsymbol{A}^*=|\boldsymbol{A}|\boldsymbol{A}^{-1}$，由性质 4.6，有$|\boldsymbol{A}|=1\cdot2\cdot(-3)=-6$，有

$$\varphi(\boldsymbol{A})=\boldsymbol{A}^*+3\boldsymbol{A}+2\boldsymbol{E}=-6\boldsymbol{A}^{-1}+3\boldsymbol{A}+2\boldsymbol{E},$$

再由性质4.2，性质4.4 得到，$\varphi(\lambda)=-6\lambda^{-1}+3\lambda+2$ 是 $\varphi(\boldsymbol{A})$ 的特征值，即

$$\varphi(1)=-1,\ \varphi(2)=5,\ \varphi(-3)=-5,$$

故 $$|A^*+3A+2E|=\varphi(1)\varphi(2)\varphi(-3)=25.$$

练习 2

一、选择题

1. 已知矩阵$\begin{pmatrix}22 & 30\\ -12 & x\end{pmatrix}$有一个特征向量$\begin{pmatrix}-5\\ 3\end{pmatrix}$，则 $x=$（　　）.

（A）16；　　（B）-16；

（C）12；　　（D）-12.

2. 设 A 为 n 阶方阵，以下结论中正确的是（　　）.

（A）若 A 可逆，则矩阵 A 的属于特征值 λ 的特征向量也是矩阵 A^{-1}的属于特征值 λ^{-1}的特征向量；

（B）A 的特征向量是齐次线性方程 $(A-\lambda E)x=0$ 的全部解；

（C）A 的特征向量的线性组合仍为 A 的特征向量；

（D）A 与 A^{T}有相同的特征向量.

3. 设 $A=\begin{pmatrix}3 & 2 & 4\\ 2 & 0 & 2\\ 4 & 2 & a\end{pmatrix}$，已知 A 的特征值为 -1，-1，8，则 $a=$（　　）.

（A）0；　　（B）3；

（C）-3；　　（D）5.

4. 若 λ_1，λ_2 都是 n 阶矩阵 A 的特征值，$\lambda_1\neq\lambda_2$，且 x_1与 x_2分别是对应于 λ_1与 λ_2 的特征向量，当（　　）时，$x=k_1x_1+k_2x_2$必是 A 的特征向量.

（A）$k_1=0$ 且 $k_2=0$；　　（B）$k_1\neq0$ 且 $k_2\neq0$；

（C）$k_1\cdot k_2=0$；　　（D）$k_1\neq0$ 而 $k_2=0$.

5. 设矩阵 $A=\begin{pmatrix}0 & 0 & 1\\ 0 & 1 & 0\\ 1 & 0 & 0\end{pmatrix}$，则 A 的特征值为（　　）.

（A）1，1，0；　　（B）-1，1，1；

（C）1，1，1；　　（D）1，-1，-1.

二、填空题

1. 若 $\lambda=0$ 是方阵 A 的一个特征值，则 $|A|=$________.

2. $A^2=A$，则 A 的特征值为________.

3. 已知三阶方阵 A 的三个特征值为 -1，2，-3，则 $|A|=$________.

4. 已知三阶方阵 A 的行列式 $|A|=6$，A 有一个特征值为 -2，则 A^*必有一个特征值为________.

5. 设 A 的特征值是 λ，则 $A^2-2A+3A^{-1}$的特征值为________.

4.3 相似矩阵

4.3.1 相似矩阵及其性质

定义 4.8 设 $\boldsymbol{A}$, $\boldsymbol{B}$ 都是 n 阶方阵, 如果存在 n 阶可逆矩阵 $\boldsymbol{P}$ 使得 $\boldsymbol{P}^{-1}\boldsymbol{A}\boldsymbol{P}=\boldsymbol{B}$, 称 $\boldsymbol{B}$ 是 $\boldsymbol{A}$ 的相似矩阵 (similar matrix), 或称方阵 $\boldsymbol{A}$ 与方阵 $\boldsymbol{B}$ 相似, 记作 $\boldsymbol{A}\sim\boldsymbol{B}$. 可逆矩阵 $\boldsymbol{P}$ 称为把 $\boldsymbol{A}$ 变成 $\boldsymbol{B}$ 的相似变换矩阵.

例 4.10 设 $\boldsymbol{A}=\begin{pmatrix}8&7\\1&2\end{pmatrix}$, $\boldsymbol{P}=\begin{pmatrix}-1&1\\1&1\end{pmatrix}$, $\boldsymbol{Q}=\begin{pmatrix}1&-1\\-2&1\end{pmatrix}$, 计算

$$\boldsymbol{P}^{-1}=\begin{pmatrix}-\frac{1}{8}&\frac{7}{8}\\\frac{1}{8}&\frac{1}{8}\end{pmatrix},\quad \boldsymbol{Q}^{-1}=\begin{pmatrix}-1&-1\\2&-1\end{pmatrix},$$

有

$$\boldsymbol{P}^{-1}\boldsymbol{A}\boldsymbol{P}=\begin{pmatrix}-\frac{1}{8}&\frac{7}{8}\\\frac{1}{8}&\frac{1}{8}\end{pmatrix}\begin{pmatrix}8&7\\1&2\end{pmatrix}\begin{pmatrix}-1&1\\1&1\end{pmatrix}=\begin{pmatrix}1&0\\0&9\end{pmatrix},$$

$$\boldsymbol{Q}^{-1}\boldsymbol{A}\boldsymbol{Q}=\begin{pmatrix}-1&-1\\2&-1\end{pmatrix}\begin{pmatrix}8&7\\1&2\end{pmatrix}\begin{pmatrix}1&-1\\-2&1\end{pmatrix}=\begin{pmatrix}9&0\\-9&-3\end{pmatrix},$$

令 $\boldsymbol{P}^{-1}\boldsymbol{A}\boldsymbol{P}=\boldsymbol{B}$, $\boldsymbol{Q}^{-1}\boldsymbol{A}\boldsymbol{Q}=\boldsymbol{C}$, 故 $\boldsymbol{A}\sim\boldsymbol{B}$, $\boldsymbol{A}\sim\boldsymbol{C}$.

由此可知, 与 $\boldsymbol{A}$ 相似的矩阵不唯一.

相似矩阵有以下性质.

性质 4.7 如果 n 阶方阵 $\boldsymbol{A}$ 与 $\boldsymbol{B}$ 相似, 则 $|\boldsymbol{A}|=|\boldsymbol{B}|$.

证 设 $\boldsymbol{A}\sim\boldsymbol{B}$, 即存在可逆矩阵 $\boldsymbol{P}$ 使得 $\boldsymbol{P}^{-1}\boldsymbol{A}\boldsymbol{P}=\boldsymbol{B}$, 于是

$$|\boldsymbol{B}|=|\boldsymbol{P}^{-1}\boldsymbol{A}\boldsymbol{P}|=|\boldsymbol{P}^{-1}||\boldsymbol{A}||\boldsymbol{P}|=|\boldsymbol{A}|.$$

性质 4.8 如果 n 阶方阵 $\boldsymbol{A}$ 与 $\boldsymbol{B}$ 相似, 则 $\boldsymbol{A}$ 与 $\boldsymbol{B}$ 的特征多项式相同, 从而 $\boldsymbol{A}$ 与 $\boldsymbol{B}$ 的特征值也相同.

证 设 $\boldsymbol{A}\sim\boldsymbol{B}$, 即存在可逆矩阵 $\boldsymbol{P}$ 使得 $\boldsymbol{P}^{-1}\boldsymbol{A}\boldsymbol{P}=\boldsymbol{B}$, 于是

$$\boldsymbol{B}-\lambda\boldsymbol{E}=\boldsymbol{P}^{-1}\boldsymbol{A}\boldsymbol{P}-\lambda\boldsymbol{E}=\boldsymbol{P}^{-1}(\boldsymbol{A}-\lambda\boldsymbol{E})\boldsymbol{P},$$

$$\begin{aligned}|\boldsymbol{B}-\lambda\boldsymbol{E}|&=|\boldsymbol{P}^{-1}||\boldsymbol{A}-\lambda\boldsymbol{E}||\boldsymbol{P}|\\&=|\boldsymbol{P}|^{-1}|\boldsymbol{A}-\lambda\boldsymbol{E}||\boldsymbol{P}|=|\boldsymbol{A}-\lambda\boldsymbol{E}|.\end{aligned}$$

性质 4.9 如果 n 阶方阵 $\boldsymbol{A}$ 与对角阵

$$\boldsymbol{\Lambda}=\begin{pmatrix}\lambda_1&&\\&\ddots&\\&&\lambda_n\end{pmatrix}$$

相似, 则 λ_1, λ_2, $\cdots$, λ_n 就是 $\boldsymbol{A}$ 的 n 个特征值.

证　因 λ_1，λ_2，…，λ_n 就是对角阵 $\boldsymbol{\Lambda}$ 的 n 个特征值，且 $\boldsymbol{A} \sim \boldsymbol{\Lambda}$，由性质 4.8 知，$\lambda_1$，$\lambda_2$，…，$\lambda_n$ 也就是 $\boldsymbol{A}$ 的 n 个特征值.

性质 4.10　如果 n 阶方阵 $\boldsymbol{A}$ 与 $\boldsymbol{B}$ 相似，则 $\boldsymbol{A}^{-1}$ 与 $\boldsymbol{B}^{-1}$ 相似.

证　因为 $\boldsymbol{P}^{-1}\boldsymbol{AP}=\boldsymbol{B}$，所以有

$$\boldsymbol{B}^{-1}=(\boldsymbol{P}^{-1}\boldsymbol{AP})^{-1}=\boldsymbol{P}^{-1}\boldsymbol{A}^{-1}(\boldsymbol{P}^{-1})^{-1}=\boldsymbol{P}^{-1}\boldsymbol{A}^{-1}\boldsymbol{P}.$$

4.3.2　方阵与对角阵相似的充分必要条件

对于 n 阶方阵 $\boldsymbol{A}$，若存在相似变换矩阵 $\boldsymbol{P}$，使得 $\boldsymbol{P}^{-1}\boldsymbol{AP}=\boldsymbol{\Lambda}$ 为对角阵，就称为把方阵对角化.

假设已经找到可逆矩阵 $\boldsymbol{P}$，使 $\boldsymbol{P}^{-1}\boldsymbol{AP}=\boldsymbol{\Lambda}$ 为对角阵，我们来讨论 $\boldsymbol{P}$ 应满足什么关系.

设 $\boldsymbol{P}$ 用列向量表示为

$$\boldsymbol{P}=(\boldsymbol{p}_1,\boldsymbol{p}_2,\cdots,\boldsymbol{p}_n),$$

由 $\boldsymbol{P}^{-1}\boldsymbol{AP}=\boldsymbol{\Lambda}$，得 $\boldsymbol{AP}=\boldsymbol{P\Lambda}$，即

$$\begin{aligned}\boldsymbol{A}(\boldsymbol{p}_1,\boldsymbol{p}_2,\cdots,\boldsymbol{p}_n)&=(\boldsymbol{p}_1,\boldsymbol{p}_2,\cdots,\boldsymbol{p}_n)\begin{pmatrix}\lambda_1&&\\&\ddots&\\&&\lambda_n\end{pmatrix}\\&=(\lambda_1\boldsymbol{p}_1,\lambda_2\boldsymbol{p}_2,\cdots,\lambda_n\boldsymbol{p}_n),\end{aligned}$$

于是有

$$\boldsymbol{A}\boldsymbol{p}_i=\lambda_i\boldsymbol{p}_i\ (i=1,2,\cdots,n).$$

可见 λ_i 是 $\boldsymbol{A}$ 的特征值，而 $\boldsymbol{P}$ 的列向量 $\boldsymbol{p}_i$ 就是 $\boldsymbol{A}$ 的对应于特征值 λ_i 的特征向量.

反之，由上节知 $\boldsymbol{A}$ 恰好有 n 个特征值，对应地求得 n 个特征向量，这 n 个特征向量即可构成矩阵 $\boldsymbol{P}$，使 $\boldsymbol{AP}=\boldsymbol{P\Lambda}$. 因为特征向量不是唯一的，所以矩阵 $\boldsymbol{P}$ 也不是唯一的，并且 $\boldsymbol{P}$ 可能是复矩阵. 那么 $\boldsymbol{P}$ 是否可逆？也就是 $\boldsymbol{p}_1$，$\boldsymbol{p}_2$，…，$\boldsymbol{p}_n$ 是否线性无关？如果 $\boldsymbol{P}$ 可逆，那么便有 $\boldsymbol{P}^{-1}\boldsymbol{AP}=\boldsymbol{\Lambda}$，即 $\boldsymbol{A}$ 与对角阵相似.

由上面的讨论可以得到下面的定理.

定理 4.2　n 阶方阵 $\boldsymbol{A}$ 与对角阵相似的充分必要条件是 $\boldsymbol{A}$ 有 n 个线性无关的特征向量.

再由方阵 $\boldsymbol{A}$ 的特征值和特征向量的性质 4.5，可得下面的推论.

推论 4.1　如果 n 阶方阵有 n 个不同的特征值，那么 $\boldsymbol{A}$ 一定可以相似于对角阵 $\boldsymbol{\Lambda}$.

例 4.11　设 $\boldsymbol{A}=\begin{pmatrix}0&0&1\\1&1&x\\1&0&0\end{pmatrix}$，问 x 为何值时，矩阵 $\boldsymbol{A}$ 可以对角化？

解　由矩阵 $\boldsymbol{A}$ 的特征方程

$$f(\lambda)=\begin{vmatrix}-\lambda & 0 & 1\\ 1 & 1-\lambda & x\\ 1 & 0 & -\lambda\end{vmatrix}=-(1-\lambda)^2(\lambda+1)=0$$

得特征值 $\lambda_1=-1$，$\lambda_2=\lambda_3=1$.

对应单根 $\lambda_1=-1$，求得线性无关的特征向量恰有 1 个，故矩阵 $\boldsymbol{A}$ 可对角化的充分必要条件是对应重根 $\lambda_2=\lambda_3=1$，有 2 个线性无关的特征向量，即方程 $(\boldsymbol{A}-\boldsymbol{E})\boldsymbol{x}=\boldsymbol{0}$ 有 2 个线性无关的解，亦即系数矩阵 $\boldsymbol{A}-E$ 的秩 $R(\boldsymbol{A}-\boldsymbol{E})=1$.

由
$$\boldsymbol{A}-\boldsymbol{E}=\begin{pmatrix}-1 & 0 & 1\\ 1 & 0 & x\\ 1 & 0 & -1\end{pmatrix}\sim\begin{pmatrix}1 & 0 & -1\\ 0 & 0 & \underline{\qquad}\\ 0 & 0 & 0\end{pmatrix},$$

要 $R(\boldsymbol{A}-\boldsymbol{E})=1$，得 $x+1=0$，即 $x=$_____. 因此，当 $x=-1$ 时，矩阵 $\boldsymbol{A}$ 能对角化.

例 4.12 设 $\boldsymbol{A}=\begin{pmatrix}1 & 4 & 2\\ 0 & -3 & 4\\ 0 & 4 & 3\end{pmatrix}$，求可逆矩阵 $\boldsymbol{P}$，使得 $\boldsymbol{P}^{-1}\boldsymbol{AP}$ 为对角阵，并求 $\boldsymbol{A}^{100}$.

解 将矩阵 $\boldsymbol{A}$ 对角化，

$$|\boldsymbol{A}-\lambda\boldsymbol{E}|=\begin{vmatrix}1-\lambda & 4 & 2\\ 0 & -3-\lambda & 4\\ 0 & 4 & 3-\lambda\end{vmatrix}=(1-\lambda)(\lambda-5)(\lambda+5)=0.$$

得到特征值为 $\lambda_1=1$，$\lambda_2=5$，$\lambda_3=-5$. 对应的特征向量分别为

$$\boldsymbol{p}_1=\begin{pmatrix}1\\0\\0\end{pmatrix},\ \boldsymbol{p}_2=\begin{pmatrix}2\\1\\2\end{pmatrix},\ \boldsymbol{p}_3=\begin{pmatrix}1\\-2\\1\end{pmatrix}.$$

令 $\boldsymbol{P}=(\boldsymbol{p}_1,\ \boldsymbol{p}_2,\ \boldsymbol{p}_3)$，则 $\boldsymbol{P}^{-1}\boldsymbol{AP}=\boldsymbol{\Lambda}=\begin{pmatrix}1 & 0 & 0\\ 0 & 5 & 0\\ 0 & 0 & -5\end{pmatrix}$，故 $\boldsymbol{A}=\boldsymbol{P\Lambda P}^{-1}$，计算

$$\boldsymbol{P}^{-1}=\begin{pmatrix}1 & 2 & 1\\ 0 & 1 & -2\\ 0 & 2 & 1\end{pmatrix}^{-1}=\frac{1}{5}\begin{pmatrix}5 & 0 & -5\\ 0 & 1 & 2\\ 0 & -2 & 1\end{pmatrix}.$$

$$\boldsymbol{A}^{100}=(\boldsymbol{P\Lambda P}^{-1})=\boldsymbol{P\Lambda}^{100}\boldsymbol{P}^{-1}$$

$$=\frac{1}{5}\begin{pmatrix}1 & 2 & 1\\ 0 & 1 & -2\\ 0 & 2 & 1\end{pmatrix}\begin{pmatrix}1 & 0 & 0\\ 0 & 5^{100} & 0\\ 0 & 0 & -5^{100}\end{pmatrix}\begin{pmatrix}5 & 0 & -5\\ 0 & 1 & 2\\ 0 & -2 & 1\end{pmatrix}$$

$$=\begin{pmatrix}1 & 0 & 5^{100}-1\\ 0 & 5^{100} & 0\\ 0 & 0 & 5^{100}\end{pmatrix}.$$

练习 3

一、选择题

1. 设 $\boldsymbol{A}$ 为 3 阶矩阵，且 $\boldsymbol{A}$ 与单位矩阵相似，则 $|-2\boldsymbol{A}|=$（　　）.

（A）-2；　（B）2；　（C）-8；　（D）8.

2. 若 $\boldsymbol{A}$ 与 $\boldsymbol{B}$ 相似，则下列命题不正确的是（　　）.

（A）$\boldsymbol{A}$ 与 $\boldsymbol{B}$ 等价；

（B）$\boldsymbol{A}$ 与 $\boldsymbol{B}$ 有相同的秩；

（C）$|\boldsymbol{A}|=|\boldsymbol{B}|$；

（D）$\boldsymbol{A}$ 的列向量组与 $\boldsymbol{B}$ 的列向量组等价.

3. 设 $\boldsymbol{A}$ 为 3 阶方阵，且 $\boldsymbol{A}$ 与 $\begin{pmatrix}1&&\\&-2&\\&&3\end{pmatrix}$ 相似，则 $\boldsymbol{A}^{-1}$ 与下列哪个矩阵相似（　　）.

（A）$\begin{pmatrix}-1&&\\&2&\\&&-3\end{pmatrix}$；　（B）$\begin{pmatrix}1&&\\&\frac{1}{2}&\\&&\frac{1}{3}\end{pmatrix}$；

（C）$\begin{pmatrix}-\frac{1}{2}&&\\&\frac{1}{3}&\\&&1\end{pmatrix}$；　（D）$\begin{pmatrix}-1&&\\&\frac{1}{2}&\\&&\frac{1}{3}\end{pmatrix}$.

4. n 阶方阵 $\boldsymbol{A}$ 具有 n 个不同的特征值是 $\boldsymbol{A}$ 与对角阵相似的（　　）.

（A）充要条件；　（B）充分而非必要条件；

（C）必要而非充分条件；　（D）既非充分也非必要条件.

5. 设 $\boldsymbol{A}$，$\boldsymbol{B}$ 为 n 阶矩阵，且 $\boldsymbol{A}$ 与 $\boldsymbol{B}$ 相似，$\boldsymbol{E}$ 为 n 阶单位矩阵，则（　　）.

（A）$\boldsymbol{A}-\lambda\boldsymbol{E}=\boldsymbol{B}-\lambda\boldsymbol{E}$；

（B）$\boldsymbol{A}$ 与 $\boldsymbol{B}$ 有相同的特征值和特征向量；

（C）$\boldsymbol{A}$ 与 $\boldsymbol{B}$ 相似于一个对角矩阵；

（D）对任意常数 t，$\boldsymbol{A}-t\boldsymbol{E}$ 与 $\boldsymbol{B}-t\boldsymbol{E}$ 相似.

二、填空题

1. 若 5 阶方阵 $\boldsymbol{A}$ 与单位矩阵 $\boldsymbol{E}$ 相似，则 $R(\boldsymbol{A})=$________.

2. 若矩阵 $\boldsymbol{A}$ 与 $\boldsymbol{B}$ 相似，则 $|\boldsymbol{A}|-|\boldsymbol{B}|=$________.

3. 已知三阶方阵 $\boldsymbol{A}$ 的特征值为 -1，-2，4，若 $\boldsymbol{A}$ 能对角化，则 $R(3\boldsymbol{E}-\boldsymbol{A})=$________.

4. 如果二阶矩阵 $A=\begin{pmatrix}7 & 12\\ y & x\end{pmatrix}$ 与 $B=\begin{pmatrix}1 & 3\\ 2 & 4\end{pmatrix}$ 相似，则 $x=$ ________，$y=$ ________.

4.4 对称阵的对角化

当 A 的特征方程有重根时，就不一定有 n 个线性无关的特征向量，从而不一定能相似于对角阵．但实对称阵是一定与对角阵相似的，本节讨论对称阵的对角化问题．

4.4.1 对称阵的特征值和特征向量

对称阵具有以下性质：

性质 4.11 实对称阵的特征值一定是实数．

证 设复数 λ 为实对称阵 A 的特征值，复向量 x 为对应的特征向量，即 $Ax=\lambda x$ $(x\neq 0)$.

用 $\overline{\lambda}$ 表示 λ 的共轭复数，$\overline{x}$ 表示 x 的共轭复向量，令

$$x=(\xi_1,\xi_2,\cdots,\xi_n)^{\mathrm{T}},$$

则有

$$\overline{x}^{\mathrm{T}}x=|\xi_1|^2+|\xi_2|^2+\cdots+|\xi_n|^2>0,$$

$$\overline{x}^{\mathrm{T}}Ax=\overline{x}^{\mathrm{T}}(Ax)=\overline{x}^{\mathrm{T}}(\lambda x)=\lambda(\overline{x}^{\mathrm{T}}x),$$

因为 A 为实对称阵，有 $A=\overline{A}=\overline{A}^{\mathrm{T}}$，所以

$$\overline{x}^{\mathrm{T}}Ax=(\overline{x}^{\mathrm{T}}\overline{A}^{\mathrm{T}})x=(\overline{A}\overline{x})^{\mathrm{T}}x=(\overline{\lambda x})^{\mathrm{T}}x=\overline{\lambda}(\overline{x}^{\mathrm{T}}x),$$

故 $\lambda(\overline{x}^{\mathrm{T}}x)=\overline{\lambda}(\overline{x}^{\mathrm{T}}x)$，即 $(\lambda-\overline{\lambda})(\overline{x}^{\mathrm{T}}x)=0$，从而 $\lambda-\overline{\lambda}=0$，即 $\overline{\lambda}=\lambda$. 这就说明 λ 为实数．

当 λ 为实数时，齐次线性方程组

$$(A-\lambda E)x=\mathbf{0}$$

是实系数线性方程组，由 $|A-\lambda E|=0$ 知，必有实的基础解系，所以对应的特征向量可以取到实向量．

性质 4.12 对称阵属于不同特征值的特征向量正交．

证 设 λ_1，λ_2 是对称阵 A 的两个不同的特征值，p_1，p_2 分别是 A 的属于 λ_1，λ_2 的特征向量，要证 p_1，p_2 正交，只需证

$$(p_1,p_2)=p_1^{\mathrm{T}}p_2=0,$$

由特征值的定义有

$$Ap_1=\lambda_1p_1,\ Ap_2=\lambda_2p_2,$$

$$p_1^{\mathrm{T}}Ap_2=p_1^{\mathrm{T}}(Ap_2)=p_1^{\mathrm{T}}(\lambda_2p_2)=\lambda_2(p_1^{\mathrm{T}}p_2),$$

$$p_1^{\mathrm{T}}Ap_2=p_1^{\mathrm{T}}A^{\mathrm{T}}p_2=(Ap_1)^{\mathrm{T}}p_2=(\lambda_1p_1)^{\mathrm{T}}p_2=\lambda_1(p_1^{\mathrm{T}}p_2),$$

故

$$\lambda_1(p_1^{\mathrm{T}}p_2)=\lambda_2(p_1^{\mathrm{T}}p_2).$$

因 $\lambda_1 \neq \lambda_2$，只有 $\boldsymbol{p}_1^{\mathrm{T}}\boldsymbol{p}_2 = 0$. 这就是说 $\boldsymbol{p}_1$ 与 $\boldsymbol{p}_2$ 正交.

4.4.2　化对称阵为对角阵

定理 4.3　设 $\boldsymbol{A}$ 是 n 阶对称阵，则必存在正交阵 $\boldsymbol{P}$，使 $\boldsymbol{P}^{-1}\boldsymbol{AP} = \boldsymbol{\Lambda}$，其中 $\boldsymbol{\Lambda}$ 为对角阵，且 $\boldsymbol{\Lambda}$ 对角线上的元素是方阵 $\boldsymbol{A}$ 的 n 个特征值.

定理 4.3 不给予证明.

定理 4.4　设 $\boldsymbol{A}$ 是 n 阶对称阵，λ 是 $\boldsymbol{A}$ 的特征方程的 r 重根，那么，齐次线性方程组 $(\boldsymbol{A}-\lambda\boldsymbol{E})\boldsymbol{x}=\boldsymbol{0}$ 的系数矩阵的秩 $R(\boldsymbol{A}-\lambda\boldsymbol{E}) = n-r$，从而属于特征值 λ 的线性无关的特征向量恰有 r 个.

证　由定理 4.3 知，对称阵 $\boldsymbol{A}$ 与对角阵 $\boldsymbol{\Lambda} = \mathrm{diag}(\lambda_1, \lambda_2, \cdots, \lambda_n)$ 相似，从而 $\boldsymbol{A}-\lambda\boldsymbol{E}$ 与 $\boldsymbol{\Lambda}-\lambda\boldsymbol{E}$ 相似. 当 λ 是 $\boldsymbol{A}$ 的特征方程的 r 重根时，$\lambda_1, \lambda_2, \cdots, \lambda_n$ 这 n 个特征值中有 r 个等于 λ，有 $n-r$ 个不等于 λ，从而对角阵 $\boldsymbol{\Lambda}-\lambda\boldsymbol{E}$ 的对角元素恰有 r 个等于 0，于是 $R(\boldsymbol{\Lambda}-\lambda\boldsymbol{E}) = n-r$，而 $R(\boldsymbol{A}-\lambda\boldsymbol{E}) = R(\boldsymbol{\Lambda}-\lambda\boldsymbol{E})$，所以 $R(\boldsymbol{A}-\lambda\boldsymbol{E}) = n-r$.

对称阵 $\boldsymbol{A}$ 对角化的具体步骤如下：

(1) 求出 $\boldsymbol{A}$ 的全部特征值 $\lambda_1, \lambda_2, \cdots, \lambda_t$，设它们的重数分别是 $r_1, r_2, \cdots, r_m(r_1+r_2+\cdots+r_m=n)$. 由定理 4.1 知，$\lambda_1, \lambda_2, \cdots, \lambda_t$ 全为实数，对应的特征向量全取实向量.

(2) 求出 $\boldsymbol{A}$ 的属于特征值 λ_i $(i=1,2,\cdots,t)$ 的全部特征向量. 由定理 4.10 知，$\boldsymbol{A}$ 的属于 λ_i 的线性无关的特征向量恰有 r_i 个，并且这 r_i 个特征向量就是线性方程组 $(\boldsymbol{A}-\lambda_i\boldsymbol{E})\boldsymbol{x}=\boldsymbol{0}$ 的一个基础解系.

(3) 由性质 4.5 知，不同的特征值对应的特征向量正交，因此只需分别将属于 λ_i 的 r_i 个特征向量正交化、单位化，由此便可得到 $\boldsymbol{A}$ 的 n 个单位正交特征向量.

(4) 这样得到的 n 个单位正交特征向量构成矩阵 $\boldsymbol{P}$，那么 $\boldsymbol{P}$ 就是正交阵，且有 $\boldsymbol{P}^{-1}\boldsymbol{AP} = \boldsymbol{\Lambda}$，$\boldsymbol{\Lambda}$ 对角线上的元素就是 $\boldsymbol{A}$ 的 n 个特征值.

例 4.13　设实三阶对称矩阵 $\boldsymbol{A}$ 的特征值 $\lambda_1=1$，$\lambda_2=3$，$\lambda_3=-3$，属于 λ_1，λ_2 的特征向量依次为 $\boldsymbol{p}_1 = \begin{pmatrix} 1 \\ -1 \\ 0 \end{pmatrix}$，$\boldsymbol{p}_2 = \begin{pmatrix} 1 \\ 1 \\ 1 \end{pmatrix}$，求 $\boldsymbol{A}$.

解　设 $\boldsymbol{p}_3 = \begin{pmatrix} x_1 \\ x_2 \\ x_3 \end{pmatrix}$，由 $\boldsymbol{p}_1$，$\boldsymbol{p}_2$，$\boldsymbol{p}_3$ 正交，可求得 $\begin{cases} x_1 - x_2 = 0, \\ x_1 + x_2 + x_3 = 0. \end{cases}$

故齐次线性方程组的一个非零解为 $\boldsymbol{p}_3 = \begin{pmatrix} 1 \\ 1 \\ -2 \end{pmatrix}$.

令 $\boldsymbol{P}=(\boldsymbol{p}_1,\boldsymbol{p}_2,\boldsymbol{p}_3)=\begin{pmatrix}1&1&1\\-1&1&1\\0&1&-2\end{pmatrix}$，$\boldsymbol{\Lambda}=\begin{pmatrix}1&&\\&3&\\&&-3\end{pmatrix}$，则由 $\boldsymbol{P}^{-1}\boldsymbol{A}\boldsymbol{P}=\boldsymbol{\Lambda}$，有

$$\boldsymbol{A}=\boldsymbol{P}\boldsymbol{\Lambda}\boldsymbol{P}^{-1}=\begin{pmatrix}1&0&2\\0&1&2\\2&2&-1\end{pmatrix}.$$

例 4.14 对下列对称矩阵 $\boldsymbol{A}$，求正交矩阵 $\boldsymbol{P}$，使得 $\boldsymbol{P}^{\mathrm{T}}\boldsymbol{A}\boldsymbol{P}=\boldsymbol{\Lambda}$

（1）$\boldsymbol{A}=\begin{pmatrix}1&0&1\\0&1&1\\1&1&2\end{pmatrix}$；　（2）$\boldsymbol{A}=\begin{pmatrix}0&1&1&-1\\1&0&-1&1\\1&-1&0&1\\-1&1&1&0\end{pmatrix}$.

解 （1）由矩阵 $\boldsymbol{A}$ 的特征方程 $\varphi(\lambda)=-\lambda(\lambda-1)(\lambda-3)=0$，求得 $\boldsymbol{A}$ 的特征值 $\lambda_1=0$，$\lambda_2=1$，$\lambda_3=3$ 及对应的特征向量依次为

$$\boldsymbol{p}_1=\begin{pmatrix}-1\\-1\\1\end{pmatrix},\ \boldsymbol{p}_2=\begin{pmatrix}-1\\1\\0\end{pmatrix},\ \boldsymbol{p}_3=\begin{pmatrix}1\\1\\2\end{pmatrix},$$

由性质 4.12 知 $\boldsymbol{p}_1$，$\boldsymbol{p}_2$，$\boldsymbol{p}_3$______，将 $\boldsymbol{p}_1$，$\boldsymbol{p}_2$，$\boldsymbol{p}_3$ 单位化，得到

$$\boldsymbol{p}_1=\begin{pmatrix}-1/\sqrt{3}\\-1/\sqrt{3}\\\_\_\_\_\_\_\end{pmatrix},\ \boldsymbol{p}_2=\begin{pmatrix}-1/\sqrt{2}\\\_\_\_\_\_\_\\0\end{pmatrix},\ \boldsymbol{p}_3=\begin{pmatrix}1/\sqrt{6}\\1/\sqrt{6}\\\_\_\_\_\_\_\end{pmatrix},$$

故正交矩阵 $\boldsymbol{P}$ 和对角矩阵 $\boldsymbol{\Lambda}$ 分别为：

$$\boldsymbol{P}=\begin{pmatrix}-1/\sqrt{3}&-1/\sqrt{2}&1/\sqrt{6}\\-1/\sqrt{3}&1/\sqrt{2}&1/\sqrt{6}\\1/\sqrt{3}&0&2/\sqrt{6}\end{pmatrix},\ \boldsymbol{\Lambda}=\begin{pmatrix}0&&\\&1&\\&&3\end{pmatrix},$$

满足 $\boldsymbol{P}^{\mathrm{T}}\boldsymbol{A}\boldsymbol{P}=\boldsymbol{\Lambda}$.

（2）由矩阵 $\boldsymbol{A}$ 的特征方程为 $\varphi(\lambda)=(\lambda-1)^3(\lambda+3)=0$，求得 $\boldsymbol{A}$ 的特征值为 $\lambda_1=\lambda_2=\lambda_3=1$，$\lambda_4=-3$.

当 $\lambda_1=\lambda_2=\lambda_3=1$ 时，由

$$\boldsymbol{A}-1\boldsymbol{E}=\begin{pmatrix}-1&1&1&-1\\1&-1&-1&1\\1&-1&-1&1\\-1&1&1&-1\end{pmatrix}\to\begin{pmatrix}-1&1&1&-1\\0&0&0&0\\0&0&0&0\\0&0&0&0\end{pmatrix},$$

求得属于 $\lambda_1=\lambda_2=\lambda_3=1$ 的 3 个特征向量：

$$\boldsymbol{p}_1=\begin{pmatrix}1\\1\\0\\0\end{pmatrix},\ \boldsymbol{p}_2=\begin{pmatrix}0\\0\\1\\1\end{pmatrix},\ \boldsymbol{p}_3=\begin{pmatrix}1\\-1\\1\\-1\end{pmatrix},$$

同法，求得属于 $\lambda_4=-3$ 的特征向量为

$$p_4=\begin{pmatrix}-1\\1\\1\\-1\end{pmatrix}.$$

将 p_i（$i=1,2,3,4$）单位化，得到正交矩阵 P 和对角矩阵 Λ 分别为：

$$P=\begin{pmatrix}1/\sqrt{2}&0&1/2&-1/2\\1/\sqrt{2}&0&-1/2&1/2\\0&1/\sqrt{2}&1/2&1/2\\0&1/\sqrt{2}&-1/2&-1/2\end{pmatrix},\ \Lambda=\begin{pmatrix}1&&&\\&1&&\\&&1&\\&&&-3\end{pmatrix},$$

满足 $P^{\mathrm{T}}AP=\Lambda$.

例 4.15　已知 $A=\begin{pmatrix}1&-1&1\\x&4&y\\-3&-3&5\end{pmatrix}$ 可对角化，$\lambda=2$ 是 A 的二重特征值，求可逆矩阵 P，使得 $P^{-1}AP=\Lambda$.

解　由 $\lambda=2$ 是 A 的二重特征值，对矩阵 $A-2E$ 施行初等变换得到

$$A-2E=\begin{pmatrix}-1&-1&1\\x&2&y\\-3&-3&3\end{pmatrix}\sim\begin{pmatrix}-1&-1&1\\0&2-x&x+y\\0&0&0\end{pmatrix}.$$

因为 A 可对角化，所以对应 $\lambda=2$ 有两个线性无关的特征向量，由 $R(A-2E)=1$，求得 $x=2$，$y=-2$. 设 $\lambda_1=\lambda_2=2$，由 $\lambda_1+\lambda_2+\lambda_3=a_{11}+a_{22}+a_{33}=1+4+5$，得 $\lambda_3=6$.
此时

$$A=\begin{pmatrix}1&-1&1\\2&4&-2\\-3&-3&5\end{pmatrix},\ \Lambda=\begin{pmatrix}2&&\\&2&\\&&6\end{pmatrix},$$

又 A 属于特征值 $\lambda_1=\lambda_2=2$，$\lambda_3=6$ 的线性无关的特征向量依次为

$$p_1=\begin{pmatrix}-1\\1\\0\end{pmatrix},\ p_2=\begin{pmatrix}1\\0\\1\end{pmatrix},\ p_3=\begin{pmatrix}1\\-2\\3\end{pmatrix},$$

令 $P=\begin{pmatrix}-1&1&1\\1&0&-2\\0&1&3\end{pmatrix}$，则有 $P^{-1}AP=\Lambda$.

例 4.16　已知 $A=\begin{pmatrix}-2&0&0\\2&x&2\\3&1&1\end{pmatrix}$ 相似于 $B=\begin{pmatrix}-1&&\\&2&\\&&\boldsymbol{y}\end{pmatrix}$,

求 x 和 y.

解 由 $\boldsymbol{A}$ 相似于 $\boldsymbol{B}$，有 $-2+x+1=-1+2+y$，即 $y=x-2$. 再由 $\boldsymbol{A}$ 与 $\boldsymbol{B}$ 有相同的特征值可知，$\boldsymbol{A}$ 的一个特征值为 2，也就是 $(\boldsymbol{A}-2\boldsymbol{E})\boldsymbol{x}=\boldsymbol{0}$ 有非零解，所以 $|\boldsymbol{A}-\lambda\boldsymbol{E}|=0$，求得 $x=0$.

例 4.17 设 $\boldsymbol{A}=\begin{pmatrix}2&-1&2\\5&a&3\\-1&b&-2\end{pmatrix}$ 的一个特征向量为 $\boldsymbol{\xi}_1=\begin{pmatrix}1\\1\\-1\end{pmatrix}$，求 $\boldsymbol{A}$ 的全体特征值与特征向量.

解 由 $\boldsymbol{\xi}_1=\begin{pmatrix}1\\1\\-1\end{pmatrix}$ 是 $\boldsymbol{A}$ 的一个特征向量，有 $\boldsymbol{A\xi}_1=\lambda_1\boldsymbol{\xi}_1$，

即

$$\begin{pmatrix}-1\\a+2\\b+1\end{pmatrix}=\begin{pmatrix}\lambda\\\lambda\\-\lambda\end{pmatrix}，由此求得\begin{cases}\lambda=\_\_\_，\\a=-3，\\b=\_\_\_，\end{cases}于是 \boldsymbol{A}=\begin{pmatrix}2&-1&2\\5&-3&3\\-1&0&-2\end{pmatrix}.$$

由 $\boldsymbol{A}$ 的特征值为 $\lambda_1=\lambda_2=\lambda_3=-1$，有

$$\boldsymbol{A}-\_\_\_\_\boldsymbol{E}=\begin{pmatrix}3&-1&2\\5&-2&3\\-1&0&-1\end{pmatrix}\sim\begin{pmatrix}1&0&1\\0&1&1\\0&0&0\end{pmatrix},$$

因为 $R(\boldsymbol{A}-(-1)\boldsymbol{E})=2$，所以对应 $\lambda=-1$ 只有 1 个线性无关的特征向量，故 $\boldsymbol{A}$ 的全体特征向量为 $\boldsymbol{x}=k_1\boldsymbol{\xi}_1$ $(k_1\neq0)$.

练习 4

一、选择题

1. 矩阵（　　）与对角阵相似.

(A) $\begin{pmatrix}0&1&0\\0&0&1\\0&0&0\end{pmatrix}$；　　(B) $\begin{pmatrix}4&5&-7\\5&6&8\\-7&8&9\end{pmatrix}$；

(C) $\begin{pmatrix}1&2&3&1\\0&-2&4&3\\0&0&2&1\\0&0&0&2\end{pmatrix}$；　　(D) $\begin{pmatrix}3&1&0\\-4&-1&0\\4&8&-2\end{pmatrix}$.

2. 设 $\boldsymbol{A}$ 为 4 阶实对称矩阵，且 $\boldsymbol{A}^2+\boldsymbol{A}=\boldsymbol{O}$，若 $R(\boldsymbol{A})=3$，则 $\boldsymbol{A}$ 相似于（　　）.

(A) $\begin{pmatrix}1&&&\\&1&&\\&&1&\\&&&0\end{pmatrix}$；　　(B) $\begin{pmatrix}1&&&\\&1&&\\&&-1&\\&&&0\end{pmatrix}$；

(C) $\begin{pmatrix} 1 & & & \\ & -1 & & \\ & & -1 & \\ & & & 0 \end{pmatrix}$;　　(D) $\begin{pmatrix} -1 & & & \\ & -1 & & \\ & & -1 & \\ & & & 0 \end{pmatrix}$.

二、填空题

1. 设 3 阶实对称矩阵 $\boldsymbol{A}$ 的秩 $R(\boldsymbol{A})=2$，且满足 $\boldsymbol{A}^2=2\boldsymbol{A}$，则行列式 $|3\boldsymbol{E}-\boldsymbol{A}|$ 的值为________.

2. 已知三阶对称矩阵 $\boldsymbol{A}$ 的一个特征值 $\lambda=2$，对应的特征向量 $\boldsymbol{\alpha}=(1,\ 2-1)^{\mathrm{T}}$，且 $\boldsymbol{A}$ 的主对角线上元素全为零，则 $\boldsymbol{A}=$________.

3. 设矩阵 $\boldsymbol{A}$ 是 3 阶实对称矩阵，若 $\boldsymbol{A}$ 的特征值是 $\lambda_1=\lambda_2=1$，$\lambda_3=-1$，则 $\boldsymbol{A}^{2016}=$________.

4.5 二次型及其标准形

4.5.1 二次型的概念

二次型的理论起源于解析几何中对二次曲面的研究，它在线性系统理论、概率统计和工程技术等诸多领域中有着广泛的应用.

在解析几何中，对于有心曲线和曲面，当中心与坐标原点重合时，其方程一般为关于变量的二次齐次多项式，就是下面所讨论的二次型的简单情形.

在直角坐标系下，为了便于研究二次曲线

$$ax^2+bxy+cy^2=1$$

的几何性质，我们可以选择适当的坐标变换

$$\begin{cases} x=x'-\dfrac{b}{2a}y', \\ y=y'. \end{cases}$$

把方程化为标准形

$$ax'^2+\left(c-\frac{b^2}{4a}\right)y'^2=1.$$

由此可讨论其图形是圆、椭圆还是双曲线. 从而可以方便地讨论原来曲线的图形及性质.

从代数学的观点看，化标准形的过程就是通过变量的线性变换化简一个二次齐次多项式，使它只含有平方项. 这样一个问题，在许多理论问题或实际问题中常会遇到. 现在我们把这类问题一般化，讨论包含 n 个变量的二次齐次多项式的化简问题.

定义 4.9 含有 n 个变量 $x_1,\ x_2,\ \cdots,\ x_n$ 的二次齐次多项式

$$f(x_1,x_2,\cdots,x_n)=a_{11}x_1^2+2a_{12}x_1x_2+2a_{13}x_1x_3+\cdots+2a_{1n}x_1x_n+ a_{22}x_2^2+2a_{23}x_2x_3+\cdots+2a_{2n}x_2x_n+\cdots+a_{nn}x_n^2 \quad (4.3)$$

称式（4.3）为 n 元二次型，简称为二次型（quadratic form）. 当系数 a_{ij}（$i,j=1,2,\cdots,n$）为实数时，称 $f(x_1,x_2,\cdots,x_n)$ 为实二次型，当系数 a_{ij} 为复数时称 $f(x_1,x_2,\cdots,x_n)$ 为复二次型.

本章只讨论实二次型.

取 $a_{ji}=a_{ij}$（$j>i$），则有 $2a_{ij}x_ix_j=a_{ij}x_ix_j+a_{ji}x_jx_i$，于是式（4.3）可写成

$$\begin{aligned}f(x_1,x_2,\cdots,x_n)&=a_{11}x_1^2+a_{12}x_1x_2+a_{13}x_1x_3+\cdots+a_{1n}x_1x_n+\\&\quad a_{21}x_2x_1+a_{22}x_2x_2+a_{23}x_2x_3+\cdots+a_{2n}x_2x_n+\cdots+\\&\quad a_{n1}x_nx_1+a_{n2}x_nx_2+a_{n3}x_nx_3+\cdots+a_{nn}x_nx_n\\&=\sum_{i,j=1}^{n}a_{ij}x_ix_j\\&=(x_1,x_2,\cdots,x_n)\begin{pmatrix}a_{11}&a_{12}&\cdots&a_{1n}\\a_{21}&a_{22}&\cdots&a_{2n}\\\vdots&\vdots&&\vdots\\a_{n1}&a_{n2}&\cdots&a_{nn}\end{pmatrix}\begin{pmatrix}x_1\\x_2\\\vdots\\x_n\end{pmatrix},\end{aligned}$$

记

$$\boldsymbol{A}=\begin{pmatrix}a_{11}&a_{12}&\cdots&a_{1n}\\a_{21}&a_{22}&\cdots&a_{2n}\\\vdots&\vdots&&\vdots\\a_{n1}&a_{n2}&\cdots&a_{nn}\end{pmatrix},\quad \boldsymbol{x}=\begin{pmatrix}x_1\\x_2\\\vdots\\x_n\end{pmatrix},$$

那么二次型可记作

$$f=\boldsymbol{x}^{\mathrm{T}}\boldsymbol{A}\boldsymbol{x},$$

其中，$\boldsymbol{A}$ 为对称阵.

任给一个二次型，就唯一确定了一个对称阵；反之，任给一个对称阵，也可以唯一确定一个二次型. 因此，二次型与对称阵之间存在一一对应关系.

定义 4.10 若二次型的矩阵表示为 $f=\boldsymbol{x}^{\mathrm{T}}\boldsymbol{A}\boldsymbol{x}$，其中 $\boldsymbol{A}$ 为对称阵，则称对称阵为二次型 f 的矩阵，f 为对称阵 $\boldsymbol{A}$ 的二次型. 矩阵 $\boldsymbol{A}$ 的秩也称为二次型 f 的秩.

定义 4.11 只含平方项的二次型

$$f=k_1y_1^2+k_2y_2^2+\cdots+k_ry_r^2$$

称为二次型的标准形（canonical form），它的矩阵形式为

$$f=\boldsymbol{y}^{\mathrm{T}}\boldsymbol{\Lambda}\boldsymbol{y},$$

其中

$$\boldsymbol{\Lambda}=\begin{pmatrix}k_1&&\\&\ddots&\\&&k_r\end{pmatrix},\quad \boldsymbol{y}=\begin{pmatrix}y_1\\y_2\\\vdots\\y_r\end{pmatrix}.$$

若 k_1，k_2，…，$k_r\in\{-1,1\}$，则称该形式为规范形.

例 4.18　写出下列二次型的矩阵或二次型表达式，并求二次型的秩．

（1）$f(x_1,x_2,x_3)=x_1^2+3x_3^2+2x_1x_2+4x_1x_3+2x_2x_3$；

（2）$f=(x_1,x_2,x_3)\begin{pmatrix}1&3&5\\3&4&8\\5&8&5\end{pmatrix}\begin{pmatrix}x_1\\x_2\\x_3\end{pmatrix}$．

解　二次型（1）对应的矩阵为

$$\boldsymbol{A}=\begin{pmatrix}1&1&2\\1&0&1\\2&1&3\end{pmatrix},$$

$$\boldsymbol{A}=\begin{pmatrix}1&1&2\\1&0&1\\2&1&3\end{pmatrix}\xrightarrow[r_3-2r_1]{r_2-r_1}\begin{pmatrix}1&1&2\\0&-1&-1\\0&-1&-1\end{pmatrix}\sim\begin{pmatrix}1&1&2\\0&-1&-1\\0&0&0\end{pmatrix}.$$

故二次型（1）的秩为___．

二次型（2）对应的二次型表达式为

$f(x_1,x_2,x_3)=x_1^2+4x_2^2+5x_3^2+$ ___ $x_1x_2+10x_1x_3+$ ___ x_2x_3，

$$\boldsymbol{B}=\begin{pmatrix}1&3&5\\3&4&8\\5&8&5\end{pmatrix}\xrightarrow[r_3-5r_1]{r_2-3r_1}\begin{pmatrix}1&3&5\\0&-5&-7\\0&-7&-20\end{pmatrix}\xrightarrow{r_3-\frac{7}{5}r_1}\begin{pmatrix}1&3&5\\0&-5&-7\\0&0&-\frac{51}{5}\end{pmatrix}.$$

二次型（2）的秩为___．

4.5.2　用正交变换化二次型为标准形

设有两组变量 x_1，x_2，…，x_n；y_1，y_2，…，y_n，如果前一组变量能用后一组变量表示成线性函数，即

$$\begin{cases}x_1=c_{11}y_1+c_{12}y_2+\cdots+c_{1n}y_n,\\x_2=c_{21}y_1+c_{22}y_2+\cdots+c_{2n}y_n,\\\quad\vdots\\x_n=c_{n1}y_1+c_{n2}y_2+\cdots+c_{nn}y_n.\end{cases}\tag{4.4}$$

其中 c_{ij}（$i,j=1,2,\cdots,n$）为常数，那么，称式（4.4）为变量 y_1，y_2，…，y_n到变量 x_1，x_2，…，x_n的线性变换．线性变换式（4.4）可表示成矩阵形式：

$$\boldsymbol{x}=\boldsymbol{Cy}.$$

其中，

$$\boldsymbol{x}=\begin{pmatrix}x_1\\x_2\\\vdots\\x_n\end{pmatrix},\ \boldsymbol{C}=\begin{pmatrix}c_{11}&c_{12}&\cdots&c_{1n}\\c_{21}&c_{22}&\cdots&c_{2n}\\\vdots&\vdots&&\vdots\\c_{n1}&c_{n2}&\cdots&c_{nn}\end{pmatrix},\ \boldsymbol{y}=\begin{pmatrix}y_1\\y_2\\\vdots\\y_n\end{pmatrix}.$$

矩阵 $\boldsymbol{C}$ 称为线性变换式（4.4）的系数矩阵或变换矩阵．如果 $\boldsymbol{C}$ 是可逆阵，那么，称线性变换式（4.4）是可逆线性变换，如果 $\boldsymbol{C}$ 是正交阵，那么，称线性变换式（4.4）是正交变换．

对于二次型（4.3），我们研究的主要问题是：寻求一个可逆线性变换 $\boldsymbol{x}=\boldsymbol{C}\boldsymbol{y}$，化二次型（4.3）为标准形，用矩阵表示，就是以 $\boldsymbol{x}=\boldsymbol{C}\boldsymbol{y}$ 代入，使

$$f=\boldsymbol{x}^{\mathrm{T}}\boldsymbol{A}\boldsymbol{x}=(\boldsymbol{C}\boldsymbol{y})^{\mathrm{T}}\boldsymbol{A}(\boldsymbol{C}\boldsymbol{y})=\boldsymbol{y}^{\mathrm{T}}(\boldsymbol{C}^{\mathrm{T}}\boldsymbol{A}\boldsymbol{C})\boldsymbol{y}=\boldsymbol{y}^{\mathrm{T}}\boldsymbol{\Lambda}\boldsymbol{y},$$

也就是寻求可逆阵 $\boldsymbol{C}$，使 $\boldsymbol{C}^{\mathrm{T}}\boldsymbol{A}\boldsymbol{C}=\boldsymbol{\Lambda}$（对角阵）．

定义 4.12 设 $\boldsymbol{A}$ 与 $\boldsymbol{B}$ 是 n 阶矩阵，若有可逆矩阵 $\boldsymbol{C}$，使得 $\boldsymbol{B}=\boldsymbol{C}^{\mathrm{T}}\boldsymbol{A}\boldsymbol{C}$，则称矩阵 $\boldsymbol{A}$ 与 $\boldsymbol{B}$ 合同．

定理 4.5 设 $\boldsymbol{A}$ 与 $\boldsymbol{B}$ 是 n 阶矩阵，若 $\boldsymbol{A}$ 是对称阵，则 $\boldsymbol{B}$ 也是对称阵，且 $R(\boldsymbol{A})=R(\boldsymbol{B})$．

证 因为 $\boldsymbol{A}$ 与 $\boldsymbol{B}$ 合同，则存在可逆矩阵 $\boldsymbol{C}$，使得 $\boldsymbol{B}=\boldsymbol{C}^{\mathrm{T}}\boldsymbol{A}\boldsymbol{C}$，而

$$\boldsymbol{B}^{\mathrm{T}}=(\boldsymbol{C}^{\mathrm{T}}\boldsymbol{A}\boldsymbol{C})^{\mathrm{T}}=\boldsymbol{C}^{\mathrm{T}}\boldsymbol{A}^{\mathrm{T}}\boldsymbol{C}=\boldsymbol{C}^{\mathrm{T}}\boldsymbol{A}\boldsymbol{C}=\boldsymbol{B},$$

即 $\boldsymbol{B}$ 也是对称阵．又因为 $\boldsymbol{C}$ 可逆，则 $\boldsymbol{C}^{\mathrm{T}}$ 也可逆，由定理 2.5 可知 $R(\boldsymbol{A})=R(\boldsymbol{B})$．

由于二次型（4.3）的矩阵 $\boldsymbol{A}$ 是对称阵，故总存在正交阵 $\boldsymbol{Q}$，使 $\boldsymbol{Q}^{-1}\boldsymbol{A}\boldsymbol{Q}=\boldsymbol{Q}^{\mathrm{T}}\boldsymbol{A}\boldsymbol{Q}=\boldsymbol{\Lambda}$，所以任何二次型都可以通过正交变换化为标准形．

定理 4.6 对于任给的二次型

$$f=\sum_{i,j=1}^{n}a_{ij}x_ix_j(a_{ij}=a_{ji})=\boldsymbol{x}^{\mathrm{T}}\boldsymbol{A}\boldsymbol{x},$$

总存在正交变换 $\boldsymbol{x}=\boldsymbol{Q}\boldsymbol{y}$，把 f 化成标准形

$$f=\lambda_1y_1^2+\lambda_2y_2^2+\cdots+\lambda_ny_n^2=\boldsymbol{y}^{\mathrm{T}}\boldsymbol{\Lambda}\boldsymbol{y},$$

其中，标准形中各平方项的系数为二次型 f 的矩阵 $\boldsymbol{A}$ 的特征值，正交阵 $\boldsymbol{P}$ 的 n 个列向量 $\boldsymbol{p}_1$，$\boldsymbol{p}_2$，…，$\boldsymbol{p}_n$ 是对应特征值 λ_1，λ_2，…，λ_n 的特征向量．

推论 4.2 任给的二次型 $f=\sum\limits_{i,j=1}^{n}a_{ij}x_ix_j$（$a_{ij}=a_{ji}$），总存在可逆变换 $\boldsymbol{x}=\boldsymbol{C}\boldsymbol{z}$，使得 $f(\boldsymbol{C}\boldsymbol{z})$ 变成规范形．

例 4.19 $f(x_1,x_2,x_3)=2x_1^2+5x_2^2+5x_3^2+4x_1x_2-4x_1x_3-8x_2x_3$ 用正交变换化 $f(x_1,x_2,x_3)$ 为标准形和规范形．

解 f 的矩阵 $\boldsymbol{A}=\begin{pmatrix}2&2&-2\\2&5&-4\\-2&-4&5\end{pmatrix}$，

$\boldsymbol{A}$ 的特征多项式 $\varphi(\lambda)=-(\lambda-1)^2(\lambda-10)$，

$\lambda_1=\lambda_2=1$ 的两个正交的特征向量 $\boldsymbol{p}_1=\begin{pmatrix}0\\1\\1\end{pmatrix}$，$\boldsymbol{p}_2=\begin{pmatrix}4\\-1\\1\end{pmatrix}$，

$\lambda_3=10$ 的特征向量 $\boldsymbol{p}_3=\begin{pmatrix}1\\2\\-2\end{pmatrix}$,

正交矩阵　$\boldsymbol{Q}=\begin{pmatrix}0 & 4/3\sqrt{2} & 1/3\\ 1/\sqrt{2} & -1/3\sqrt{2} & 2/3\\ 1/\sqrt{2} & 1/3\sqrt{2} & -2/3\end{pmatrix}$,

正交变换 $\boldsymbol{x}=\boldsymbol{Q}\boldsymbol{y}$，标准形 $f=y_1^2+y_2^2+10y_3^2$.

令 $\begin{cases}z_1=y_1,\\ z_2=y_2,\\ z_3=\sqrt{10}y_3,\end{cases}$ 得规范形 $f=z_1^2+z_2^2+z_3^2$，变换 $\boldsymbol{y}=\boldsymbol{K}\boldsymbol{z}$ 对应的变换矩阵为

$$\boldsymbol{K}=\begin{pmatrix}1 & 0 & 0\\ 0 & 1 & 0\\ 0 & 0 & \sqrt{10}\end{pmatrix}.$$

例 4.20

$$f(x_1,\cdots,x_4)=2x_1x_2+2x_1x_3-2x_1x_4-2x_2x_3+2x_2x_4+2x_3x_4,$$

用正交变换化 $f(x_1,x_2,x_3,x_4)$ 为标准形 .

解　f 的矩阵 $\boldsymbol{A}=\begin{pmatrix}0 & 1 & 1 & -1\\ 1 & 0 & -1 & 1\\ 1 & -1 & 0 & 1\\ -1 & 1 & 1 & 0\end{pmatrix}$,

$\boldsymbol{A}$ 的特征多项式 $\varphi(\lambda)=(\lambda-1)^3(\lambda+3)$,

求正交矩阵 $\boldsymbol{Q}$ 和对角矩阵 $\boldsymbol{\Lambda}$，使得 $\boldsymbol{Q}^{\mathrm{T}}\boldsymbol{A}\boldsymbol{Q}=\boldsymbol{\Lambda}$,

$$\boldsymbol{Q}=\begin{pmatrix}1/\sqrt{2} & 0 & 1/2 & -1/2\\ 1/\sqrt{2} & 0 & -1/2 & 1/2\\ 0 & 1/\sqrt{2} & 1/2 & 1/2\\ 0 & 1/\sqrt{2} & -1/2 & -1/2\end{pmatrix},\ \boldsymbol{\Lambda}=\begin{pmatrix}1 & & & \\ & 1 & & \\ & & 1 & \\ & & & -3\end{pmatrix},$$

正交变换 $\boldsymbol{x}=\boldsymbol{Q}\boldsymbol{y}$，标准形 $f=y_1^2+y_2^2+y_3^2-3y_4^2$.

例 4.21　$f(x_1,x_2,x_3)=5x_1^2+5x_2^2+cx_3^2-2x_1x_2+6x_1x_3-6x_2x_3$，二次型的秩为 2.

（1）求 c;

（2）用正交变换化 $f(x_1,x_2,x_3)$ 为标准形;

（3）$f(x_1,x_2,x_3)=1$ 表示那类二次曲面?

解　（1）f 的矩阵 $\boldsymbol{A}=\begin{pmatrix}5 & -1 & 3\\ -1 & 5 & -3\\ 3 & -3 & \boldsymbol{c}\end{pmatrix}$（显见 $R(\boldsymbol{A})\geqslant 2$）

$R(\boldsymbol{A})=2$，$|\boldsymbol{A}|=0$，$c=3$,

$$(2)\ \varphi(\lambda)=\begin{vmatrix}5-\lambda & -1 & 3\\ -1 & 5-\lambda & -3\\ 3 & -3 & 3-\lambda\end{vmatrix}\xlongequal{r_1+r_2}\begin{vmatrix}4-\lambda & 4-\lambda & 0\\ -1 & 5-\lambda & -3\\ 3 & -3 & 3-\lambda\end{vmatrix}$$

$$\xlongequal{c_2-c_1}\begin{vmatrix}4-\lambda & 0 & 0\\ -1 & 6-\lambda & -3\\ 3 & -6 & 3-\lambda\end{vmatrix}=-\lambda(\lambda-4)(\lambda-9),$$

$\lambda_1=0$，$\lambda_2=4$，$\lambda_3=9$ 的特征向量依次为

$$\boldsymbol{p}_1=\begin{pmatrix}-1\\1\\2\end{pmatrix},\ \boldsymbol{p}_2=\begin{pmatrix}1\\1\\0\end{pmatrix},\ \boldsymbol{p}_3=\begin{pmatrix}1\\-1\\1\end{pmatrix}(\text{两两正交}),$$

正交矩阵 $\boldsymbol{Q}=\begin{pmatrix}-1/\sqrt{6} & 1/\sqrt{2} & 1/\sqrt{3}\\ 1/\sqrt{6} & 1/\sqrt{2} & -1/\sqrt{3}\\ 2/\sqrt{6} & 0 & 1/\sqrt{3}\end{pmatrix}$，

正交变换 $\boldsymbol{x}=\boldsymbol{Q}\boldsymbol{y}$，标准形 $f=0y_1^2+4y_2^2+9y_3^2$.

(3) $f(x_1,x_2,x_3)=1$，得到 $4y_2^2+9y_3^2=1$，表示椭圆柱面.

例 4.22 设 $f(x_1,x_2,x_3)=\boldsymbol{x}^{\mathrm{T}}\boldsymbol{A}\boldsymbol{x}$，$\boldsymbol{A}=\begin{pmatrix}c & -1 & 3\\ -1 & c & -3\\ 3 & -3 & 9c\end{pmatrix}$，

秩$(f)=2$，求 c.

解 因为 $|\boldsymbol{A}|=9(c-1)^2(c+2)$，由 $R(\boldsymbol{A})=2$，知 $|\boldsymbol{A}|=0$，得到 $c=1$ 或者 $c=-2$，当 $c=1$ 时，

$$\boldsymbol{A}=\begin{pmatrix}1 & -1 & 3\\ -1 & 1 & -3\\ 3 & -3 & 9\end{pmatrix}\sim\begin{pmatrix}1 & -1 & 3\\ 0 & 0 & 0\\ 0 & 0 & 0\end{pmatrix},$$

$R(\boldsymbol{A})=1$（舍去）.

当 $c=-2$ 时，$\boldsymbol{A}=\begin{pmatrix}-2 & -1 & 3\\ -1 & -2 & -3\\ 3 & -3 & -18\end{pmatrix}$，由 $R(\boldsymbol{A})\geqslant 2$ 且 $|\boldsymbol{A}|=2$ 可知 $R(\boldsymbol{A})=2$ 故 $c=-2$ 为所求.

练习 5

一、选择题

1. 下列各式中，(　　) 是二次型.

(A) $x_1^2+2x_2^2+x_3^2-6x_1x_2+2x_2x_3-1$；

(B) $2x_1^2+2x_2^2+2x_3^2-x_1x_2+x_1x_3+x_1+x_2+x_3$；

(C) $x_1^2+x_1x_2+2x_2x_3+2x_3^2=0$；

(D) $x_1x_2-x_2x_3-x_1x_3+x_4x_2$.

2. 二次型 $f(x_1,x_2,x_3)=x_1^2+tx_2^2+3x_3^2+2x_1x_2$，当 $t=$(　　) 时，

f 的秩是 2.

（A）0；　　（B）1；　　（C）2；　　（D）3.

3. 二次型 $f(x_1,x_2,x_3)=3x_1^2-x_2^2+2x_1x_2$ 的矩阵为（　　）.

（A）$\begin{pmatrix}3&1\\1&-1\end{pmatrix}$；　　（B）$\begin{pmatrix}3&1&0\\1&-1&0\\0&0&0\end{pmatrix}$；

（C）$\begin{pmatrix}3&2\\2&-1\end{pmatrix}$；　　（D）$\begin{pmatrix}3&2&0\\2&-1&0\\0&0&0\end{pmatrix}$.

二、填空题

1. 矩阵 $\begin{pmatrix}1&-4&0\\-4&2&1\\0&1&3\end{pmatrix}$ 对应的二次型是 $f(x_1,x_2,x_3)=$________.

2. 二次型 $f(x_1,x_2,x_3)=x_1x_2+x_1x_3+x_2x_3$ 的秩为________.

3. 二次型 $f(x_1,x_2,x_3)=x_1^2-2x_2^2+x_3^2-4x_1x_2+6x_2x_3$ 的矩阵形式是________.

4. 二次型 $f(x_1,x_2,x_3)=(2x_1+x_2+4x_3)^2$ 的矩阵 $\boldsymbol{A}=$________.

4.6 用配方法化二次型为标准形

用正交变换化二次型为标准形，具有保持几何形状不变的优点．如果不限于用正交变换，那么还可以有很多种方法（对应有多个可逆的线性变换）把二次型化成标准形，这里只介绍拉格朗日配方法．下面举例说明这种方法．

例 4.23　化二次型

$$f(x_1,x_2,x_3)=2x_1^2+5x_2^2+5x_3^2+4x_1x_2-4x_1x_3-8x_2x_3$$

为标准形，并求所用的变换矩阵．

解

$$\begin{aligned}f&=2[x_1^2+2x_1(x_2-x_3)]+5x_2^2+5x_3^2-8x_2x_3\\&=2[(x_1+x_2-x_3)^2-(x_2-x_3)^2]+5x_2^2+5x_3^2-8x_2x_3\\&=2(x_1+x_2-x_3)^2+3x_2^2-4x_2x_3+3x_3^2\\&=2(x_1+x_2-x_3)^2+3\left[\left(x_2-\frac{2}{3}x_3\right)^2\_\_\_\_\_\_x_3^2\right]+3x_3^2\\&=2(x_1+x_2-x_3)^2+\_\_\_(x_2-\frac{2}{3}x_3)^2+\_\_\_x_3^2.\end{aligned}$$

令 $\begin{cases}y_1=x_1+x_2-x_3,\\y_2=x_2-(2/3)x_3,\\y_3=x_3,\end{cases}$ 则 $\begin{cases}x_1=y_1-y_2+(1/3)y_3,\\x_2=y_2+(2/3)y_3,\\x_3=y_3,\end{cases}$

可逆变换 $\boldsymbol{x}=\boldsymbol{C}\boldsymbol{y}$，其中 $\boldsymbol{C}=\begin{pmatrix}1 & \_\_ & 1/3\\0 & 1 & \_\_\\0 & 0 & 1\end{pmatrix}$，

标准形为 $f=2y_1^2+3y_2^2+\frac{5}{3}y_3^2$.

例 4.24 设 $f(x_1,x_2,x_3)=2x_1x_2+2x_1x_3-6x_2x_3$，用配方法化 $f(x_1,x_2,x_3)$ 为标准形，并求所用的变换矩阵.

解 先凑平方项

令 $\begin{cases}x_1=y_1+y_2,\\x_2=y_1-y_2,\\x_3=\qquad y_3,\end{cases}$ 即 $\boldsymbol{x}=\boldsymbol{C}_1\boldsymbol{y}$，其中 $\boldsymbol{C}_1=\begin{pmatrix}1 & 1 & 0\\1 & -1 & 0\\0 & 0 & 1\end{pmatrix}$，

则
$$\begin{aligned}f&=2y_1^2-2y_2^2+2y_1y_3+2y_2y_3-6y_1y_3+6y_2y_3\\&=2[y_1^2-2y_1y_3]-2y_2^2+8y_2y_3\\&=2[(y_1-y_3)^2-y_3^2]-2y_2^2+8y_2y_3\\&=2(y_1-y_3)^2-2[y_2^2-4y_2y_3]-2y_3^2\\&=2(y_1-y_3)^2-2[(y_2-2y_3)^2-4y_3^2]-2y_3^2\\&=2(y_1-y_3)^2-2(y_2-2y_3)^2+6y_3^2.\end{aligned}$$

令 $\begin{cases}z_1=\_\_\_\_\_\_,\\z_2=\qquad y_2-2y_3,\\z_3=\qquad \_\_,\end{cases}$ 则 $\begin{cases}y_1=z_1\quad+\quad z_3,\\y_2=\qquad z_2+2z_3,\\y_3=\qquad\qquad z_3.\end{cases}$

即 $\boldsymbol{y}=\boldsymbol{C}_2\boldsymbol{z}$，其中 $\boldsymbol{C}_2=\begin{pmatrix}1 & 0 & 1\\0 & 1 & 2\\0 & 0 & 1\end{pmatrix}$.

可逆变换 $\boldsymbol{x}=\boldsymbol{C}_1\boldsymbol{y}=\boldsymbol{C}_1\boldsymbol{C}_2\boldsymbol{z}$，

$$\boldsymbol{C}=\boldsymbol{C}_1\boldsymbol{C}_2=\begin{pmatrix}1 & 1 & 3\\1 & -1 & -1\\0 & 0 & 1\end{pmatrix},$$

标准形为 $f=2z_1^2-2z_2^2+6z_3^2$.

一般地，任何二次型都可以用上面两例的方法找到可逆变换，把二次型化成标准形.

4.7 正定二次型

二次型的标准形显然不是唯一的，只是标准形中所含项数是确定的. 不仅如此，在限定变换为实变换时，标准形中正系数的个数是不变的（从而负系数的个数也不变），也就是有：

定理 4.7 设有实二次型 $f=\boldsymbol{x}^{\mathrm{T}}\boldsymbol{A}\boldsymbol{x}$，它的秩为 r，有两个实的可逆变换

$$\boldsymbol{x}=\boldsymbol{C}\boldsymbol{y} \text{ 及 } \boldsymbol{x}=\boldsymbol{P}\boldsymbol{z},$$

使

$$f=k_1y_1^2+k_2y_2^2+\cdots+k_ry_r^2 \quad (k_i\neq 0)$$

及

$$f=\lambda_1z_1^2+\lambda_2z_2^2+\cdots+\lambda_rz_r^2 \quad (\lambda_i\neq 0),$$

则 k_1, k_2, …, k_r 中正数的个数与 λ_1, λ_2, …, λ_r 中正数的个数相等.

这个定理称为惯性定理（inertial theorem）. 这里不予证明.

比较常用的二次型是标准形的系数全为正（$r=n$）或全为负的情形.

定义 4.13　设有实二次型 $f(\boldsymbol{x})=\boldsymbol{x}^{\mathrm{T}}\boldsymbol{A}\boldsymbol{x}$，如果对任何 $\boldsymbol{x}\neq\boldsymbol{0}$，都有 $f(\boldsymbol{x})>0$（显然 $f(0)=0$），则称 f 为正定二次型（positive definite quadratic form），记作 $\boldsymbol{A}>0$；如果对任何 $\boldsymbol{x}\neq 0$ 都有 $f(\boldsymbol{x})<0$，则称 f 为负定二次型（negative definite quadratic form），并称对称阵 $\boldsymbol{A}$ 是负定的，记作 $\boldsymbol{A}<0$.

定理 4.8　实二次型 $f=\boldsymbol{x}^{\mathrm{T}}\boldsymbol{A}\boldsymbol{x}$ 为正定的充分必要条件是：它的标准形的 n 个系数全为正.

证　设可逆变换 $\boldsymbol{x}=\boldsymbol{C}\boldsymbol{y}$ 使

$$f(\boldsymbol{x})=f(\boldsymbol{C}\boldsymbol{y})=\sum_{i=1}k_iy_i^{\ 2}.$$

先证充分性. 设 $k_i>0$ $(i=1,2,\cdots,n)$. 任给 $\boldsymbol{x}\neq\boldsymbol{0}$，则 $\boldsymbol{y}=\boldsymbol{C}^{-1}\boldsymbol{x}\neq\boldsymbol{0}$，故

$$f(\boldsymbol{x})=\sum_{i=1}k_iy_i^{\ 2}>0.$$

再证必要性，用反证法. 假设有 $k_s\leqslant 0$，则当 $\boldsymbol{y}=\boldsymbol{e}_s$（单位坐标向量）时，

$$f(\boldsymbol{C}\boldsymbol{e}_s)=k_s\leqslant 0.$$

显然 $\boldsymbol{C}\boldsymbol{e}_s\neq 0$，这与 f 为正定矛盾. 这就证明了 $k_i>0$ $(i=1,2,\cdots,n)$.

推论 4.3　对称阵 $\boldsymbol{A}$ 为正定的充分必要条件是：$\boldsymbol{A}$ 的特征值全为正.

定理 4.9　对称阵 $\boldsymbol{A}$ 为正定的充分必要条件是：$\boldsymbol{A}$ 的各阶顺序主子式都为正，即

$$a_{11}>0,\quad \begin{vmatrix} a_{11} & a_{12} \\ a_{21} & a_{22} \end{vmatrix}>0,\ \cdots,\ \begin{vmatrix} a_{11} & a_{12} & \cdots & a_{1n} \\ a_{21} & a_{22} & \cdots & a_{2n} \\ \vdots & \vdots & & \vdots \\ a_{n1} & a_{n2} & \cdots & a_{nn} \end{vmatrix}>0,$$

对称阵 $\boldsymbol{A}$ 为负定的充分必要条件是：奇数阶顺序主子式为负，而偶数阶顺序主子式为正，即

$$(-1)^r\begin{vmatrix} a_{11} & a_{12} & \cdots & a_{1r} \\ a_{21} & a_{22} & \cdots & a_{2r} \\ \vdots & \vdots & & \vdots \\ a_{r1} & a_{r2} & \cdots & a_{rr} \end{vmatrix}>0 \quad (r=1,2,\cdots,n).$$

例 4.25 判别二次型 $f=-5x^2-6y^2-4z^2+4xy+4yz$ 的正定性.

解 f 的矩阵为 $\boldsymbol{A}=\begin{pmatrix} -5 & 2 & 2 \\ 2 & -6 & 0 \\ 2 & 0 & -4 \end{pmatrix}$,

因为 $a_{11}=-5<0$, $\begin{vmatrix} a_{11} & a_{12} \\ a_{21} & a_{22} \end{vmatrix}=\begin{vmatrix} -5 & 2 \\ 2 & -6 \end{vmatrix}=26>0$, $|\boldsymbol{A}|=-80<0$, 根据定理知 f 为负定.

练习 6

一、选择题

1. 已知 $\boldsymbol{A}=\begin{pmatrix} 1 & 0 & -1 \\ 0 & 5 & 0 \\ -1 & 0 & c \end{pmatrix}$是正定矩阵，则（　　）.

（A）$c>1$;　（B）$c>-1$;　（C）$c>0$;　（D）$c>2$.

2. 实对称矩阵 $\boldsymbol{A}$ 正定的充分必要条件是（　　）.

（A）$R(\boldsymbol{A})=n$;

（B）$\boldsymbol{A}$ 的所有特征值非负;

（C）$\boldsymbol{A}^*$ 为正定的;

（D）$\boldsymbol{A}$ 的主对角线上元素都大于零.

3. 已知 $\boldsymbol{A}$，$\boldsymbol{B}$ 均为 n 阶正定矩阵，则下列矩阵中（　　）不是正定矩阵.

（A）$3\boldsymbol{A}$;　（B）$-2\boldsymbol{B}$;

（C）$\boldsymbol{A}^{-1}+\boldsymbol{B}^{-1}$;　（D）$\boldsymbol{A}^*+\boldsymbol{B}^*$.

二、填空题

1. 设二次型 $f(x_1,x_2,x_3)=2x_1^2+x_2^2+x_3^2+2x_1x_3+2tx_2x_3$，则当 t 满足条件________时，f 是正定的.

2. 设二次型 $f(x_1,x_2,x_3)=x_1^2+x_2^2+x_3^2+2x_1x_2$，则其顺序主子式 $\boldsymbol{A}_1=$________; $\boldsymbol{A}_2=$________; $\boldsymbol{A}_3=$________; $f(x_1,x_2,x_3)$ 是________二次型.

4.8 应用实例

实例 1　培训人员的预测

试验性生产线每年一月进行熟练工和非熟练工的人数统计，然后将 1/6 熟练工支援其他部门，其缺额由招收新的非熟练工补齐，新非熟练工经培训及实践至年终考核有 2/5 成为熟练工．设第 n 年一月份统计熟练工和非熟练工所占百分比分别为 x_n，y_n，记成向量 $\boldsymbol{x}_n=(x_n,\ y_n)^{\mathrm{T}}$.

（1）求$\begin{pmatrix}x_{n+1}\\y_{n+1}\end{pmatrix}$与$\begin{pmatrix}x_n\\y_n\end{pmatrix}$的关系式，并写成矩阵形式$\begin{pmatrix}x_{n+1}\\y_{n+1}\end{pmatrix}=\boldsymbol{A}\begin{pmatrix}x_n\\y_n\end{pmatrix}$；

（2）验证 $\boldsymbol{\eta}_1=\begin{pmatrix}4\\1\end{pmatrix}$，$\boldsymbol{\eta}_2=\begin{pmatrix}-1\\1\end{pmatrix}$是 $\boldsymbol{A}$ 的两个线性无关的特征向量，并求出相应的特征值；

（3）当$\begin{pmatrix}x_1\\y_1\end{pmatrix}=\begin{pmatrix}\frac{1}{2}\\\frac{1}{2}\end{pmatrix}$时，求$\begin{pmatrix}x_{n+1}\\y_{n+1}\end{pmatrix}$.

解　（1）第 n 年熟练工和非熟练工所占百分比分别为 x_n，y_n，第 $n+1$ 年的熟练工所占百分比 x_{n+1}是由上一年留下的熟练工$\frac{5}{6}x_n$加上新招的$\frac{1}{6}x_n$和上一年非熟练工 y_n两者经培训考核后的$\frac{2}{5}$（成为熟练工）组成，即 $x_{n+1}=\frac{5}{6}x_n+\frac{2}{5}\left(\frac{1}{6}x_n+y_n\right)$；第 $n+1$ 年的非熟练工所占百分比 y_{n+1}是由新招的$\frac{1}{6}x_n$和上一年非熟练工 y_n两者经培训考核后余下的$\frac{3}{5}$（为非熟练工）组成，即 $y_{n+1}=\frac{3}{5}\left(\frac{1}{6}x_n+y_n\right)$；所以

$$\begin{cases}x_{n+1}=\frac{5}{6}x_n+\frac{2}{5}\left(\frac{1}{6}x_n+y_n\right)=\frac{9}{10}x_n+\frac{2}{5}y_n,\\ y_{n+1}=\frac{3}{5}\left(\frac{1}{6}x_n+y_n\right)=\frac{1}{10}x_n+\frac{3}{5}y_n.\end{cases}$$

即

$$\begin{pmatrix}x_{n+1}\\y_{n+1}\end{pmatrix}=\begin{pmatrix}\frac{9}{10}&\frac{2}{5}\\\frac{1}{10}&\frac{3}{5}\end{pmatrix}\begin{pmatrix}x_n\\y_n\end{pmatrix}=\boldsymbol{A}\begin{pmatrix}x_n\\y_n\end{pmatrix}，其中\boldsymbol{A}=\begin{pmatrix}\frac{9}{10}&\frac{2}{5}\\\frac{1}{10}&\frac{3}{5}\end{pmatrix}.$$

（2）由

$$|\lambda\boldsymbol{E}-\boldsymbol{A}|=\begin{vmatrix}\lambda-\frac{9}{10}&-\frac{2}{5}\\-\frac{1}{10}&\lambda-\frac{3}{5}\end{vmatrix}=(\lambda-1)\left(\lambda-\frac{1}{2}\right)=0,$$

得 $\lambda_1=1$，$\lambda_2=\frac{1}{2}$，可以求得 $\lambda_1=1$ 对应的特征向量 $\boldsymbol{\eta}_1=\begin{pmatrix}4\\1\end{pmatrix}$，$\lambda_2=\frac{1}{2}$对应的特征向量 $\boldsymbol{\eta}_2=\begin{pmatrix}-1\\1\end{pmatrix}$.

(3) $\begin{pmatrix} x_{n+1} \\ y_{n+1} \end{pmatrix} = \boldsymbol{A}\begin{pmatrix} \boldsymbol{x}_n \\ \boldsymbol{y}_n \end{pmatrix} = \boldsymbol{A}^2\begin{pmatrix} \boldsymbol{x}_{n-1} \\ \boldsymbol{y}_{n-1} \end{pmatrix} = \cdots = \boldsymbol{A}^n\begin{pmatrix} x_1 \\ y_1 \end{pmatrix}$,

由（2）的结果得 $\boldsymbol{A} = \boldsymbol{P}\begin{pmatrix} 1 & \\ & \frac{1}{2} \end{pmatrix}\boldsymbol{P}^{-1}$，其中 $\boldsymbol{P}^{-1} = \frac{1}{5}\begin{pmatrix} 1 & 1 \\ -1 & 4 \end{pmatrix}$,

所以
$$\begin{aligned} \boldsymbol{A}^n &= \boldsymbol{P}\begin{pmatrix} 1 & \\ & \frac{1}{2} \end{pmatrix}^n \boldsymbol{P}^{-1} \\ &= \frac{1}{5}\begin{pmatrix} 4 & -1 \\ 1 & 1 \end{pmatrix}\begin{pmatrix} 1 & \\ & \left(\frac{1}{2}\right)^n \end{pmatrix}\begin{pmatrix} 1 & 1 \\ -1 & 4 \end{pmatrix} \\ &= \frac{1}{5}\begin{pmatrix} 4 + \left(\frac{1}{2}\right)^n & 4 - 4\left(\frac{1}{2}\right)^n \\ 1 - \left(\frac{1}{2}\right)^n & 1 + 4\left(\frac{1}{2}\right)^n \end{pmatrix} \end{aligned}$$

$$\begin{pmatrix} x_{n+1} \\ y_{n+1} \end{pmatrix} = \boldsymbol{A}^n\begin{pmatrix} \frac{1}{2} \\ \frac{1}{2} \end{pmatrix} = \frac{1}{10}\begin{pmatrix} 8 - 3\left(\frac{1}{2}\right)^n \\ 2 + 3\left(\frac{1}{2}\right)^n \end{pmatrix}.$$

实例 2　线性定常系统的稳定性分析

设线性定常系统的状态方程为

$$\begin{pmatrix} \dot{x}_1 \\ \dot{x}_2 \end{pmatrix} = \begin{pmatrix} 0 & 1 \\ -1 & -1 \end{pmatrix}\begin{pmatrix} x_1 \\ x_2 \end{pmatrix},$$

试分析系统平衡状态 $\boldsymbol{x} = \boldsymbol{0}$ 的稳定性．设 $\boldsymbol{A} = \begin{pmatrix} 0 & 1 \\ -1 & -1 \end{pmatrix}$，若存在正定矩阵 $\boldsymbol{P}$，使 $\boldsymbol{A}^{\mathrm{T}}\boldsymbol{P} + \boldsymbol{P}\boldsymbol{A} = -\boldsymbol{E}$，那么系统在平衡状态 $\boldsymbol{x} = \boldsymbol{0}$ 是稳定的．

解　设 $\boldsymbol{P} = \begin{pmatrix} p_{11} & p_{12} \\ p_{21} & p_{22} \end{pmatrix}$　由 $\boldsymbol{A}^{\mathrm{T}}\boldsymbol{P} + \boldsymbol{P}\boldsymbol{A} = -\boldsymbol{E}$,

$$\begin{pmatrix} 0 & -1 \\ 1 & -1 \end{pmatrix}\begin{pmatrix} p_{11} & p_{12} \\ p_{21} & p_{22} \end{pmatrix} + \begin{pmatrix} p_{11} & p_{12} \\ p_{21} & p_{22} \end{pmatrix}\begin{pmatrix} 0 & 1 \\ -1 & -1 \end{pmatrix} = \begin{pmatrix} -1 & 0 \\ 0 & -1 \end{pmatrix},$$

$$\begin{pmatrix} -2p_{12} & p_{11} - p_{12} - p_{22} \\ p_{11} - p_{12} - p_{22} & 2p_{12} - 2p_{22} \end{pmatrix} = \begin{pmatrix} -1 & 0 \\ 0 & -1 \end{pmatrix},$$

解得

$$\boldsymbol{P} = \begin{pmatrix} \frac{3}{2} & \frac{1}{2} \\ \frac{1}{2} & 1 \end{pmatrix},\quad p_{11} = \frac{3}{2} > 0,\quad |\boldsymbol{P}| = \begin{vmatrix} \frac{3}{2} & \frac{1}{2} \\ \frac{1}{2} & 1 \end{vmatrix} = \frac{5}{1} > 0,$$

$\boldsymbol{P}$ 是正定的，故系统在平衡状态 $\boldsymbol{x} = \boldsymbol{0}$ 下是稳定的．

实例 3　兔子和狐狸的生态模型

考查栖息在同一地方的兔子和狐狸的生态模型，根据两种动物的数量关系，提出了以下模型

$$\begin{cases} R_t = 1.1R_{t-1} - 0.15F_{t-1}, \\ F_t = 0.1R_{t-1} + 0.85F_{t-1}, \end{cases} \quad (t = 1, 2, \cdots).$$

其中 R_t，F_t分别表示第 t 年时兔子和狐狸的数量，R_0，F_0分别表示初始时刻兔子和狐狸的数量，若记 $\boldsymbol{x}(t) = (R_t, F_t)^{\mathrm{T}}$，设初始时刻 $\boldsymbol{x}(0) = (R_0, F_0)^{\mathrm{T}} = (10, 8)^{\mathrm{T}}$，试求 $\boldsymbol{x}(t)$，并讨论当 $t \to \infty$ 时，可以得到什么结论?

解　将兔子和狐狸的生态模型写成矩阵形式

$$\begin{pmatrix} R_t \\ F_t \end{pmatrix} = \begin{pmatrix} 1.1 & -0.15 \\ 0.1 & 0.85 \end{pmatrix} \begin{pmatrix} R_{t-1} \\ F_{t-1} \end{pmatrix},$$

即 $\boldsymbol{x}(t) = \boldsymbol{A}\boldsymbol{x}(t-1)$，其中

$$\boldsymbol{A} = \begin{pmatrix} 1.1 & -0.15 \\ 0.1 & 0.85 \end{pmatrix},$$

计算矩阵 $\boldsymbol{A}$ 的特征值为

$$|\boldsymbol{A} - \lambda\boldsymbol{E}| = \begin{vmatrix} 1.1 - \lambda & -0.15 \\ 0.1 & 0.85 - \lambda \end{vmatrix} = (1 - \lambda)(0.95 - \lambda) = 0,$$

有 $\lambda_1 = 1$，$\lambda_2 = 0.95$，对应的特征向量分别为

$$\boldsymbol{p}_1 = \begin{pmatrix} 1 \\ 1 \end{pmatrix},\ \boldsymbol{p}_2 = \begin{pmatrix} 3 \\ 2 \end{pmatrix},$$

由于 $\boldsymbol{x}(0) = (R_0, F_0)^{\mathrm{T}} = (10, 8)^{\mathrm{T}}$，故 $\boldsymbol{x}(0) = 4\boldsymbol{p}_1 + 2\boldsymbol{p}_2$，有

$$\boldsymbol{x}(t) = \boldsymbol{A}\boldsymbol{x}(t-1) = \boldsymbol{A}^2\boldsymbol{x}(t-2) = \cdots = \boldsymbol{A}^t\boldsymbol{x}(0),$$

即
$$\boldsymbol{x}(t) = \boldsymbol{A}^t\boldsymbol{x}(0) = 4\boldsymbol{A}^t\boldsymbol{p}_1 + 2\boldsymbol{A}^t\boldsymbol{p}_2 = 4\lambda_1^t\boldsymbol{p}_1 + 2\lambda_2^t\boldsymbol{p}_2,$$

则
$$\boldsymbol{x}(t) = 0.95^t(4, 4)^{\mathrm{T}} + (6, 4)^{\mathrm{T}}.$$

当 $t \to \infty$ 时，有 $\boldsymbol{x}(t) \to (6, 4)^{\mathrm{T}}$，即经过充分长的时期，兔子和狐狸的数量将保持稳定，稳定在 6∶4，即 3∶2.

实例 4　多元函数极值

一般地，n 个实变量的函数 $f(x_1, x_2, \cdots, x_n)$，其偏导数的零点，$x = x_0$，$\dfrac{\partial f(x_0)}{\partial x_i} = 0$（$i = 1, 2, \cdots, n$）叫作 $f(x)$ 的驻点，其二阶连续偏导数构成的矩阵

$$H_f(x) = \begin{pmatrix} \dfrac{\partial^2 f}{\partial x_1^2} & \dfrac{\partial^2 f}{\partial x_1 \partial x_2} & \cdots & \dfrac{\partial^2 f}{\partial x_1 \partial x_n} \\ \dfrac{\partial^2 f}{\partial x_2 \partial x_1} & \dfrac{\partial^2 f}{\partial x_2^2} & \cdots & \dfrac{\partial^2 f}{\partial x_2 \partial x_n} \\ \vdots & \vdots & & \vdots \\ \dfrac{\partial^2 f}{\partial x_n \partial x_1} & \dfrac{\partial^2 f}{\partial x_n x_2} & \cdots & \dfrac{\partial^2 f}{\partial x_n^2} \end{pmatrix} = \left(\dfrac{\partial^2 f}{\partial x_i \partial x_j} \right) = (f_{ij})_{n \times n}$$

叫作黑塞（Hessian）矩阵，是一个对称矩阵．

由多元泰勒（Taylor）公式易知，在驻点 $x=x_0$ 处，若 $H_f(x_0)$ 正定，则 x_0 是极小值点：若 $H_f(x_0)$ 负定，则 x_0 是极大值点．若 $H_f(x_0)$ 不定，则 x_0 不是极值点．

求二元函数 $f(x_1,x_2)=x_1^2+5x_2^2-6x_1+10x_2+6$ 的极值？

解 由

$$\begin{cases}\dfrac{\partial f}{\partial x_1}=2x_1-6=0,\\ \dfrac{\partial f}{\partial x_2}=10x_2+10=0.\end{cases}$$

得驻点（3，-1）．

由于 $H_f(3,-1)=\begin{pmatrix}2&0\\0&10\end{pmatrix}$，正定，故（3，-1）是极小值点，极小值为 $f(3,-1)=-8$.

二次型的历史发展

从历史发展来看，对二次型的系统研究是从 18 世纪开始的，它起源于对二次曲线和二次曲面的分类问题的讨论，将二次曲线和二次曲面的方程变形，选择主轴方向的轴作为坐标轴以简化方程的形状．欧拉（Euler）在他的《引论》（1748 年）中就讨论了用旋转变换化二次曲面方程为标准形的方法；柯西（Cauchy）在他的著作中曾给出结论：当方程式为标准形时，二次曲面用二次项的符号来进行分类．柯西还讨论了化一般二次型为标准形的方法．然而，那时并不太清楚，在化简成标准形时，为何总是得到同样数目的正项和负项．19 世纪中叶，英国数学家西尔维斯特（Sylvester）回答了这个问题，1852 年他给出了 n 个变量的二次型的惯性定律，并用反证法给出了严格的证明．1801 年，高斯（Gauss）在《算术研究》中引进了二次型的正定、负定、半正定和半负定等术语．1868 年，魏尔斯特拉斯（Weierstrass，1815—1897）较系统地完成了二次型的理论，并将其推广到双线性型．

第 4 章综合练习 A

1. 用施密特方法将下列向量组规范正交化：

（1）$\boldsymbol{\alpha}_1=(1,-1,1)^{\mathrm{T}}$，$\boldsymbol{\alpha}_2=(1,2,-1)^{\mathrm{T}}$；

（2）$\boldsymbol{\alpha}_1=(1,2,-1)^{\mathrm{T}}$，$\boldsymbol{\alpha}_2=(-1,3,1)^{\mathrm{T}}\boldsymbol{\alpha}_3=(4,-1,0)^{\mathrm{T}}$.

2. 已知 $\boldsymbol{\alpha}_1=\begin{pmatrix}1\\1\\1\end{pmatrix}$，求一组非零向量 $\boldsymbol{\alpha}_2$，$\boldsymbol{\alpha}_3$，使 $\boldsymbol{\alpha}_1$，$\boldsymbol{\alpha}_2$，$\boldsymbol{\alpha}_3$ 两两

正交.

3. 设 $\boldsymbol{A}$ 是 n 阶非零实矩阵($n>2$)，$|\boldsymbol{A}|=1$ 并且 $\boldsymbol{A}^{\mathrm{T}}=\boldsymbol{A}^{*}$，证明 $\boldsymbol{A}$ 是正交矩阵.

4. 求下列矩阵的特征值与特征向量：

(1) $\begin{pmatrix}1&1\\0&1\end{pmatrix}$；　(2) $\begin{pmatrix}3&1&0\\-4&-1&0\\4&8&-2\end{pmatrix}$；

(3) $\begin{pmatrix}1&-1&1\\1&3&-1\\1&1&1\end{pmatrix}$；　(4) $\begin{pmatrix}2&3&-1&-4\\0&-1&-2&1\\0&1&2&-2\\0&1&1&2\end{pmatrix}$.

5. 设 3 阶矩阵 $\boldsymbol{A}$ 的特征值为 1，-1，2，求 $|\boldsymbol{A}^{*}+3\boldsymbol{A}-2\boldsymbol{E}|$.

6. 设 $\boldsymbol{\alpha}=(1,k,1)^{\mathrm{T}}$ 是 $\boldsymbol{A}=\begin{pmatrix}2&1&1\\1&2&1\\1&1&2\end{pmatrix}$ 的特征向量，求 k 和 $\boldsymbol{A}$ 的特征值 λ.

7. 设 $\boldsymbol{A}=\begin{pmatrix}1&-1&1\\2&4&a\\-3&-3&5\end{pmatrix}$，6 是 $\boldsymbol{A}$ 的一个特征值. (1) 求 a 的值；(2) 求 $\boldsymbol{A}$ 的全部特征值和特征向量.

8. 若方阵 $\boldsymbol{A}=\begin{pmatrix}2&2&0\\8&2&a\\0&0&6\end{pmatrix}$ 相似于对角矩阵，求常数 a.

9. 已知实对称阵 $\boldsymbol{A}$，求正交矩阵 $\boldsymbol{P}$，使得 $\boldsymbol{P}^{-1}\boldsymbol{A}\boldsymbol{P}$ 为对角阵.

(1) $\boldsymbol{A}=\begin{pmatrix}1&-2&0\\-2&2&-2\\0&-2&3\end{pmatrix}$；(2) $\boldsymbol{A}=\begin{pmatrix}4&2&2\\2&4&2\\2&2&4\end{pmatrix}$.

10. 设 3 阶方阵 $\boldsymbol{A}$ 的特征值为 1，0，-1，属于它们的特征向量分别为 $\boldsymbol{p}_1=(1,2,2)^{\mathrm{T}}$，$\boldsymbol{p}_2=(2,-2,1)^{\mathrm{T}}$，$\boldsymbol{p}_3=(-2,-1,2)^{\mathrm{T}}$，求 $\boldsymbol{A}$.

11. 设 3 阶实对称矩阵 $\boldsymbol{A}$ 的特征值是 1，2，3；矩阵 $\boldsymbol{A}$ 的属于特征值 1，2 的特征向量分别是 $\boldsymbol{\alpha}_1=(-1,-1,1)^{\mathrm{T}}$，$\boldsymbol{\alpha}_2=(1,-2,-1)^{\mathrm{T}}$，

(1) 求 $\boldsymbol{A}$ 的属于特征值 3 的特征向量；

(2) 求矩阵 $\boldsymbol{A}$.

12. 设 λ_1，λ_2，λ_3 为 3 阶矩阵 $\boldsymbol{A}$ 的三个不同特征值，而 $\boldsymbol{\alpha}_1$，$\boldsymbol{\alpha}_2$，$\boldsymbol{\alpha}_3$ 为其相应的特征向量，令 $\boldsymbol{\beta}=\boldsymbol{\alpha}_1+\boldsymbol{\alpha}_2+\boldsymbol{\alpha}_3$，试证 $\boldsymbol{\beta}$，$\boldsymbol{A\beta}$，$\boldsymbol{A}^2\boldsymbol{\beta}$ 线性无关.

13. 写出下列二次型的矩阵：

(1) $f(x_1,x_2,x_3,x_4)=5x_1^2+5x_2^2+3x_3^2-2x_1x_2+6x_1x_3-6x_2x_3$；

(2) $f=(x_1,x_2,x_3)\begin{pmatrix}1&3&5\\2&4&6\\7&8&5\end{pmatrix}\begin{pmatrix}x_1\\x_2\\x_3\end{pmatrix}$.

14. 用正交变换化下列二次型为标准型，并写出正交变换：

(1) $f(x_1,x_2,x_3)=2x_1^2+x_2^2-4x_1x_2-4x_2x_3$;

(2) $f(x_1,x_2,x_3)=x_1^2+4x_2^2+4x_3^2-4x_1x_2+4x_1x_3-8x_2x_3$.

15. 设二次型

$f(x_1,x_2,x_3)=5x_1^2+5x_2^2+cx_3^2-2x_1x_2+6x_1x_3-6x_2x_3$的秩为 2,

(1) 求参数 c 及此二次型对应矩阵的特征值；

(2) 用正交变换把二次型化为标准型，并写出相应的正交矩阵；

(3) 指出方程$f(x_1,x_2,x_3)=1$ 表示何种曲面.

16. 用配方法化下列二次型为标准型，并写出变换矩阵.

(1) $f(x_1,x_2,x_3)=2x_1^2+x_2^2-4x_3^2-4x_1x_2-2x_2x_3$;

(2) $f(x_1,x_2,x_3)=x_1x_2+x_1x_3+x_2x_3$.

17. 判定下列二次型的正定性：

(1) $f(x_1,x_2,x_3)=5x_1^2+4x_2^2+x_3^2-2x_1x_2-4x_1x_3$;

(2) $f(x_1,x_2,x_3)=3x_1^2+5x_2^2+5x_3^2-2x_1x_2+6x_1x_3+2x_2x_3$.

18. 若二次型$f(x_1,x_2,x_3)=2x_1^2+x_2^2+x_3^2+2x_1x_2-4tx_1x_3$是正定的，求 t 的取值范围.

第 4 章综合练习 B

1. 设 $\boldsymbol{B}$ 是秩为 2 的 5×4 矩阵，$\boldsymbol{\alpha}_1=(1,1,2,3)^{\mathrm{T}}$，$\boldsymbol{\alpha}_2=(-1,1,4,-1)^{\mathrm{T}}$，$\boldsymbol{\alpha}_3=(5,-1,-8,9)^{\mathrm{T}}$是齐次线性方程组 $\boldsymbol{BX}=\mathbf{0}$ 的解向量，求 $\boldsymbol{BX}=\mathbf{0}$ 的解空间的一个标准正交向量组.

2. 设矩阵 $\boldsymbol{A}=\begin{pmatrix}3&2&2\\2&3&2\\2&2&3\end{pmatrix}$，$\boldsymbol{P}=\begin{pmatrix}0&1&0\\1&0&1\\0&0&1\end{pmatrix}$，$\boldsymbol{B}=\boldsymbol{P}^{-1}\boldsymbol{A}^*\boldsymbol{P}$，求 $\boldsymbol{B}+2\boldsymbol{E}$ 的特征值和特征向量. 其中 $\boldsymbol{A}^*$为 $\boldsymbol{A}$ 的伴随矩阵，$\boldsymbol{E}$ 为 3 阶单位阵.

3. 设矩阵 $\boldsymbol{A}=\begin{pmatrix}3&2&-2\\-k&-1&k\\4&2&-3\end{pmatrix}$，问当 k 为何值时，存在可逆矩阵 $\boldsymbol{P}$，使得 $\boldsymbol{P}^{-1}\boldsymbol{AP}$ 为对角矩阵？并求出 $\boldsymbol{P}$ 和相应的对角矩阵.

4. 设矩阵 $\boldsymbol{A}=\begin{pmatrix}a&-1&c\\5&b&3\\1-c&0&-a\end{pmatrix}$，其行列式 $|\boldsymbol{A}|=-1$，又 $\boldsymbol{A}$ 的伴随矩阵 $\boldsymbol{A}^*$有一个特征值 λ_0，属于 λ_0的一个特征向量 $\boldsymbol{\alpha}=(-1,-1,1)^{\mathrm{T}}$,

求 a，b，c 和 λ_0 的值.

5. 已知 $\boldsymbol{A}=\begin{pmatrix}2 & x & 1\\0 & 3 & 0\\3 & -6 & 0\end{pmatrix}$ 有三个线性无关的特征向量，求 $\boldsymbol{A}^{100}$.

6. 如果 n 阶方阵 $\boldsymbol{A}$ 与 $\boldsymbol{B}$ 有相同的特征值，且 n 个特征值各不相同，证明矩阵 $\boldsymbol{A}$ 与 $\boldsymbol{B}$ 相似.

7. 设 $\boldsymbol{A}$ 与 $\boldsymbol{B}$ 均为实对称矩阵，且 $\boldsymbol{A}$ 与 $\boldsymbol{B}$ 有相同的特征多项式，证明：$\boldsymbol{A}$ 与 $\boldsymbol{B}$ 相似.

8. 设 $\boldsymbol{A}$ 为三阶实对称阵，$R(\boldsymbol{A})=2$，且 $\boldsymbol{A}\begin{pmatrix}1 & 1\\0 & 0\\-1 & 1\end{pmatrix}=\begin{pmatrix}-1 & 1\\0 & 0\\1 & 1\end{pmatrix}$. （1）求 $\boldsymbol{A}$ 的特征值和特征向量；（2）求 $\boldsymbol{A}$.

9. 设矩阵 $\boldsymbol{A}=\begin{pmatrix}1 & 2 & -3\\-1 & 4 & -3\\1 & a & 5\end{pmatrix}$ 的特征方程有一个二重根，求 a 的值，并讨论 $\boldsymbol{A}$ 是否可相似对角化.

10. 证明 n 阶矩阵 $\begin{pmatrix}1 & 1 & \cdots & 1\\1 & 1 & \cdots & 1\\\vdots & \vdots & & \vdots\\1 & 1 & \cdots & 1\end{pmatrix}$ 与 $\begin{pmatrix}0 & 0 & \cdots & 1\\0 & 0 & \cdots & 2\\\vdots & \vdots & & \vdots\\0 & 0 & \cdots & n\end{pmatrix}$ 相似.

11. 利用正交变换将二次曲面 $2xy+2xz-2yz=1$ 的方程化为标准形，并指出它是什么曲面？

12. 已知二次型 $f(x_1,x_2,x_3)=2x_1^2+3x_2^2+3x_3^2+2ax_2x_3\ (a>0)$，通过正交变换化成标准形 $f=y_1^2+2y_2^2+5y_3^2$，求参数 a 及所用的正交变换矩阵.

13. 设 $\boldsymbol{A}$ 为 $m\times n$ 实矩阵，$\boldsymbol{E}$ 是 n 阶单位矩阵，已知矩阵 $\boldsymbol{B}=\lambda\boldsymbol{E}+\boldsymbol{A}^{\mathrm{T}}\boldsymbol{A}$，试证：当 $\lambda>0$ 时，矩阵 $\boldsymbol{B}$ 为正定矩阵.

14. 设向量 $\boldsymbol{\alpha}=(a_1,a_2,\cdots,a_n)^{\mathrm{T}}$，$\boldsymbol{\beta}=(b_1,b_2,\cdots,b_n)^{\mathrm{T}}$ 均为非零向量，且满足 $\boldsymbol{\alpha}^{\mathrm{T}}\boldsymbol{\beta}=0$，记 n 阶方阵 $\boldsymbol{A}=\boldsymbol{\alpha}\boldsymbol{\beta}^{\mathrm{T}}$，求：（1）$\boldsymbol{A}^2$；（2）方阵 $\boldsymbol{A}$ 的特征值与特征向量.

15. 已知 $\boldsymbol{A}$，$\boldsymbol{B}$ 为 3 阶矩阵，且满足 $2\boldsymbol{A}^{-1}\boldsymbol{B}=\boldsymbol{B}-4\boldsymbol{E}$，其中 $\boldsymbol{E}$ 是 3 阶单位矩阵，（1）证明矩阵 $\boldsymbol{A}-2\boldsymbol{E}$ 可逆；（2）若 $\boldsymbol{B}=\begin{pmatrix}1 & -2 & 0\\1 & 2 & 0\\0 & 0 & 2\end{pmatrix}$，求矩阵 $\boldsymbol{A}$.

16. 已知 $\boldsymbol{A}$ 为 3 阶实对称矩阵，且满足 $\boldsymbol{A}^2+2\boldsymbol{A}=\boldsymbol{O}$，$\boldsymbol{A}$ 的秩 $R(\boldsymbol{A})=2$.

（1）求 $\boldsymbol{A}$ 的全部特征值；（2）当 k 为何值时，矩阵 $\boldsymbol{A}+k\boldsymbol{E}$ 为正定矩阵，其中 $\boldsymbol{E}$ 是 3 阶单位矩阵.

17. 设二次型$f(x_1,x_2,x_3)=\boldsymbol{X}^{\mathrm{T}}\boldsymbol{A}\boldsymbol{X}=ax_1^2+2x_2^2-2x_3^2+2bx_1x_3$（$b$大于零），其中二次型的矩阵$\boldsymbol{A}$的特征值之和为1，特征值之积为$-12$，求$a$，$b$的值.

18. 设3阶实对称矩阵$\boldsymbol{A}$的各行元素之和均为3，向量$\boldsymbol{\alpha}_1=(-1,2,-1)^{\mathrm{T}}$，$\boldsymbol{\alpha}_2=(0,-1,1)^{\mathrm{T}}$是线性方程组$\boldsymbol{Ax}=\boldsymbol{0}$的两个解，

（1）求$\boldsymbol{A}$的特征值与特征向量；

（2）求正交变换$\boldsymbol{Q}$和对角矩阵$\boldsymbol{\Lambda}$，使得$\boldsymbol{Q}^{\mathrm{T}}\boldsymbol{A}\boldsymbol{Q}=\boldsymbol{\Lambda}$；

（3）求$\boldsymbol{A}$及$\left(\boldsymbol{A}-\dfrac{3}{2}\boldsymbol{E}\right)^6$，其中$\boldsymbol{E}$是3阶单位矩阵.

19. 设$\boldsymbol{A}$为3阶矩阵，$\boldsymbol{\alpha}_1$，$\boldsymbol{\alpha}_2$，$\boldsymbol{\alpha}_3$是线性无关的三维列向量，且满足$\boldsymbol{A}\boldsymbol{\alpha}_1=\boldsymbol{\alpha}_1+\boldsymbol{\alpha}_2+\boldsymbol{\alpha}_3$，$\boldsymbol{A}\boldsymbol{\alpha}_2=2\boldsymbol{\alpha}_2+\boldsymbol{\alpha}_3$，$\boldsymbol{A}\boldsymbol{\alpha}_3=2\boldsymbol{\alpha}_2+3\boldsymbol{\alpha}_3$，

（1）求矩阵$\boldsymbol{B}$，使得$\boldsymbol{A}(\boldsymbol{\alpha}_1,\boldsymbol{\alpha}_2,\boldsymbol{\alpha}_3)=(\boldsymbol{\alpha}_1,\boldsymbol{\alpha}_2,\boldsymbol{\alpha}_3)\boldsymbol{B}$；

（2）求矩阵$\boldsymbol{A}$的特征值；

（3）求可逆矩阵$\boldsymbol{P}$，使得$\boldsymbol{P}^{-1}\boldsymbol{A}\boldsymbol{P}$为对角阵.

20. 设矩阵$\boldsymbol{A}=\begin{pmatrix}2&1&1\\1&2&1\\1&1&a\end{pmatrix}$可逆，向量$\boldsymbol{\alpha}=(1,b,1)^{\mathrm{T}}$是矩阵$\boldsymbol{A}^*$的一个特征向量，$\lambda$是$\boldsymbol{\alpha}$对应的特征值，其中$\boldsymbol{A}^*$是$\boldsymbol{A}$的伴随矩阵，试求$a$，$b$和$\lambda$的值.

第 5 章

线性空间与线性变换

线性空间与线性变换是线性代数中最基本的概念之一．前面我们引入了向量空间 $\mathbf{R}^n$的定义，本章我们将推广向量空间 $\mathbf{R}^n$，并给出一般线性空间的概念，进而介绍线性空间上的一种重要的对应关系即线性变换和线性变换所对应的矩阵问题．

5.1 线性空间的定义与性质

5.1.1 线性空间

定义 5.1 设 V 是一个非空集合，P 是一个数域，在 V 中定义两种运算，一种叫加法：$\forall \boldsymbol{\alpha}, \boldsymbol{\beta} \in V$，$\boldsymbol{\alpha}+\boldsymbol{\beta} \in V$；另一种叫数乘运算：任取数 $k \in P$，$\boldsymbol{\alpha} \in V$，有 $k\boldsymbol{\alpha} \in V$. 且这两种运算满足以下八条运算律（设 $\boldsymbol{\alpha}, \boldsymbol{\beta}, \boldsymbol{\gamma} \in V$，$k, l \in P$）：

（1）加法交换律：$\boldsymbol{\alpha}+\boldsymbol{\beta}=\boldsymbol{\beta}+\boldsymbol{\alpha}$；

（2）加法结合律：$(\boldsymbol{\alpha}+\boldsymbol{\beta})+\boldsymbol{\gamma}=\boldsymbol{\alpha}+(\boldsymbol{\beta}+\boldsymbol{\gamma})$；

（3）V 中存在零元素 $\boldsymbol{\theta}$：对任何 $\boldsymbol{\alpha} \in V$，都有 $\boldsymbol{\alpha}+\boldsymbol{\theta}=\boldsymbol{\alpha}$；

（4）V 中存在负元素：$\forall \boldsymbol{\alpha} \in V$，$\exists \boldsymbol{\beta}$，使得 $\boldsymbol{\alpha}+\boldsymbol{\beta}=\boldsymbol{\theta}$，称 $\boldsymbol{\beta}$ 为 $\boldsymbol{\alpha}$ 的负元素，记 $\boldsymbol{\beta}=-\boldsymbol{\alpha}$；

（5）数域 P 中存在单位元：$1\boldsymbol{\alpha}=\boldsymbol{\alpha}$；

（6）数乘结合律：$(kl)\boldsymbol{\alpha}=k(l\boldsymbol{\alpha})$；

（7）分配律：$(k+l)\boldsymbol{\alpha}=k\boldsymbol{\alpha}+l\boldsymbol{\alpha}$；

（8）分配律：$k(\boldsymbol{\alpha}+\boldsymbol{\beta})=k\boldsymbol{\alpha}+k\boldsymbol{\beta}$.

则称 V 为数域 P 上的线性空间（linear space）. V 中元素称为向量. P 为实（复）数域时，称 V 为实（复）线性空间．

我们无特别说明时，P 为实数域 $\mathbf{R}$.

注 满足以上八条算律的加法及数乘运算，称为 V 上的线性运算.

例 5.1 数域 $\mathbf{R}$ 本身对于数的加法和乘法构成数域 $\mathbf{R}$ 上的线性空间.

例 5.2 向量空间 $\mathbf{R}^n$ 为线性空间.

例 5.3 $\mathbf{R}^{m\times n}=\{\boldsymbol{A}=(a_{ij})_{m\times n}\mid a_{ij}\in\mathbf{R}\}$，它在矩阵的加法和数乘矩阵下构成线性空间，称为实矩阵空间 $\mathbf{R}^{m\times n}$.

例 5.4 实数域 $\mathbf{R}$ 上次数不超过 n 的关于 x 的多项式集合，记作

$$P_n[x]=\left\{\sum_{i=0}^{n}a_ix^i\mid a_i\in\mathbf{R}\right\},$$

在通常多项式加法和多项式数乘运算下构成线性空间，称之为多项式空间.

例 5.5 n 次多项式的全体

$$Q_n[x]=\{p=a_nx^n+\cdots+a_1x+a_0\mid a_n,\cdots,a_1,a_0\in\mathbf{R},\text{且 } a_n\neq0\}$$

对于通常的多项式加法和数乘运算不构成线性空间. 这是因为 $0p=0x^n+\cdots+0x+0\notin Q_n[x]$，即 $Q_n[x]$ 对运算不封闭.

例 5.6 $C[a,b]=\{f(x)\mid f(x)\text{是 }[a,\ b]\text{ 上的连续函数}\}$ 对于函数的加法和数乘运算构成实数域 $\mathbf{R}$ 上的线性空间.

从上述例子可以看出，线性空间是一个很广泛的概念，它能使许多常见的研究对象在线性空间的定义下，作为向量来研究. 另外，在含义上，加法是指在集合 V 上定义的一个二元运算. 数乘向量是指数域 P 与集合 V 的元素间定义的运算. 其运算结果仍在集合 V 中，并且分别具有和实数集合中数的加法、乘法类似的性质，已不再局限在数的加法、乘法的概念中.

如果一个集合对于其上所定义的运算，总有运算的结果仍属于这个集合，则称集合对该运算是“封闭”的. 因此线性空间 V 对于其“加法”和“数乘”是封闭的.

检验一个集合是否构成线性空间，当然不能只检验对运算的封闭性. 若定义的加法和数乘运算不是通常的实数间的加法、乘法运算，则就应仔细检验是否满足八条运算律.

例 5.7 n 个有序实数组成的数组的全体

$$S^n=\{\boldsymbol{x}=(x_1,x_2,\cdots,x_n)^{\mathrm{T}}\mid x_1,x_2,\cdots,x_n\in\mathbf{R}\}$$

对于通常的有序数组的加法及如下定义的乘法

$$\lambda\circ(x_1,x_2,\cdots,x_n)^{\mathrm{T}}=(0,\cdots,0)^{\mathrm{T}}$$

不构成线性空间.

可以验证 S^n 对运算封闭，但因 $1\circ\boldsymbol{x}=\boldsymbol{\theta}$，不满足运算规律（5），即所定义的运算不是线性运算，所以 S^n 不是线性空间.

例 5.8 正实数的全体，记作 R_+，在其中定义加法和数乘运算为

$$a\oplus b=ab,\ (a,b\in\mathbf{R}_+),\lambda\circ a=a^{\lambda}(\lambda\in\mathbf{R},a\in\mathbf{R}_+)$$

验证 $\mathbf{R}_+$ 对上述加法与数乘运算构成线性空间.

证 对加法封闭：对任意的 a，$b \in \mathbf{R}_+$，有 $a \oplus b = ab \in \mathbf{R}_+$；

对数乘封闭：对任意的 $\lambda \in \mathbf{R}$，$a \in \mathbf{R}_+$，有 $\lambda \circ a = a^\lambda \in \mathbf{R}_+$；

(1) $a \oplus b = ab = ba = b \oplus a$；

(2) $(a \oplus b) \oplus c = (ab) \oplus c = (ab)c = a(bc) = a \oplus (b \oplus c)$；

(3) $\mathbf{R}_+$ 中存在零元素 1，对任意 $a \in \mathbf{R}_+$，有 $a \oplus 1 = a \cdot 1 = a$；

(4) 对任何 $a \in \mathbf{R}_+$，有负元素 $a^{-1} \in \mathbf{R}_+$，使 $a \oplus a^{-1} = aa^{-1} = 1$；

(5) $1 \circ a = a^1 = a$；

(6) $\lambda \circ (\mu \circ a) = \lambda \circ a^\mu = (a^\mu)^\lambda = a^{\lambda\mu} = (\lambda\mu) \circ a$；

(7) $(\lambda + \mu) \circ a = a^{\lambda+\mu} = a^\lambda a^\mu = a^\lambda \oplus a^\mu = \lambda \circ a \oplus \mu \circ a$；

(8) $\lambda \circ (a \oplus b) = \lambda \circ (ab) = (ab)^\lambda = a^\lambda b^\lambda = a^\lambda \oplus b^\lambda = \lambda \circ a \oplus \lambda \circ b$.

因此，$\mathbf{R}_+$ 对于所定义的运算构成线性空间.

根据线性空间的定义，可以推出线性空间的一些基本性质如下.

(1) 线性空间 V 的零元素唯一.

证 设 $\mathbf{0}_1$，$\mathbf{0}_2$ 是线性空间的两个零元素，即对任何 $\boldsymbol{\alpha} \in V$，有 $\boldsymbol{\alpha} + \mathbf{0}_1 = \boldsymbol{\alpha}$，$\boldsymbol{\alpha} + \mathbf{0}_2 = \boldsymbol{\alpha}$. 于是特别有 $\mathbf{0}_2 + \mathbf{0}_1 = \mathbf{0}_2$，$\mathbf{0}_1 + \mathbf{0}_2 = \mathbf{0}_1$，所以 $\mathbf{0}_2 = \mathbf{0}_1$.

(2) 线性空间 V 中任一元素的负元素是唯一的.

证 设 $\boldsymbol{\alpha}$ 有两个负元素 $\boldsymbol{\beta}$，$\boldsymbol{\gamma}$，即 $\boldsymbol{\alpha} + \boldsymbol{\beta} = \mathbf{0}$，$\boldsymbol{\alpha} + \boldsymbol{\gamma} = \mathbf{0}$. 于是

$$\boldsymbol{\beta} = \boldsymbol{\beta} + \mathbf{0} = \boldsymbol{\beta} + (\boldsymbol{\alpha} + \boldsymbol{\gamma}) = (\boldsymbol{\alpha} + \boldsymbol{\beta}) + \boldsymbol{\gamma} = \mathbf{0} + \boldsymbol{\gamma} = \boldsymbol{\gamma}.$$

(3) $0 \cdot \boldsymbol{\alpha} = \boldsymbol{\theta}$；$k \cdot \boldsymbol{\theta} = \boldsymbol{\theta}$ $(k \in P)$；$(-1) \cdot \boldsymbol{\alpha} = -\boldsymbol{\alpha}$，

其中 0 为数零，$\boldsymbol{\theta}$ 为 V 的零向量.

(4) 如果 $\lambda \cdot \boldsymbol{\alpha} = \boldsymbol{\theta}$，则一定有 $\lambda = 0$ 或 $\boldsymbol{\alpha} = \boldsymbol{\theta}$.

证 若 $\lambda \neq 0$，在 $\lambda \cdot \boldsymbol{\alpha} = \boldsymbol{\theta}$ 两边乘 $\frac{1}{\lambda}$，得

$$\frac{1}{\lambda}(\lambda\boldsymbol{\alpha}) = \frac{1}{\lambda}\boldsymbol{\theta} = \boldsymbol{\theta},$$

而

$$\frac{1}{\lambda}(\lambda\boldsymbol{\alpha}) = (\frac{1}{\lambda}\lambda)\boldsymbol{\alpha} = 1\boldsymbol{\alpha} = \boldsymbol{\alpha},$$

所以 $\boldsymbol{\alpha} = \boldsymbol{\theta}$.

5.1.2 子空间

定义 5.2 设 V 是一个线性空间，V_1 是一个非空子集，如果 V_1 对于 V 中所定义的加法和数乘两种运算也构成一个线性空间，则称 V_1 为 V 的子空间（subspace）.

一个非空子集要满足什么条件才能构成子空间？因为 V_1 是 V 的一部分，V 中运算对于 V_1 而言，规律（1），（2），（5），（6），（7），（8）显然是满足的，因此只要 V_1 对运算封闭且满足规律（3），（4）即可. 但由线性空间的性质知，若 V_1 对运算封闭，则即能满足规律

(3), (4), 因此我们有:

定理 5.1 线性空间 V 的非空子集 V_1 构成子空间的充分必要条件是 V_1 对于 V 中的线性运算封闭.

练习1

一、选择题

1. 下列集合按通常的线性运算不能构成线性空间的是 ( ).

(A) n 阶实方阵的全体;

(B) 实系数 n 次多项式的全体;

(C) 定义在闭区间 $[a, b]$ 上的全体连续实函数;

(D) 次数不超过 n 的实系数多项式全体.

2. 下列多项式的集合对于多项式加法与实数域上的数乘构成线性空间的是 ( ).

(A) 次数为 n 的全体实多项式;

(B) 全体二次实多项式;

(C) 全体次数大于 2 的实多项式;

(D) 全体次数不超过 2 的实多项式以及零多项式.

3. 设 $\boldsymbol{M}_n$ 是所有 n 阶实方阵在矩阵的线性运算下所组成的线性空间, 下列集合中不是 $\boldsymbol{M}_n$ 的子空间的是 ( ).

(A) 所有 n 阶实反对称矩阵的集合;

(B) 所有 n 阶实对称矩阵的集合;

(C) 所有 n 阶不可逆矩阵的集合;

(D) 所有 n 阶实对角矩阵的集合.

二、填空题

在实函数空间中, 由 1, $\cos^2 t$, $\cos 2t$ 生成的子空间为________.

5.2 维数、基与坐标

由于线性空间是向量空间 $\mathbf{R}^n$ 的推广, 因而可类似于 $\mathbf{R}^n$ 的情形定义向量的线性相关、线性无关、极大无关组、等价等概念. 并可将 $\mathbf{R}^n$ 中的向量与上述概念相关的性质、结果平移到线性空间中. 故我们不在赘述, 而直接引用这些概念和结果. 本节主要讨论线性空间的维数、基、坐标及其有关的问题.

定义 5.3 在线性空间 V 中, 若存在 n 个元素 $\boldsymbol{\alpha}_1, \boldsymbol{\alpha}_2, \cdots, \boldsymbol{\alpha}_n$ 满足:

(1) $\boldsymbol{\alpha}_1, \boldsymbol{\alpha}_2, \cdots, \boldsymbol{\alpha}_n$ 线性无关;

(2) V 中任一元素 $\boldsymbol{\alpha}$ 都可由 $\boldsymbol{\alpha}_1, \boldsymbol{\alpha}_2, \cdots, \boldsymbol{\alpha}_n$ 线性表示,

则称 $\boldsymbol{\alpha}_1, \boldsymbol{\alpha}_2, \cdots, \boldsymbol{\alpha}_n$ 是 V 的一个基 (basis), 称 n 为 V 的维数 (dimension), 记作 $\dim V = n$.

规定零向量构成的空间 {0} 的维数为零．若 V 的维数是有限的，则称 V 是有限维线性空间（finite dimensional linear space），否则 V 就是无限维线性空间（infinite dimensional linear space）．

为了方便起见，将 n 维线性空间 V 记为 V_n．若 $\boldsymbol{\alpha}_1$，$\boldsymbol{\alpha}_2$，…，$\boldsymbol{\alpha}_n$ 是 V_n 的一个基，则 V_n 可表示为

$$V_n = \{\boldsymbol{\alpha} = k_1\boldsymbol{\alpha}_1 + k_2\boldsymbol{\alpha}_2 + \cdots + k_n\boldsymbol{\alpha}_n \mid k_1, k_2, \cdots, k_n \in \mathbf{R}\},$$

这就清楚地显示出了线性空间 V_n 的结构．

例 5.9　向量组 $\boldsymbol{e}_1 = (1,0,\cdots,0)^{\mathrm{T}}$，$\boldsymbol{e}_2 = (0,1,\cdots,0)^{\mathrm{T}}$，…，$\boldsymbol{e}_n = (0,0,\cdots,1)^{\mathrm{T}}$ 是线性空间 $\mathbf{R}^n$ 的一个基，称为 $\mathbf{R}^n$ 的标准基，所以 $\dim\mathbf{R}^n = n$.

例 5.10　在线性空间 $P_n[x]$ 中，任意多项式

$$f(x) = a_0 + a_1x + \cdots + a_{n-1}x^{n-1}$$

可由线性无关的多项式组 1，x，x^2，…，x^{n-1} 线性表示，故它是 $P_n[x]$ 的一组基，且 $\dim P_n[x] = n$.

根据线性空间基的定义可以证明线性空间 V_n 中任意 n 个线性无关的元素都可以作为它的基．因此，线性空间的基不是唯一的．

若 $\boldsymbol{\alpha}_1$，$\boldsymbol{\alpha}_2$，…，$\boldsymbol{\alpha}_n$ 为 V_n 的一组基，则对任何 $\boldsymbol{\alpha} \in V_n$，都有一组有序数 x_1，x_2，…，x_n，使 $\boldsymbol{\alpha} = x_1\boldsymbol{\alpha}_1 + x_2\boldsymbol{\alpha}_2 + \cdots + x_n\boldsymbol{\alpha}_n$，并且这组数是唯一的．

反之，任给一组有序数 x_1，x_2，…，x_n，总有唯一的元素 $\boldsymbol{\alpha}$ 使 $\boldsymbol{\alpha} = x_1\boldsymbol{\alpha}_1 + x_2\boldsymbol{\alpha}_2 + \cdots + x_n\boldsymbol{\alpha}_n \in V_n$.

这样 V_n 的元素 $\boldsymbol{\alpha}$ 与有序数组 $(x_1, x_2, \cdots, x_n)^{\mathrm{T}}$ 之间存在着一种一一对应的关系，因此可以用这组有序数来表示元素 $\boldsymbol{\alpha}$.

定义 5.4　设 $\boldsymbol{\alpha}_1$，$\boldsymbol{\alpha}_2$，…，$\boldsymbol{\alpha}_n$ 是线性空间 V_n 的一组基．对于任一元素 $\boldsymbol{\alpha} \in V_n$，总有且仅有一组有序数 x_1，x_2，…，x_n，使

$$\boldsymbol{\alpha} = x_1\boldsymbol{\alpha}_1 + x_2\boldsymbol{\alpha}_2 + \cdots + x_n\boldsymbol{\alpha}_n,$$

x_1，x_2，…，x_n 这组有序数称为元素 $\boldsymbol{\alpha}$ 在 $\boldsymbol{\alpha}_1$，$\boldsymbol{\alpha}_2$，…，$\boldsymbol{\alpha}_n$ 这组基下的坐标（coordinate），并记作 $\boldsymbol{\alpha} = (x_1, x_2, \cdots, x_n)^{\mathrm{T}}$.

例 5.11　证明：在线性空间 $P_4[x]$ 中，

$$p_1 = 1,\ p_2 = x,\ p_3 = x^2,\ p_4 = x^3,\ p_5 = x^4$$

是它的一组基．

证　容易证明 $p_1 = 1$，$p_2 = x$，$p_3 = x^2$，$p_4 = x^3$，$p_5 = x^4$ 是线性无关的；另一方面，对任一不超过 4 次的多项式

$$p = a_4x^4 + a_3x^3 + a_2x^2 + a_1x + a_0,$$

可表示为

$$p = a_4p_5 + a_3p_4 + a_2p_3 + a_1p_2 + a_0p_1,$$

因此，$p_1 = 1$，$p_2 = x$，$p_3 = x^2$，$p_4 = x^3$，$p_5 = x^4$ 是 $P_4[x]$ 的一个基．且 p 在这个基下的坐标为 $(a_0,\ a_1,\ a_2,\ a_3,\ a_4)^{\mathrm{T}}$.

若取另一组基 $q_1 = 1$，$q_2 = 1 + x$，$q_3 = 2x^2$，$q_4 = x^3$，$q_5 = x^4$，则

$$p = (a_0 - a_1)q_1 + a_1q_2 + \frac{1}{2}a_2q_3 + a_3q_4 + a_4q_5,$$

因此 p 在这组基下的坐标为 $\left(a_0-a_1,a_1,\frac{1}{2}a_2,a_3,a_4\right)^{\mathrm{T}}$.

注 线性空间 V 的任一元素在不同基下所对应的坐标一般不同，但一个元素在一组确定基下对应的坐标是唯一的.

设 $\boldsymbol{\alpha}_1$，$\boldsymbol{\alpha}_2$，…，$\boldsymbol{\alpha}_n$ 是 V_n 的一组基，在这组基下，V_n 中的每个向量都有唯一确定的坐标，而向量的坐标可以看作是 $\mathbf{R}^n$ 中的元素，因此向量与它的坐标之间的对应就是 V_n 到 $\mathbf{R}^n$ 的一个一一对应的映射，且满足下述性质：

设 $\boldsymbol{\alpha}\leftrightarrow(x_1,x_2,\cdots,x_n)^{\mathrm{T}}$，$\boldsymbol{\beta}\leftrightarrow(y_1,y_2,\cdots,y_n)^{\mathrm{T}}$，则

（1）$\boldsymbol{\alpha}+\boldsymbol{\beta}\leftrightarrow(x_1,x_2,\cdots,x_n)^{\mathrm{T}}+(y_1,y_2,\cdots,y_n)^{\mathrm{T}}$；

（2）$\lambda\boldsymbol{\alpha}\leftrightarrow\lambda(x_1,x_2,\cdots,x_n)^{\mathrm{T}}$.

也就是说，这个对应关系保持线性组合的对应. 因此，可以说 V_n 与 $\mathbf{R}^n$ 有相同的结构，称为 V_n 与 $\mathbf{R}^n$ 同构.

定义 5.5 设 U、V 是两个线性空间，如果它们的元素之间有一一对应关系（常用↔表示），且这个对应关系保持线性组合的对应，则称线性空间 U 与 V 同构（isomorphism）.

注 （1）同构的线性空间之间具有自反性、对称性与传递性；

（2）实数域 $\mathbf{R}$ 上任意两个 n 维线性空间都同构，即维数相同的线性空间必同构. 从而可知线性空间的结构完全被它的维数所决定.

同构的概念除元素一一对应外，主要是保持线性运算的对应关系. 因此，V_n 中的抽象的线性运算就可转化为 $\mathbf{R}^n$ 中的线性运算，并且 $\mathbf{R}^n$ 中凡是只涉及线性运算的性质就都适用于 V_n.

练习 2

一、选择题

1. 向量空间 $V=\{(x,y,z)\mid x+y=0\}$ 的维数为（　　）.

(A) 1;　　(B) 2;　　(C) 3;　　(D) 4.

2. 已知 $\boldsymbol{\alpha}_1$，$\boldsymbol{\alpha}_2$，$\boldsymbol{\alpha}_3$ 是线性空间 $\mathbf{R}^3$ 的一组基，则选项中也为 $\mathbf{R}^3$ 的一组基的是（　　）.

(A) $\boldsymbol{\alpha}_1-\boldsymbol{\alpha}_2$，$\boldsymbol{\alpha}_2-\boldsymbol{\alpha}_3$，$\boldsymbol{\alpha}_3-\boldsymbol{\alpha}_1$；

(B) $\boldsymbol{\alpha}_1-\boldsymbol{\alpha}_2$，$2\boldsymbol{\alpha}_2+3\boldsymbol{\alpha}_3$，$\boldsymbol{\alpha}_1+\boldsymbol{\alpha}_3$；

(C) $\boldsymbol{\alpha}_1-\boldsymbol{\alpha}_2$，$2\boldsymbol{\alpha}_2+\boldsymbol{\alpha}_3$，$\boldsymbol{\alpha}_1+\boldsymbol{\alpha}_2+\boldsymbol{\alpha}_3$；

(D) $\boldsymbol{\alpha}_1+\boldsymbol{\alpha}_2$，$2\boldsymbol{\alpha}_1+3\boldsymbol{\alpha}_2$，$5\boldsymbol{\alpha}_1+8\boldsymbol{\alpha}_2$.

3. 下列结论中错误的是（　　）.

(A) 线性空间的基可以不唯一；

(B) 不同向量在同一组基下的坐标必然不同；

(C) 空间中任何向量在取定的基下具有唯一的坐标；

(D) 空间中同一向量在不同基下的坐标相同.

二、填空题

1. 向量组 $(1,1,0,-1)$，$(1,2,3,0)$，$(2,3,3,-1)$ 生成的向量空间是________维的.

2. 若 n 阶方阵 $\boldsymbol{A}$ 的列向量组不能构成 $\mathbf{R}^n$ 的一组基，则 $|\boldsymbol{A}|=$________.

3. 若 $W=\{(a,b,c,d)\mid a,b,c,d\in\mathbf{R},d=a+b,c=a-b\}$ 是 $\mathbf{R}^4$ 的子空间，则 $\dim W=$________.

5.3 基变换与坐标变换

同一向量在不同的基下有不同的坐标，那么，不同的基与不同的坐标之间有怎样的关系呢？或者说，由于基的改变，向量的坐标又是怎样变化的呢？

定义 5.6 设 $\boldsymbol{\alpha}_1$，$\boldsymbol{\alpha}_2$，…，$\boldsymbol{\alpha}_n$ 及 $\boldsymbol{\beta}_1$，$\boldsymbol{\beta}_2$，…，$\boldsymbol{\beta}_n$ 是线性空间 V_n 的两组基，且有

$$\begin{cases}\boldsymbol{\beta}_1=p_{11}\boldsymbol{\alpha}_1+p_{21}\boldsymbol{\alpha}_2+\cdots+p_{n1}\boldsymbol{\alpha}_n,\\ \boldsymbol{\beta}_2=p_{12}\boldsymbol{\alpha}_1+p_{22}\boldsymbol{\alpha}_2+\cdots+p_{n2}\boldsymbol{\alpha}_n,\\ \qquad\vdots\\ \boldsymbol{\beta}_n=p_{1n}\boldsymbol{\alpha}_1+p_{2n}\boldsymbol{\alpha}_2+\cdots+p_{nn}\boldsymbol{\alpha}_n.\end{cases}\tag{5.1}$$

把 $\boldsymbol{\alpha}_1$，$\boldsymbol{\alpha}_2$，…，$\boldsymbol{\alpha}_n$ 这 n 个有序元素记作 $(\boldsymbol{\alpha}_1,\boldsymbol{\alpha}_2,\cdots,\boldsymbol{\alpha}_n)$，利用向量和矩阵的形式，式（5.1）可表示为

$$\begin{pmatrix}\boldsymbol{\beta}_1\\ \boldsymbol{\beta}_2\\ \vdots\\ \boldsymbol{\beta}_n\end{pmatrix}=\begin{pmatrix}p_{11}&p_{21}&\cdots&p_{n1}\\ p_{12}&p_{22}&\cdots&p_{n2}\\ \vdots&\vdots&&\vdots\\ p_{1n}&p_{2n}&\cdots&p_{nn}\end{pmatrix}\begin{pmatrix}\boldsymbol{\alpha}_1\\ \boldsymbol{\alpha}_2\\ \vdots\\ \boldsymbol{\alpha}_n\end{pmatrix}=\boldsymbol{P}^{\mathrm{T}}\begin{pmatrix}\boldsymbol{\alpha}_1\\ \boldsymbol{\alpha}_2\\ \vdots\\ \boldsymbol{\alpha}_n\end{pmatrix},\tag{5.2}$$

也可表示为

$$(\boldsymbol{\beta}_1,\boldsymbol{\beta}_2,\cdots,\boldsymbol{\beta}_n)=(\boldsymbol{\alpha}_1,\boldsymbol{\alpha}_2,\cdots,\boldsymbol{\alpha}_n)\boldsymbol{P}.\tag{5.3}$$

称 P 为由基 $\boldsymbol{\alpha}_1$，$\boldsymbol{\alpha}_2$，…，$\boldsymbol{\alpha}_n$ 到基 $\boldsymbol{\beta}_1$，$\boldsymbol{\beta}_2$，…，$\boldsymbol{\beta}_n$ 的过渡矩阵（transition matrix），并且过渡矩阵 P 可逆.

定理 5.2 设 V_n 中元素 $\boldsymbol{\alpha}$，在基 $\boldsymbol{\alpha}_1$，$\boldsymbol{\alpha}_2$，…，$\boldsymbol{\alpha}_n$ 下的坐标为 $(x_1,x_2,\cdots,x_n)^{\mathrm{T}}$，在基 $\boldsymbol{\beta}_1$，$\boldsymbol{\beta}_2$，…，$\boldsymbol{\beta}_n$ 下的坐标为 $(x_1',x_2',\cdots,x_n')^{\mathrm{T}}$，若两组基满足关系式 $(\boldsymbol{\beta}_1,\boldsymbol{\beta}_2,\cdots,\boldsymbol{\beta}_n)=(\boldsymbol{\alpha}_1,\boldsymbol{\alpha}_2,\cdots,\boldsymbol{\alpha}_n)\boldsymbol{P}$，则有坐标变换公式

$$\begin{pmatrix}x_1\\ x_2\\ \vdots\\ x_n\end{pmatrix}=\boldsymbol{P}\begin{pmatrix}x_1'\\ x_2'\\ \vdots\\ x_n'\end{pmatrix}\ \text{或}\ \begin{pmatrix}x_1'\\ x_2'\\ \vdots\\ x_n'\end{pmatrix}=\boldsymbol{P}^{-1}\begin{pmatrix}x_1\\ x_2\\ \vdots\\ x_n\end{pmatrix}.\tag{5.4}$$

证 因为

$$\boldsymbol{\alpha}=(\boldsymbol{\alpha}_1,\boldsymbol{\alpha}_2,\cdots,\boldsymbol{\alpha}_n)\begin{pmatrix}x_1\\x_2\\\vdots\\x_n\end{pmatrix}=(\boldsymbol{\beta}_1,\boldsymbol{\beta}_2,\cdots,\boldsymbol{\beta}_n)\boldsymbol{P}^{-1}\begin{pmatrix}x_1\\x_2\\\vdots\\x_n\end{pmatrix},$$

又 $\boldsymbol{\alpha}=(\boldsymbol{\beta}_1,\boldsymbol{\beta}_2,\cdots,\boldsymbol{\beta}_n)\begin{pmatrix}x_1'\\x_2'\\\vdots\\x_n'\end{pmatrix}$，由于 $\boldsymbol{\beta}_1$，$\boldsymbol{\beta}_2$，…，$\boldsymbol{\beta}_n$ 线性无关，故有式 (5.4).

易见定理的逆命题也成立．即若对任一元素的两种坐标满足坐标变换公式 (5.4)，则两组基满足变换公式 (5.3).

例 5.12 已知 $\mathbf{R}^3$ 的两组基为 $\boldsymbol{\alpha}_1=\begin{pmatrix}1\\1\\1\end{pmatrix}$，$\boldsymbol{\alpha}_2=\begin{pmatrix}1\\0\\-1\end{pmatrix}$，$\boldsymbol{\alpha}_3=\begin{pmatrix}1\\0\\1\end{pmatrix}$，

$\boldsymbol{\beta}_1=\begin{pmatrix}1\\2\\1\end{pmatrix}$，$\boldsymbol{\beta}_2=\begin{pmatrix}2\\3\\4\end{pmatrix}$，$\boldsymbol{\beta}_3=\begin{pmatrix}3\\4\\5\end{pmatrix}$，求由基 $\boldsymbol{\alpha}_1$，$\boldsymbol{\alpha}_2$，$\boldsymbol{\alpha}_3$ 到 $\boldsymbol{\beta}_1$，$\boldsymbol{\beta}_2$，$\boldsymbol{\beta}_3$ 的过渡矩阵.

解 设由基 $\boldsymbol{\alpha}_1$，$\boldsymbol{\alpha}_2$，$\boldsymbol{\alpha}_3$ 到 $\boldsymbol{\beta}_1$，$\boldsymbol{\beta}_2$，$\boldsymbol{\beta}_3$ 的过渡矩阵为 $\boldsymbol{P}$，则 $(\boldsymbol{\beta}_1,\boldsymbol{\beta}_2,\boldsymbol{\beta}_3)=(\boldsymbol{\alpha}_1,\boldsymbol{\alpha}_2,\boldsymbol{\alpha}_3)\boldsymbol{P}$，所以 $\boldsymbol{P}=(\boldsymbol{\alpha}_1,\boldsymbol{\alpha}_2,\boldsymbol{\alpha}_3)^{-1}(\boldsymbol{\beta}_1,\boldsymbol{\beta}_2,\boldsymbol{\beta}_3)$，而

$$(\boldsymbol{\alpha}_1,\boldsymbol{\alpha}_2,\boldsymbol{\alpha}_3)^{-1}=\begin{pmatrix}1&1&1\\1&0&0\\1&-1&1\end{pmatrix}^{-1}=\begin{pmatrix}0&1&0\\\frac{1}{2}&0&-\frac{1}{2}\\\frac{1}{2}&-1&\frac{1}{2}\end{pmatrix},$$

所以

$$\boldsymbol{P}=\begin{pmatrix}0&1&0\\\frac{1}{2}&0&-\frac{1}{2}\\\frac{1}{2}&-1&\frac{1}{2}\end{pmatrix}\begin{pmatrix}1&2&3\\2&3&4\\1&4&3\end{pmatrix}=\begin{pmatrix}2&3&4\\0&-1&0\\-1&0&-1\end{pmatrix}.$$

例 5.13 设 $\mathbf{R}^3$ 中两组基为

$$\text{Ⅰ}:\boldsymbol{\alpha}_1=\begin{pmatrix}1\\0\\1\end{pmatrix},\ \boldsymbol{\alpha}_2=\begin{pmatrix}1\\1\\-1\end{pmatrix},\ \boldsymbol{\alpha}_3=\begin{pmatrix}0\\1\\0\end{pmatrix};$$

$$\text{Ⅱ}:\boldsymbol{\beta}_1=\begin{pmatrix}1\\-2\\1\end{pmatrix},\ \boldsymbol{\beta}_2=\begin{pmatrix}1\\2\\-1\end{pmatrix},\ \boldsymbol{\beta}_3=\begin{pmatrix}0\\1\\-2\end{pmatrix}.$$

（1）求从基Ⅰ到基Ⅱ的过渡矩阵；

（2）求向量 $\boldsymbol{\eta}=3\boldsymbol{\beta}_1+2\boldsymbol{\beta}_3$ 在基Ⅰ下的坐标；

（3）求向量 $\boldsymbol{\xi}=(4,1,-2)^{\mathrm{T}}$，在基Ⅱ下的坐标．

解　（1）由 $(\boldsymbol{\beta}_1,\boldsymbol{\beta}_2,\boldsymbol{\beta}_3)=(\boldsymbol{\alpha}_1,\boldsymbol{\alpha}_2,\boldsymbol{\alpha}_3)$，即

$$\begin{pmatrix}1&1&0\\-2&2&1\\1&-1&-2\end{pmatrix}=\begin{pmatrix}1&1&0\\0&1&1\\1&-1&0\end{pmatrix}\boldsymbol{P},$$

所以过渡矩阵 $\boldsymbol{P}=\begin{pmatrix}1&1&0\\0&1&1\\1&-1&0\end{pmatrix}^{-1}\begin{pmatrix}1&1&0\\-2&2&1\\1&-1&-2\end{pmatrix}=\begin{pmatrix}1&0&-1\\0&1&1\\-2&1&0\end{pmatrix}$.

（2）设 $\boldsymbol{\eta}=3\boldsymbol{\beta}_1+2\boldsymbol{\beta}_3$ 在基Ⅰ下的坐标为 $(x_1,x_2,x_3)^{\mathrm{T}}$，由式(5.4)得 $(x_1,x_2,x_3)^{\mathrm{T}}=\boldsymbol{P}(3,0,2)^{\mathrm{T}}$，即

$$\begin{pmatrix}x_1\\x_2\\x_3\end{pmatrix}=\begin{pmatrix}1&0&-1\\0&1&1\\-2&1&0\end{pmatrix}\begin{pmatrix}3\\0\\2\end{pmatrix}=\begin{pmatrix}1\\2\\-6\end{pmatrix}.$$

（3）为求 $\boldsymbol{\xi}=(4,1,-2)^{\mathrm{T}}$ 在Ⅱ下的坐标，需求从标准基 $\boldsymbol{e}_1=(1,0,0)^{\mathrm{T}},\boldsymbol{e}_2=(0,1,0)^{\mathrm{T}},\boldsymbol{e}_3=(0,0,1)^{\mathrm{T}}$ 到基Ⅱ的过渡矩阵，显然

$$(\boldsymbol{\beta}_1,\boldsymbol{\beta}_2,\boldsymbol{\beta}_3)=\begin{pmatrix}1&1&0\\-2&2&1\\1&-1&-2\end{pmatrix}$$

就是此过渡矩阵，设 $\boldsymbol{\xi}$ 在基Ⅱ下的坐标为 $(y_1,y_2,y_3)^{\mathrm{T}}$，仍由式(5.4)得

$$\begin{pmatrix}4\\1\\-2\end{pmatrix}=\begin{pmatrix}1&1&0\\-2&2&1\\1&-1&-2\end{pmatrix}\begin{pmatrix}y_1\\y_2\\y_3\end{pmatrix},$$

$$\begin{pmatrix}y_1\\y_2\\y_3\end{pmatrix}=\begin{pmatrix}1&1&0\\-2&2&1\\1&-1&-2\end{pmatrix}^{-1}\begin{pmatrix}4\\-1\\2\end{pmatrix}=\begin{pmatrix}\frac{1}{2}&-\frac{1}{3}&-\frac{1}{6}\\\frac{1}{2}&\frac{1}{3}&\frac{1}{6}\\0&-\frac{1}{3}&-\frac{2}{3}\end{pmatrix}\begin{pmatrix}4\\-1\\2\end{pmatrix}=\begin{pmatrix}2\\2\\1\end{pmatrix}.$$

例 5.14　在 $P_3[x]$ 中取两组基

$\boldsymbol{\alpha}_1=x^3+2x^2-x$，$\boldsymbol{\alpha}_2=x^3-x^2+x+1$，

$\boldsymbol{\alpha}_3=-x^3+2x^2+x+1$，$\boldsymbol{\alpha}_4=-x^3-x^2+1$，

$\boldsymbol{\beta}_1=2x^3+x^2+1$，$\boldsymbol{\beta}_2=x^2+2x+2$，

$\boldsymbol{\beta}_3=-2x^3+x^2+x+2$，$\boldsymbol{\beta}_4=x^3+3x^2+x+2$，

求坐标变换公式．

解　将 $\boldsymbol{\beta}_1$，$\boldsymbol{\beta}_2$，$\boldsymbol{\beta}_3$，$\boldsymbol{\beta}_4$ 用 $\boldsymbol{\alpha}_1$，$\boldsymbol{\alpha}_2$，$\boldsymbol{\alpha}_3$，$\boldsymbol{\alpha}_4$ 表示．因为

$(\boldsymbol{\alpha}_1,\boldsymbol{\alpha}_2,\boldsymbol{\alpha}_3,\boldsymbol{\alpha}_4)=(x^3,x^2,x,1)\boldsymbol{A}$，$(\boldsymbol{\beta}_1,\boldsymbol{\beta}_2,\boldsymbol{\beta}_3,\boldsymbol{\beta}_4)=(x^3,x^2,x,1)\boldsymbol{B}$，得$(\boldsymbol{\beta}_1,\boldsymbol{\beta}_2,\boldsymbol{\beta}_3,\boldsymbol{\beta}_4)=(\boldsymbol{\alpha}_1,\boldsymbol{\alpha}_2,\boldsymbol{\alpha}_3,\boldsymbol{\alpha}_4)\boldsymbol{A}^{-1}\boldsymbol{B}$. 即$\boldsymbol{P}=\boldsymbol{A}^{-1}\boldsymbol{B}$.

其中$\boldsymbol{A}=\begin{pmatrix}1&1&-1&-1\\2&-1&2&-1\\-1&1&1&0\\0&1&1&1\end{pmatrix}$，$\boldsymbol{B}=\begin{pmatrix}2&0&-2&1\\1&1&1&3\\0&2&1&1\\1&2&2&2\end{pmatrix}$，

用初等变换求$\boldsymbol{P}^{-1}=\boldsymbol{B}^{-1}\boldsymbol{A}$.

$$(\boldsymbol{B}|\boldsymbol{A})=\left(\begin{array}{cccc|cccc}2&0&-2&1&1&1&-1&-1\\1&1&1&3&2&-1&2&-1\\0&2&1&1&-1&1&1&0\\1&2&2&2&0&1&1&1\end{array}\right)\overset{行}{\sim}$$

$$\left(\begin{array}{cccc|cccc}1&0&0&0&0&1&-1&1\\0&1&0&0&-1&1&0&0\\0&0&1&0&0&0&0&1\\0&0&0&1&1&-1&1&-1\end{array}\right)=(\boldsymbol{E}|\boldsymbol{B}^{-1}\boldsymbol{A}),$$

故所求变换公式为$\begin{pmatrix}x_1'\\x_2'\\\vdots\\x_n'\end{pmatrix}=\begin{pmatrix}0&1&-1&1\\-1&1&0&0\\0&0&0&1\\1&-1&1&-1\end{pmatrix}\begin{pmatrix}x_1\\x_2\\\vdots\\x_n\end{pmatrix}$.

练习3

一、选择题

1. 下列矩阵一定可逆的是（　　）.

(A) 增广矩阵；　　(B) 过渡矩阵；

(C) 数量矩阵；　　(D) 准对角阵.

2. 在线性空间$P_3[x]$中，已知$f_1(x)=2$, $f_2(x)=x-1$, $f_3(x)=(x+1)^2$, $f_4(x)=x^3$是一组基，则$g(x)=2x^3-x^2+6x+5$在该基下的坐标是（　　）.

(A) (7, 8, −1, 2)；　　(B) (8, 7, −1, 2)；

(C) $(7, 8, -1, 2)^{\mathrm{T}}$；　　(D) $(8, 7, -1, 2)^{\mathrm{T}}$.

二、填空题

1. 向量$\boldsymbol{\xi}=(7,3,1)^{\mathrm{T}}$在基$\boldsymbol{\alpha}=(1,3,5)^{\mathrm{T}}$, $\boldsymbol{\beta}=(6,3,2)^{\mathrm{T}}$, $\boldsymbol{\gamma}=(3,1,0)^{\mathrm{T}}$下的坐标是________.

2. 设$\boldsymbol{\alpha}_1=(-2,1,3)^{\mathrm{T}}$，$\boldsymbol{\alpha}_2=(-1,0,1)^{\mathrm{T}}$，$\boldsymbol{\alpha}_3=(-2,-5,-1)^{\mathrm{T}}$为$\mathbf{R}^3$的一组基，则$\boldsymbol{\beta}=(-1,6,5)^{\mathrm{T}}$关于该基的坐标是________.

3. 从$\mathbf{R}^2$的基$\boldsymbol{\alpha}_1=\begin{pmatrix}1\\0\end{pmatrix}$，$\boldsymbol{\alpha}_2=\begin{pmatrix}1\\-1\end{pmatrix}$到基$\boldsymbol{\beta}_1=\begin{pmatrix}1\\1\end{pmatrix}$，$\boldsymbol{\beta}_2=\begin{pmatrix}1\\2\end{pmatrix}$的过渡矩阵为________.

5.4 线性变换

本节研究线性空间中向量之间的联系，这种联系是通过线性空间到线性空间的映射来实现的，线性空间 V 到自身的映射通常称为 V 的一个变换. 线性变换则是最基本也是最重要的一种变换，它是线性代数研究的主要对象.

定义 5.7　设有两个非空集合 $\boldsymbol{A}$，$\boldsymbol{B}$，若对 $\boldsymbol{A}$ 中任一元素 $\boldsymbol{\alpha}\in\boldsymbol{A}$，按照一定规则，总有 $\boldsymbol{B}$ 中一个确定的元素 $\boldsymbol{\beta}$ 和它对应，则这个对应规则被称为从集合 $\boldsymbol{A}$ 到集合 $\boldsymbol{B}$ 的映射（mapping），记作 T，并记 $\boldsymbol{\beta}=T(\boldsymbol{\alpha})$ 或 $\boldsymbol{\beta}=T\boldsymbol{\alpha}$，$(\boldsymbol{\alpha}\in\boldsymbol{A})$.

设 $\boldsymbol{\alpha}\in\boldsymbol{A}$，$T(\boldsymbol{\alpha})=\boldsymbol{\beta}$，则说映射 T 把元素 $\boldsymbol{\alpha}$ 变为 $\boldsymbol{\beta}$，$\boldsymbol{\beta}$ 称为 $\boldsymbol{\alpha}$ 在映射 T 下的像（image），$\boldsymbol{\alpha}$ 称为 β 在映射 T 下的原像（primary image），$\boldsymbol{A}$ 称为映射的原像集（primary image set），像的全体构成的集合称为像集（image set），记作 $T(\boldsymbol{A})$，即 $T(\boldsymbol{A})=\boldsymbol{\beta}=\{T(\boldsymbol{\alpha})\mid\boldsymbol{\alpha}\in\boldsymbol{A}\}$，显然 $T(\boldsymbol{A})\subset\boldsymbol{B}$.

映射的概念是函数概念的推广. 由集合 $\boldsymbol{A}$ 到自身的一个映射，称为集合 $\boldsymbol{A}$ 的一个变换（transformation）.

定义 5.8　设 $\boldsymbol{U}_m$，$\boldsymbol{V}_n$ 分别是实数域上的 m 维和 n 维线性空间，T 是从 $\boldsymbol{U}_m$ 到 $\boldsymbol{V}_n$ 的映射，如果映射 T 满足：

(1) $\forall\boldsymbol{\alpha}_1,\ \boldsymbol{\alpha}_2\in\boldsymbol{U}_m$，有 $T(\boldsymbol{\alpha}_1+\boldsymbol{\alpha}_2)=T(\boldsymbol{\alpha}_1)+T(\boldsymbol{\alpha}_2)$；

(2) $\forall\boldsymbol{\alpha}\in\boldsymbol{U}_m$，$k\in\mathbf{R}$，都有 $T(k\boldsymbol{\alpha})=kT(\boldsymbol{\alpha})$，

则称 T 为从 $\boldsymbol{U}_m$ 到 $\boldsymbol{V}_n$ 的线性映射（linear mapping）（或线性变换）. 特别地，若 $\boldsymbol{U}_m=\boldsymbol{V}_n$，则 T 是一个从线性空间 $\boldsymbol{U}_m$ 到自身的线性映射，称为线性空间 $\boldsymbol{U}_m$ 中的线性变换.

下面我们主要讨论线性空间 $\boldsymbol{U}_m$ 中的线性变换.

例 5.15　线性空间 V 中的恒等变换（或称单位变换）E：$E(\boldsymbol{\alpha})=\boldsymbol{\alpha}$，$\boldsymbol{\alpha}\in V$ 是线性变换.

证　设 $\boldsymbol{\alpha}$，$\boldsymbol{\beta}\in V$，$k\in\mathbf{R}$，则有 $E(\boldsymbol{\alpha}+\boldsymbol{\beta})=\boldsymbol{\alpha}+\boldsymbol{\beta}=E(\boldsymbol{\alpha})+E(\boldsymbol{\beta})$，$E(k\boldsymbol{\alpha})=k\boldsymbol{\alpha}=kE(\boldsymbol{\alpha})$. 所以恒等变换 E 是线性变换.

例 5.16　线性空间 V 中的零变换（或称单位变换）O：$O(\boldsymbol{\alpha})=\mathbf{0}$，是线性变换.

证　设 $\boldsymbol{\alpha}$，$\boldsymbol{\beta}\in V$，$k\in\mathbf{R}$，则有 $O(\boldsymbol{\alpha}+\boldsymbol{\beta})=\mathbf{0}=\mathbf{0}+\mathbf{0}=O(\boldsymbol{\alpha})+O(\boldsymbol{\beta})$，$O(k\boldsymbol{\alpha})=\mathbf{0}=k\mathbf{0}=kO(\boldsymbol{\alpha})$. 所以恒等变换 O 是线性变换.

例 5.17　在线性空间 $P_3[x]$ 中，任取

$$p=a_3x^3+a_2x^2+a_1x+a_0\in P_3[x],$$

$$q=b_3x^3+b_2x^2+b_1x+b_0\in P_3[x],\ k\in\mathbf{R},$$

证明：(1) 微分运算 D 是一个线性变换；

（2）若 $T(p)=a_0$，则 T 也是一个线性变换；

（3）若 $T_1(p)=1$，则 T_1 是个变换，但不是线性变换．

证 （1）因为

$$Dp=3a_3x^2+2a_2x+a_1\in P_3[x],\ Dq=3b_3x^2+2b_2x+b_1\in P_3[x],$$

所以

$$\begin{aligned}D(p+q)&=D[(a_3+b_3)x^3+(a_2+b_2)x^2+(a_1+b_1)x+(a_0+b_0)]\\&=3(a_3+b_3)x^2+2(a_2+b_2)x+(a_1+b_1)\\&=(3a_3x^2+2a_2x+a_1)+(3b_3x^2+2b_2x+b_1)=Dp+Dq,\end{aligned}$$

$$\begin{aligned}D(kp)&=D(ka_3x^3+ka_2x^2+ka_1x+ka_0)\\&=k(3a_3x^2+2a_2x+a_1)=kDp.\end{aligned}$$

故 D 是 $P_3[x]$ 中的线性变换．

（2）$T(p+q)=a_0+b_0=T(p)+T(q)$；$T(kp)=ka_0=kT(p)$，故 T 是 $P_3[x]$ 中的线性变换．

（3）$T_1(p+q)=1$，但 $T_1(p)+T_1(q)=1+1=2$，所以 $T_1(p+q)\neq T_1(p)+T_1(q)$，故 T_1 不是 $P_3[x]$ 中的线性变换．

下面介绍线性变换的基本性质：

设 T 是 V_n 中的线性变换，则

性质 1. $T(\boldsymbol{\theta})=\boldsymbol{\theta}$，$T(-\boldsymbol{\alpha})=-T(\boldsymbol{\alpha})$；

性质 2. 若 $\boldsymbol{\beta}=k_1\boldsymbol{\alpha}_1+k_2\boldsymbol{\alpha}_2+\cdots+k_m\boldsymbol{\alpha}_m$，则

$$T\boldsymbol{\beta}=k_1T\boldsymbol{\alpha}_1+k_2T\boldsymbol{\alpha}_2+\cdots+k_mT\boldsymbol{\alpha}_m;$$

性质 3. 若 $\boldsymbol{\alpha}_1$，$\boldsymbol{\alpha}_2\cdots$，$\boldsymbol{\alpha}_m$ 线性相关，则 $T\boldsymbol{\alpha}_1$，$T\boldsymbol{\alpha}_2$，$T\boldsymbol{\alpha}_3$，也线性相关；

注 性质 3 的逆命题不成立．

性质 4. 线性变换 T 的像集 T（V_n）是一个线性空间 V_n 的子空间，称为线性变换 T 的像空间（image space）．

性质 5. 使 $T\boldsymbol{\alpha}=\boldsymbol{\theta}$ 的 $\boldsymbol{\alpha}$ 的全体 $S_T=\{\boldsymbol{\alpha}\mid\boldsymbol{\alpha}\in V_n,\ T\boldsymbol{\alpha}=\boldsymbol{\theta}\}$ 也是 V_n 的子空间，称 S_T 为线性变换 T 的核（kernel）．

例 5.18 设 n 阶矩阵

$$\boldsymbol{A}=\begin{pmatrix}a_{11}&a_{12}&\cdots&a_{1n}\\a_{21}&a_{22}&\cdots&a_{2n}\\\vdots&\vdots&&\vdots\\a_{n1}&a_{n2}&\cdots&a_{nn}\end{pmatrix}=(\boldsymbol{\alpha}_1,\boldsymbol{\alpha}_2,\cdots,\boldsymbol{\alpha}_n),\boldsymbol{\alpha}_i=\begin{pmatrix}a_{1i}\\a_{2i}\\\vdots\\a_{ni}\end{pmatrix},$$ 定义 $\mathbf{R}^n$ 中的变换为 $T(x)=\boldsymbol{A}\boldsymbol{x}$，$(x\in\mathbf{R}^n)$，（1）证明 T 为线性变换；（2）求 T 的像空间；（3）T 的核．

解 （1）设 $\boldsymbol{\alpha}$，$\boldsymbol{\beta}\in\mathbf{R}^n$，则

$$T(\boldsymbol{\alpha}+\boldsymbol{\beta})=\boldsymbol{A}(\boldsymbol{\alpha}+\boldsymbol{\beta})=\boldsymbol{A}\boldsymbol{\alpha}+\boldsymbol{A}\boldsymbol{\beta}=T(\boldsymbol{\alpha})+T(\boldsymbol{\beta});$$

$$T(k\boldsymbol{\alpha})=\boldsymbol{A}(k\boldsymbol{\alpha})=k\boldsymbol{A}\boldsymbol{\alpha}=kT(\boldsymbol{\alpha}).$$

即 T 为 $\mathbf{R}^n$ 中的线性变换．

（2）T 的像空间就是由 $\boldsymbol{\alpha}_1$，$\boldsymbol{\alpha}_2$，…，$\boldsymbol{\alpha}_n$所生成的向量空间：

$$T(\mathbf{R}^n)=\{y=x_1\boldsymbol{\alpha}_1+x_2\boldsymbol{\alpha}_2+\cdots+x_n\boldsymbol{\alpha}_n \mid x_1,x_2,\cdots,x_n\in\mathbf{R}\}.$$

（3）T 的核 S_T就是齐次线性方程组 $\boldsymbol{Ax}=\mathbf{0}$ 的解空间．

练习 4

一、选择题

1. $\mathbf{R}^2$中的下列变换是线性变换的是（　　）．

（A）$T(x,y)=(x+y,1)$；　　（B）$T(x,y)=(2,x-y)$；

（C）$T(x,y)=(x+y,0)$；　　（D）$T(x,y)=(x+2y,y+1)$．

2. 设 σ 是线性空间 V 上的线性变换，$\boldsymbol{\varepsilon}_1$，$\boldsymbol{\varepsilon}_2$，…，$\boldsymbol{\varepsilon}_n$是 V 中的一组基，则 $\sigma(\boldsymbol{\varepsilon}_1)$，$\sigma(\boldsymbol{\varepsilon}_2)$，…，$\sigma(\boldsymbol{\varepsilon}_n)$ 一定（　　）．

（A）能由 $\boldsymbol{\varepsilon}_1$，$\boldsymbol{\varepsilon}_2$，…，$\boldsymbol{\varepsilon}_{n,}$线性表示；

（B）可以线性表示 $\boldsymbol{\varepsilon}_1$，$\boldsymbol{\varepsilon}_2$，…，$\boldsymbol{\varepsilon}_{n,}$；

（C）线性无关；

（D）线性相关．

二、填空题

设 σ：$\mathbf{R}^2\to\mathbf{R}^2$ 是线性变换，且满足 $\sigma((1,1))=(3,0)$，$\sigma((0,1))=(0,2)$，则 $\sigma((a,b))=$________．

5.5　线性变换的矩阵表示

这里建立线性变换 T 与矩阵的一一对应关系，从而使 T 数值化，以便通过对数值的分析了解线性变换的性质．

定义 5.9　设 T 是线性空间 V_n中的线性变换，在 V_n中取定一组基 $\boldsymbol{\alpha}_1$，$\boldsymbol{\alpha}_2$，…，$\boldsymbol{\alpha}_n$，设这组基在变换 T 下的像为

$$\begin{cases}T(\boldsymbol{\alpha}_1)=a_{11}\boldsymbol{\alpha}_1+a_{21}\boldsymbol{\alpha}_2+\cdots+a_{n1}\boldsymbol{\alpha}_n,\\ T(\boldsymbol{\alpha}_2)=a_{12}\boldsymbol{\alpha}_1+a_{22}\boldsymbol{\alpha}_2+\cdots+a_{n2}\boldsymbol{\alpha}_n,\\ \qquad\qquad\vdots\\ T(\boldsymbol{\alpha}_n)=a_{1n}\boldsymbol{\alpha}_1+a_{2n}\boldsymbol{\alpha}_2+\cdots+a_{nn}\boldsymbol{\alpha}_n.\end{cases}\tag{5.5}$$

记 $T(\boldsymbol{\alpha}_1,\boldsymbol{\alpha}_2\cdots,\boldsymbol{\alpha}_n)=(T\boldsymbol{\alpha}_1),T(\boldsymbol{\alpha}_2),\cdots,T(\boldsymbol{\alpha}_n))$，上式可表示为

$$T(\boldsymbol{\alpha}_1,\boldsymbol{\alpha}_2\cdots,\boldsymbol{\alpha}_n)=(\boldsymbol{\alpha}_1,\boldsymbol{\alpha}_2\cdots,\boldsymbol{\alpha}_n)\boldsymbol{A},$$

其中

$$\boldsymbol{A}=\begin{pmatrix}a_{11}&a_{12}&\cdots&a_{1n}\\a_{21}&a_{22}&\cdots&a_{2n}\\\vdots&\vdots&&\vdots\\a_{n1}&a_{n2}&\cdots&a_{nn}\end{pmatrix},$$

则 $\boldsymbol{A}$ 称为线性变换 T 在基 $\boldsymbol{\alpha}_1$，$\boldsymbol{\alpha}_2$，…，$\boldsymbol{\alpha}_n$下的矩阵．

显然，矩阵 $\boldsymbol{A}$ 由基的像 $T(\boldsymbol{\alpha}_1)$，$T(\boldsymbol{\alpha}_2)$，…，$T(\boldsymbol{\alpha}_n)$ 唯一确定．

下面推导线性变换与其矩阵的关系．

设 $\boldsymbol{A}$ 是线性变换 T 在基 $\boldsymbol{\alpha}_1$，$\boldsymbol{\alpha}_2$，…，$\boldsymbol{\alpha}_n$ 下的矩阵，即基 $\boldsymbol{\alpha}_1$，$\boldsymbol{\alpha}_2$，…，$\boldsymbol{\alpha}_n$ 在变换 T 下的像为 $T(\boldsymbol{\alpha}_1,\boldsymbol{\alpha}_2\cdots,\boldsymbol{\alpha}_n)=(\boldsymbol{\alpha}_1,\boldsymbol{\alpha}_2,\cdots,\boldsymbol{\alpha}_n)\boldsymbol{A}$. 现推导线性变换 T 必须满足的条件：$\forall\boldsymbol{\alpha}\in V_n$，设 $\boldsymbol{\alpha}=\sum_{i=1}^{n}x_i\boldsymbol{\alpha}_i$，$T(\boldsymbol{\alpha})=\sum_{i=1}^{n}x_i'\boldsymbol{\alpha}_i$，则

$$T(\boldsymbol{\alpha})=T\left(\sum_{i=1}^{n}x_i\boldsymbol{\alpha}_i\right)=\sum_{i=1}^{n}x_iT(\boldsymbol{\alpha}_i)=(T(\boldsymbol{\alpha}_1),T(\boldsymbol{\alpha}_2),\cdots,T(\boldsymbol{\alpha}_n))\begin{pmatrix}x_1\\x_2\\\vdots\\x_n\end{pmatrix}$$

$$=(\boldsymbol{\alpha}_1,\boldsymbol{\alpha}_2,\cdots,\boldsymbol{\alpha}_n)\boldsymbol{A}\begin{pmatrix}x_1\\x_2\\\vdots\\x_n\end{pmatrix},$$

即
$$T(\boldsymbol{\alpha})=(\boldsymbol{\alpha}_1,\boldsymbol{\alpha}_2,\cdots,\boldsymbol{\alpha}_n)\begin{pmatrix}x_1'\\x_2'\\\vdots\\x_n'\end{pmatrix}=(\boldsymbol{\alpha}_1,\boldsymbol{\alpha}_2,\cdots,\boldsymbol{\alpha}_n)\begin{pmatrix}x_1\\x_2\\\vdots\\x_n\end{pmatrix}. \tag{5.6}$$

上式唯一地确定了一个以 $\boldsymbol{A}$ 为矩阵的线性变换 T. 可以验证所确定的变换 T 是以 $\boldsymbol{A}$ 为矩阵的线性变换. 总之，由线性变换 T 可以唯一确定一个矩阵 $\boldsymbol{A}$，由一个矩阵 $\boldsymbol{A}$ 也可唯一确定一个线性变换 T，这样，在线性变换与矩阵之间就有一一对应的关系.

由式（5.6），可见在 $\boldsymbol{\alpha}$ 与 T（$\boldsymbol{\alpha}$）在基 $\boldsymbol{\alpha}_1$，$\boldsymbol{\alpha}_2$，…，$\boldsymbol{\alpha}_n$ 下的坐标分别为

$$\boldsymbol{\alpha}=\begin{pmatrix}x_1\\x_2\\\vdots\\x_n\end{pmatrix},\ T(\boldsymbol{\alpha})=\boldsymbol{A}\begin{pmatrix}x_1\\x_2\\\vdots\\x_n\end{pmatrix},$$

即按坐标表示，有 $T(\boldsymbol{\alpha})=\boldsymbol{A}\boldsymbol{\alpha}$，即 $\begin{pmatrix}x_1'\\x_2'\\\vdots\\x_n'\end{pmatrix}=\boldsymbol{A}\begin{pmatrix}x_1\\x_2\\\vdots\\x_n\end{pmatrix}$.

例 5.19 零变换在任一个基下的矩阵是零矩阵；恒等变换在任一个基下的矩阵是单位矩阵.

例 5.20 在空间 $P_3[x]$ 中，取一组基 $p_1=x^3$，$p_2=x^2$，$p_3=x$，$p_4=1$，求微分运算 D 的矩阵.

解 因为

$$\begin{cases} Dp_1 = 3x^2 = 0p_1 + 3p_2 + 0p_3 + 0p_4, \\ Dp_2 = 2x = 0p_1 + 0p_2 + 2p_3 + 0p_4, \\ Dp_3 = 1 = 0p_1 + 0p_2 + 0p_3 + 1p_4, \\ Dp_4 = 0 = 0p_1 + 0p_2 + 0p_3 + 0p_4. \end{cases}$$

所以 D 在这组基下的矩阵为

$$\boldsymbol{A} = \begin{pmatrix} 0 & 0 & 0 & 0 \\ 3 & 0 & 0 & 0 \\ 0 & 2 & 0 & 0 \\ 0 & 0 & 1 & 0 \end{pmatrix}.$$

例 5.21　在 $\mathbf{R}^3$ 中，T 表示将向量投影到 xOy 平面的线性变换，即

$$T(x\boldsymbol{i} + y\boldsymbol{j} + z\boldsymbol{k}) = x\boldsymbol{i} + y\boldsymbol{j},$$

(1) 取基为 $\boldsymbol{i}$，$\boldsymbol{j}$，$\boldsymbol{k}$，求 T 的矩阵；

(2) 取基 $\boldsymbol{\alpha} = \boldsymbol{i}$，$\boldsymbol{\beta} = \boldsymbol{j}$，$\boldsymbol{\gamma} = \boldsymbol{i} + \boldsymbol{j} + \boldsymbol{k}$，求 T 的矩阵 .

解　(1) $\begin{cases} T\boldsymbol{i} = \boldsymbol{i}, \\ T\boldsymbol{j} = \boldsymbol{j}, \\ T\boldsymbol{k} = \boldsymbol{\theta}, \end{cases}$ 即 $T(i,j,k) = (i,j,k)\begin{pmatrix} 1 & 0 & 0 \\ 0 & 1 & 0 \\ 0 & 0 & 0 \end{pmatrix}$，故所求 T 的矩阵为

$$\boldsymbol{A} = \begin{pmatrix} 1 & 0 & 0 \\ 0 & 1 & 0 \\ 0 & 0 & 0 \end{pmatrix};$$

(2) $\begin{cases} T\boldsymbol{\alpha} = i = \boldsymbol{\alpha}, \\ T\boldsymbol{\beta} = j = \boldsymbol{\beta}, \\ T\boldsymbol{\gamma} = i + j = \boldsymbol{\alpha} + \boldsymbol{\beta}, \end{cases}$　即：$T(\boldsymbol{\alpha},\boldsymbol{\beta},\boldsymbol{\gamma}) = (\boldsymbol{\alpha},\boldsymbol{\beta},\boldsymbol{\gamma})\begin{pmatrix} 1 & 0 & 1 \\ 0 & 1 & 1 \\ 0 & 0 & 0 \end{pmatrix}$，

故所求矩阵为

$$\boldsymbol{A} = \begin{pmatrix} 1 & 0 & 1 \\ 0 & 1 & 1 \\ 0 & 0 & 0 \end{pmatrix}.$$

由此可见：同一个线性变换在不同基下一般有不同的矩阵 .

定理 5.3　设 $\boldsymbol{\alpha}_1$，$\boldsymbol{\alpha}_2$，…，$\boldsymbol{\alpha}_n$ 和 $\boldsymbol{\beta}_1$，$\boldsymbol{\beta}_2$，…，$\boldsymbol{\beta}_n$ 为线性空间 V_n 的两组基，由基 $\boldsymbol{\alpha}_1$，$\boldsymbol{\alpha}_2$，…，$\boldsymbol{\alpha}_n$ 到基 $\boldsymbol{\beta}_1$，$\boldsymbol{\beta}_2$，…，$\boldsymbol{\beta}_n$ 的过渡矩阵是 $\boldsymbol{P}$，V_n 中的线性变换 T 在这两组基下的矩阵依次为 $\boldsymbol{A}$ 和 $\boldsymbol{B}$，则 $\boldsymbol{B} = \boldsymbol{P}^{-1}\boldsymbol{A}\boldsymbol{P}$.

本定理表明，线性空间 V_n 中同一线性变换在任意两组不同基下的矩阵是相似的，其相似变换矩阵就是相应的过渡矩阵 .

例 5.22　设线性空间 V_3 中的线性变换 T 在基 $\boldsymbol{\alpha}_1$，$\boldsymbol{\alpha}_2$，$\boldsymbol{\alpha}_3$ 下的矩阵是 $\boldsymbol{A} = \begin{pmatrix} a_{11} & a_{12} & a_{13} \\ a_{21} & a_{22} & a_{23} \\ a_{31} & a_{32} & a_{33} \end{pmatrix}$，求 T 在基 $\boldsymbol{\alpha}_2$，$\boldsymbol{\alpha}_3$，$\boldsymbol{\alpha}_1$ 下的矩阵 .

解 因为$(\boldsymbol{\alpha}_2,\boldsymbol{\alpha}_3,\boldsymbol{\alpha}_1)=(\boldsymbol{\alpha}_1,\boldsymbol{\alpha}_2,\boldsymbol{\alpha}_3)\begin{pmatrix}0&0&1\\1&0&0\\0&1&0\end{pmatrix}$,

所以由基$\boldsymbol{\alpha}_1$，$\boldsymbol{\alpha}_2$，$\boldsymbol{\alpha}_3$到基$\boldsymbol{\alpha}_2$，$\boldsymbol{\alpha}_3$，$\boldsymbol{\alpha}_1$的过渡矩阵是$\boldsymbol{P}=\begin{pmatrix}0&0&1\\1&0&0\\0&1&0\end{pmatrix}$，于是$T$在基$\boldsymbol{\alpha}_2$，$\boldsymbol{\alpha}_3$，$\boldsymbol{\alpha}_1$下的矩阵为

$$\boldsymbol{B}=\boldsymbol{P}^{-1}\boldsymbol{AP}=\begin{pmatrix}0&0&1\\1&0&0\\0&1&0\end{pmatrix}^{-1}\begin{pmatrix}a_{11}&a_{12}&a_{13}\\a_{21}&a_{22}&a_{23}\\a_{31}&a_{32}&a_{33}\end{pmatrix}\begin{pmatrix}0&0&1\\1&0&0\\0&1&0\end{pmatrix}=\begin{pmatrix}a_{22}&a_{23}&a_{21}\\a_{32}&a_{33}&a_{31}\\a_{12}&a_{13}&a_{11}\end{pmatrix}.$$

定义 5.10 线性变换T的像空间$T(V_n)$的维数，称为线性变换T的秩.

易知，若$\boldsymbol{A}$是线性变换T的矩阵，则T的秩就等于矩阵$\boldsymbol{A}$的秩$R(\boldsymbol{A})$. 若$\boldsymbol{A}$的秩是r，则T的核S_T的维数为$n-r$.

练习5

一、选择题

1. 设3维线性空间V的线性变换T在基$\boldsymbol{\alpha}_1$，$\boldsymbol{\alpha}_2$，$\boldsymbol{\alpha}_3$下的矩阵是$\begin{pmatrix}1&0&0\\0&3&1\\2&1&2\end{pmatrix}$，则$T$在基$\boldsymbol{\alpha}_3$，$\boldsymbol{\alpha}_1$，$\boldsymbol{\alpha}_2$下的矩阵是（　　）.

(A) $\begin{pmatrix}2&1&2\\1&0&0\\0&3&1\end{pmatrix}$； (B) $\begin{pmatrix}2&2&1\\0&1&0\\1&0&3\end{pmatrix}$；

(C) $\begin{pmatrix}2&1&2\\0&1&1\\1&3&0\end{pmatrix}$； (D) $\begin{pmatrix}1&2&2\\0&0&1\\3&1&0\end{pmatrix}$.

2. 设$\boldsymbol{A}$，$\boldsymbol{B}$为线性空间V中的线性变换T在两组基下的矩阵，则有（　　）.

(A) $\boldsymbol{A}$与$\boldsymbol{B}$相似； (B) $\boldsymbol{A}$与$\boldsymbol{B}$合同；

(C) $\boldsymbol{A}$与$\boldsymbol{B}$等价； (D) 以上答案均不对.

二、填空题

1. $T(x,y)=(4x-2y,2x+y)$是V_2中的线性变换，T在基底$\boldsymbol{e}_1=(1,1)$，$\boldsymbol{e}_2=(-1,0)$下的矩阵为________.

2. 设$\mathbf{R}^3$中的线性变换T为$T(x,y,z)=(x+y+z,0,0)$，则$T(1,5,-2)=$________，此变换在基底$\alpha_1=(1,0,0)$，$\alpha_2=(1,1,0)$，$\alpha_3=(1,1,1)$下的矩阵为________，在自然基底下的矩阵为________.

数学家轶事——拉普拉斯

（皮埃尔·西蒙·拉普拉斯）Pierre Simon Laplace，法国数学家、天文家，1749—1826.

幼年时就显露出出众的数学才能，1767 年他到巴黎，终于凭借自己对力学原理的论述受到 J. L. 达朗贝尔的称赞，并被介绍到巴黎军事学校任数学教授，1785 年当选为法国科学院院士，就在这一年，已经担任两年军事考试委员的拉普拉斯主持了一次从 16 名考生中挑选出 1 人来的考试，这次被选中的不是别人，正是大名鼎鼎的拿破仑·波拿巴，拉普拉斯在 1816 年被选为法兰西学院院士，1817 年任该院院长.

拉普拉斯研究的领域很广，涉及数学、天文、物理、化学等方面的许多课题，单就数学学科，他就在行列式论、位势理论、概率论等多个领域中做出过重要的贡献.

拉普拉斯的研究成果大都包括在他的三部总结性的著作中：《宇宙体系论》（1796）、《天体力学》（1799—1825，这是部 5 卷 16 册的巨著，实际上是牛顿、克莱罗、欧拉、拉格朗日及其本人关于天文学研究工作的总结和统一），《概率的分析理论》（1812）.

由于拉普拉斯在科学上的卓越成就，他有“法国的牛顿”之称.

第 5 章综合练习 A

1. 验证以下集合对于所指定的运算是否构成数域 $\mathbf{R}$ 上的线性空间.

（1）所有 n 阶对称矩阵，对矩阵加法和矩阵的数量乘法.

（2）微分方程 $y''+3y'-3y=0$ 的全部解，对函数的加法及数与函数的乘积.

（3）$V=\{f(x)\in C[a,b]\,|\,f(a)=1\}$对函数的加法及数与函数的乘积.

（4）$V=\{(a,b)\,|\,a,b\in\mathbf{R}\}$,对于运算：

$$(a_1,b_1)\oplus(a_2,b_2)=(a_1+a_2,b_1+b_2+a_1a_2),$$

$$k\circ(a_1,b_1)=(ka_1,kb_1+\frac{k(k-1)}{2}a_1^2).$$

2. 判断下列 $\mathbf{R}^3$的子集是否构成 $\mathbf{R}^3$的子空间.

（1）形如（$a,b,0$）的向量全体；（2）形如（a,b,c）的向量全体（$c\geqslant0$）.

3. 验证下列指定集合对于矩阵的加法和数乘运算构成线性空间，并写出各个空间的一组基.

（1）2 阶矩阵的全体 S_1；

（2）主对角线上的元素之和等于 0 的 2 阶矩阵的全体 S_2；

（3）2 阶对称矩阵的全体 S_3.

4. 在 $\mathbf{R}^3$ 中求向量 $\boldsymbol{\alpha}=(3,7,1)^{\mathrm{T}}$ 在基

$$\boldsymbol{\alpha}_1=(1,3,5)^{\mathrm{T}},\boldsymbol{\alpha}_2=(6,3,2)^{\mathrm{T}},\boldsymbol{\alpha}_3=(3,1,0)^{\mathrm{T}}$$

下的坐标.

5. 设 $\boldsymbol{\varepsilon}_1=\begin{pmatrix}1\\0\\0\end{pmatrix}$，$\boldsymbol{\varepsilon}_2=\begin{pmatrix}1\\1\\0\end{pmatrix}$，$\boldsymbol{\varepsilon}_3=\begin{pmatrix}1\\1\\1\end{pmatrix}$，（1）证明 $\boldsymbol{\varepsilon}_1$，$\boldsymbol{\varepsilon}_2$，$\boldsymbol{\varepsilon}_3$ 是 $\mathbf{R}^3$ 的一组基；（2）$\forall\boldsymbol{\alpha}=\begin{pmatrix}\boldsymbol{\alpha}_1\\\boldsymbol{\alpha}_2\\\boldsymbol{\alpha}_3\end{pmatrix}\in\mathbf{R}^3$，求 $\boldsymbol{\alpha}$ 在 $\boldsymbol{\varepsilon}_1$，$\boldsymbol{\varepsilon}_2$，$\boldsymbol{\varepsilon}_3$ 下的坐标.

6. 已知 $\boldsymbol{\varepsilon}_1=\begin{pmatrix}1\\1\\1\end{pmatrix}$，$\boldsymbol{\varepsilon}_2=\begin{pmatrix}1\\0\\-1\end{pmatrix}$，$\boldsymbol{\varepsilon}_3=\begin{pmatrix}1\\0\\1\end{pmatrix}$ 是 $\mathbf{R}^3$ 的一组基，证明 $\boldsymbol{\eta}_1=\begin{pmatrix}1\\2\\1\end{pmatrix}$，$\boldsymbol{\eta}_2=\begin{pmatrix}2\\3\\4\end{pmatrix}$，$\boldsymbol{\eta}_3=\begin{pmatrix}3\\4\\3\end{pmatrix}$ 也是 $\mathbf{R}^3$ 的一组基，并求基 $\boldsymbol{\varepsilon}_1$，$\boldsymbol{\varepsilon}_2$，$\boldsymbol{\varepsilon}_3$ 到 $\boldsymbol{\eta}_1$，$\boldsymbol{\eta}_2$，$\boldsymbol{\eta}_3$ 的过渡矩阵.

7. 在 $\mathbf{R}^4$ 中取两组基

$$\begin{cases}\boldsymbol{e}_1=(1,0,0,0)^{\mathrm{T}},\\ \boldsymbol{e}_2=(0,1,0,0)^{\mathrm{T}},\\ \boldsymbol{e}_3=(0,0,1,0)^{\mathrm{T}},\\ \boldsymbol{e}_4=(0,0,0,1)^{\mathrm{T}},\end{cases}\quad\begin{cases}\boldsymbol{\alpha}_1=(2,1,-1,1)^{\mathrm{T}},\\ \boldsymbol{\alpha}_2=(0,3,1,0)^{\mathrm{T}},\\ \boldsymbol{\alpha}_3=(5,3,2,1)^{\mathrm{T}},\\ \boldsymbol{\alpha}_4=(6,6,1,3)^{\mathrm{T}},\end{cases}$$

（1）求由前一组基到后一组基的过渡矩阵；

（2）求向量 $(x_1,x_2,x_3,x_4)^{\mathrm{T}}$ 在后一组基下的坐标；

（3）求在两组基下有相同坐标的向量.

8. 说明 xOy 平面上变换 $T\begin{pmatrix}x\\y\end{pmatrix}=\boldsymbol{A}\begin{pmatrix}x\\y\end{pmatrix}$ 的几何意义，其中

（1）$\boldsymbol{A}=\begin{pmatrix}-1&0\\0&1\end{pmatrix}$，（2）$\boldsymbol{A}=\begin{pmatrix}0&0\\0&1\end{pmatrix}$.

9. 判别下列变换是否是线性变换

（1）在 $\mathbf{R}^3$ 中定义 $\boldsymbol{A}\begin{pmatrix}\boldsymbol{\alpha}_1\\\boldsymbol{\alpha}_2\\\boldsymbol{\alpha}_3\end{pmatrix}=\begin{pmatrix}\boldsymbol{\alpha}_1^2\\\boldsymbol{\alpha}_2+\boldsymbol{\alpha}_3\\\boldsymbol{\alpha}_3\end{pmatrix}$，

（2）在 $\mathbf{R}^4$ 中定义 $\boldsymbol{A}\begin{pmatrix}\boldsymbol{\alpha}_1\\\boldsymbol{\alpha}_2\\\boldsymbol{\alpha}_3\\\boldsymbol{\alpha}_4\end{pmatrix}=\begin{pmatrix}\boldsymbol{\alpha}_1+\boldsymbol{\alpha}_2\\\boldsymbol{\alpha}_2+\boldsymbol{\alpha}_3\\\boldsymbol{\alpha}_1+\boldsymbol{\alpha}_4\\\boldsymbol{\alpha}_2-\boldsymbol{\alpha}_4\end{pmatrix}$.

10. 函数集合 $V_3=\{\boldsymbol{\alpha}=(a_2x^2+a_1x+a_0)\mathrm{e}^x \mid a_2,a_1,a_0\in\mathbf{R}\}$对于函数的线性运算构成3维线性空间，在 V_3 中取一组基 $\boldsymbol{\alpha}_1=x^2\mathrm{e}^x$，$\boldsymbol{\alpha}_2=x\mathrm{e}^x$，$\boldsymbol{\alpha}_3=\mathrm{e}^x$，求微分运算 $\boldsymbol{D}$ 在这组基下的矩阵.

11. 设 T 为 $\mathbf{R}^3$ 的一个线性变换，满足 $T(\boldsymbol{\xi}_1)=(-1,1,0)^{\mathrm{T}}$，$T(\boldsymbol{\xi}_2)=(2,1,1)^{\mathrm{T}}$，$T(\boldsymbol{\xi}_3)=(0,-1,-1)^{\mathrm{T}}$，其中 $\boldsymbol{\xi}_1=(1,0,0)^{\mathrm{T}}$，$\boldsymbol{\xi}_2=(0,1,0)^{\mathrm{T}}$，$\boldsymbol{\xi}_3=(0,0,1)^{\mathrm{T}}$.

（1）求 T 在 $\boldsymbol{\xi}_1$，$\boldsymbol{\xi}_2$，$\boldsymbol{\xi}_3$ 下的矩阵 $\boldsymbol{A}$；

（2）求 T 在基 $\boldsymbol{\alpha}_1=\boldsymbol{\xi}_1+\boldsymbol{\xi}_2+\boldsymbol{\xi}_3$，$\boldsymbol{\alpha}_2=\boldsymbol{\xi}_1+\boldsymbol{\xi}_2$，$\boldsymbol{\alpha}_3=\boldsymbol{\xi}_1$ 下的矩阵 $\boldsymbol{B}$.

第5章综合练习B

1. 已知 $\boldsymbol{\alpha}_1=(1,1,1,1,0)$，$\boldsymbol{\alpha}_2=(1,1,-1,-1,-1)$，$\boldsymbol{\alpha}_3=(2,2,0,0,-1)$，$\boldsymbol{\alpha}_4=(1,1,5,5,2)$，$\boldsymbol{\alpha}_5=(1,-1,-1,0,0)$，求 $\boldsymbol{\alpha}_1$，$\boldsymbol{\alpha}_2$，$\boldsymbol{\alpha}_3$，$\boldsymbol{\alpha}_4$，$\boldsymbol{\alpha}_5$ 生成空间的维数和基.

2. 求出齐次线性方程组

$$\begin{cases} x_1+3x_2+3x_3+2x_4-x_5=0,\\ 2x_1+6x_2+9x_3+5x_4+4x_5=0,\\ -x_1-3x_2+3x_3+x_4+13x_5=0,\\ -3x_3+x_4-6x_5=0 \end{cases}$$

解空间的维数和一组基.

3. 设 $\boldsymbol{\alpha}_1$，$\boldsymbol{\alpha}_2$，$\cdots$，$\boldsymbol{\alpha}_n$ 是 $\mathbf{R}^n$ 的一个基.

（1）证明 $\boldsymbol{\alpha}_1$，$\boldsymbol{\alpha}_1+\boldsymbol{\alpha}_2$，$\cdots$，$\boldsymbol{\alpha}_1+\boldsymbol{\alpha}_2+\cdots+\boldsymbol{\alpha}_n$ 也是 $\mathbf{R}^n$ 的一组基；

（2）求从旧基 $\boldsymbol{\alpha}_1$，$\boldsymbol{\alpha}_2$，$\cdots$，$\boldsymbol{\alpha}_n$ 到新基 $\boldsymbol{\alpha}_1$，$\boldsymbol{\alpha}_1+\boldsymbol{\alpha}_2$，$\cdots$，$\boldsymbol{\alpha}_1+\boldsymbol{\alpha}_2+\cdots+\boldsymbol{\alpha}_n$ 的过渡矩阵；

（3）求向量 $\boldsymbol{\alpha}$ 的旧坐标 $(x_1,x_2,\cdots,x_n)^{\mathrm{T}}$ 和新坐标 $(y_1,y_2,\cdots,y_n)^{\mathrm{T}}$ 间的变换公式.

4. n 阶对称矩阵的全体 V 对矩阵的线性运算构成一个 $\dfrac{n(n+1)}{2}$ 维线性空间，给出 n 阶矩阵 $\boldsymbol{P}$，以 $\boldsymbol{A}$ 表示 V 中的任一元素，变换 $T(\boldsymbol{A})=P^{\mathrm{T}}\boldsymbol{AP}$ 称为合同变换，试证合同变换 T 是 V 中的线性变换.

5. 2阶对称矩阵的全体 $V_3=\left\{\boldsymbol{A}=\begin{pmatrix}x_1 & x_2\\ x_2 & x_3\end{pmatrix}\middle| x_1,\ x_2,\ x_3\in\mathbf{R}\right\}$对于矩阵的线性运算构成3维线性空间，在 V_3 中取一组基

$$\boldsymbol{A}_1=\begin{pmatrix}1&0\\0&0\end{pmatrix},\ \boldsymbol{A}_2=\begin{pmatrix}0&1\\1&0\end{pmatrix},\ \boldsymbol{A}_3=\begin{pmatrix}0&0\\0&1\end{pmatrix},$$

在 V_3 中定义合同变换 $T(\boldsymbol{A})=\begin{pmatrix}1&0\\1&1\end{pmatrix}\boldsymbol{A}\begin{pmatrix}1&1\\0&1\end{pmatrix}$，求 T 在基 $\boldsymbol{A}_1$，$\boldsymbol{A}_2$，$\boldsymbol{A}_3$

下的矩阵.

6. 设在 $\mathbf{R}^3$ 中，线性变换 T 关于 $\boldsymbol{\alpha}_1$，$\boldsymbol{\alpha}_2$，$\boldsymbol{\alpha}_3$ 的矩阵为 $\boldsymbol{A}=\begin{pmatrix}1 & 2 & 3\\ -1 & 0 & 3\\ 2 & 1 & 5\end{pmatrix}$，求 T 在新基 $\boldsymbol{\beta}_1=\boldsymbol{\alpha}_1$，$\boldsymbol{\beta}_2=\boldsymbol{\alpha}_1+\boldsymbol{\alpha}_2$，$\boldsymbol{\beta}_3=\boldsymbol{\alpha}_1+\boldsymbol{\alpha}_2+\boldsymbol{\alpha}_3$ 下的矩阵.

习题解答与提示

第1章 行列式

练习1

一、选择题

1. (D)； **2.** (A)； **3.** (A)； **4.** (B).

二、填空题

1. 两，两，六，三； **2.** 系数； **3.** $a \geqslant -12$； **4.** $x^3 + y^3 + z^3 - 3xyz$.

练习2

一、选择题

1. (C)； **2.** (C)； **3.** (A).

二、填空题

1. 15，奇； **2.** 24，12，12； **3.** 改变.

练习3

一、选择题

1. (D)； **2.** (A)； **3.** (A).

二、填空题

1. $n!$，n，负，正； **2.** 1，2，3，…，n，逆序数，求和；

3. $a_{11}a_{24}a_{33}a_{42}$，$a_{11}a_{24}a_{32}a_{43}$； **4.** $(-1)^{\frac{n(n-1)}{2}}a^n$.

练习4

一、选择题

1. (A)； **2.** (D)； **3.** (B)； **4.** (C)； **5.** (D).

二、填空题

1. $(-1)^n a$； **2.** 2000； **3.** 16.

练习5

一、选择题

1. (B)； **2.** (C).

二、填空题

1. 12，2； **2.** 2； **3.** 0； **4.** -9.

练习6

一、选择题

1. (B)； **2.** (B)； **3.** (C)； **4.** (D).

二、填空题

1. 1或2； **2.** 仅有零解，系数行列式等于零； **3.** 唯一解.

第 1 章综合练习 A

1. （1） $|\boldsymbol{A}|=27$；

（2） $|\boldsymbol{A}|=(x+a+b+c)(x+a-b-c)(x-a-b+c)(x-a+b-c)$；

（3） $\begin{vmatrix} 1 & a & b & c \\ a & 1 & 0 & 0 \\ b & 0 & 1 & 0 \\ c & 0 & 0 & 1 \end{vmatrix}=1-a^2-b^2-c^2.$

2. x^3的系数 -4，x^4的系数是 1.

3. 略.

4. $\begin{vmatrix} x & y & 0 & \cdots & 0 \\ 0 & x & y & \cdots & 0 \\ 0 & 0 & x & \cdots & 0 \\ \vdots & \vdots & \vdots & & \vdots \\ y & 0 & 0 & \cdots & x \end{vmatrix}=x^n+(-1)^{n+1}y^n.$

5. 略.

6. 略.

7. $\boldsymbol{A}_{11}+\boldsymbol{A}_{21}+\boldsymbol{A}_{31}+\boldsymbol{A}_{41}=0.$

8. $\boldsymbol{A}_{41}+\boldsymbol{A}_{42}+\boldsymbol{A}_{43}=-9$，$\boldsymbol{A}_{44}+\boldsymbol{A}_{45}=18.$

9. （1） $x_1=\frac{1}{2}$，$x_2=1$，$x_3=-\frac{1}{2}$；

（2） $x_1=1$，$x_2=0$，$x_3=-1$，$x_4=1.$

10. $\mu=0$ 或 $\lambda=1$ 时，方程组有非零解.

11. 当 $k\neq2$ 时，方程组只有零解.

第 1 章综合练习 B

1. $D=(-1)^{\frac{3n^2-n}{2}}\lambda_1\lambda_2\cdots\lambda_n\lambda_{n+1}\cdots\lambda_{2n}$.

2. （1） 原式 $=-2(n-2)!$；　（2） 原式 $=x^4$；

（3） $D_n=\frac{a^{n+1}-b^{n+1}}{a-b}$；　（4） $D_n=(-1)^{n-1}(n-1)$.

3. （1） $D=(a+b+c+d)(b-a)(c-a)(d-a)(c-b)(d-b)(d-c)$；

（2） $D_{n+1}=n!\,(n-1)\cdots2!$.

4. 原式 $=\left(1+\sum_{i=1}^{n}\frac{i}{a_i}\right)\prod_{i=1}^{n}a_i$.

5. 略.

第2章　矩阵及其初等变换

练习 1

一、选择题

1. （C）；　**2.** （B）.

二、填空题

4, 3.

练习 2

一、选择题

1. (C); **2.** (B); **3.** (A); **4.** (B); **5.** (D).

二、填空题

1. $\begin{pmatrix} 6 & 2 & -8 \\ -4 & 0 & 10 \end{pmatrix}$, $\begin{pmatrix} 26 & -26 \\ -26 & 29 \end{pmatrix}$; **2.** $\begin{pmatrix} -4 \\ -2 \end{pmatrix}$; **3.** (4), $\begin{pmatrix} -2 & 4 & 0 \\ -3 & 6 & 0 \\ 1 & -2 & 0 \end{pmatrix}$.

练习 3

一、选择题

1. (D); **2.** (B); **3.** (A); **4.** (C); **5.** (B).

二、填空题

1. $-\dfrac{3}{8}$; **2.** $-\boldsymbol{A}$; **3.** 125; **4.** $|\boldsymbol{A}|=0$.

练习 4

一、选择题

1. (C); **2.** (C).

二、填空题

1. $\begin{pmatrix} \frac{1}{5} & 0 & 0 \\ 0 & 1 & -1 \\ 0 & -2 & 3 \end{pmatrix}$; **2.** 3; **3.** $\begin{pmatrix} 20 & -20 & 0 \\ 28 & -24 & 0 \\ 0 & 0 & 5 \end{pmatrix}$.

练习 5

一、选择题

1. (C); **2.** (D); **3.** (C); **4.** (B).

二、填空题

1. $\boldsymbol{E}(i, j)$, $\boldsymbol{E}[i(\frac{1}{k})]$, $\boldsymbol{E}[i,j(-k)]$;

2. -1, k, 1;

3. $\begin{pmatrix} 1 & 0 & 0 & 5 \\ 0 & 1 & 0 & -13 \\ 0 & 0 & 1 & 3 \end{pmatrix}$; **4.** $\boldsymbol{A}=\begin{pmatrix} 1 & 2 & 3 \\ 4 & 5 & 6 \\ 7 & 8 & 9 \end{pmatrix}$.

练习 6

一、选择题

1. (D); **2.** (C); **3.** (D); **4.** (A); **5.** (B).

二、填空题

1. 0; **2.** -3;

3. $R(\boldsymbol{A})=R(\boldsymbol{B})$.

第2章综合练习A

1. (1) $2AB-3A^2=\begin{pmatrix}-10&-8&20\\26&11&-38\\-32&38&-106\end{pmatrix}$.

(2) $AB^{T}=\begin{pmatrix}-2&-1&-2\\12&1&13\\8&9&20\end{pmatrix}$.　(3) 80.

2. $X=\begin{pmatrix}-5&-7\\4&-8\end{pmatrix}$.

3. $X=\frac{1}{12}\begin{pmatrix}10&-24\\-1&12\end{pmatrix}$.

4. 略

5. 略.

6. $A^2=\begin{pmatrix}2&2&2\\-4&-4&-4\\6&6&6\end{pmatrix}$.

7. $A^{2k}=\begin{pmatrix}25^k&0&0&0\\0&25^k&0&0\\0&0&4^k&k\times4^{k+1}\\0&0&0&4^k\end{pmatrix}$

8. 略.

9. $A^{-1}=\begin{pmatrix}\frac{1}{4}&0&0\\0&-\frac{5}{3}&\frac{4}{3}\\0&\frac{2}{3}&-\frac{1}{3}\end{pmatrix}$; $(A-2E)^{-1}=\begin{pmatrix}\frac{1}{2}&0&0\\0&\frac{1}{11}&-\frac{4}{11}\\0&-\frac{2}{11}&-\frac{3}{11}\end{pmatrix}$.

10. (1) $\begin{pmatrix}1&0&0&0\\0&1&0&0\\0&0&0&0\end{pmatrix}$; (2) $\begin{pmatrix}1&0&0&0&0\\0&1&0&0&0\\0&0&1&0&0\\0&0&0&0&0\end{pmatrix}$.

11. (1) $A^{-1}=\begin{pmatrix}0&\frac{1}{3}&\frac{1}{3}\\0&\frac{1}{3}&-\frac{2}{3}\\-1&\frac{2}{3}&-\frac{1}{3}\end{pmatrix}$;

(2) $A^{-1}=\begin{pmatrix}1&1&-2&-4\\0&1&0&-1\\-1&-1&3&6\\2&1&-6&-10\end{pmatrix}$.

12. 略.

13. $X=A^{-1}B=\begin{pmatrix}10 & 2\\ -15 & -3\\ 12 & 4\end{pmatrix}$.

14. $X=\begin{pmatrix}0 & 1 & -1\\ -1 & 0 & 1\\ 1 & -1 & 0\end{pmatrix}$.

15. (1) $R(A)=3$，一个三阶非零子式$\begin{vmatrix}3 & -1 & -1\\ 2 & 3 & -3\\ 7 & 5 & -8\end{vmatrix}=-11\neq 0$；

(2) $R(A)=3$，一个三阶非零子式$\begin{vmatrix}0 & 7 & -5\\ 5 & 8 & 0\\ 3 & 2 & 0\end{vmatrix}=-5\begin{vmatrix}5 & 8\\ 3 & 2\end{vmatrix}=70\neq 0$.

第 2 章综合练习 B

1. $|B|=2$.

2. $C^k=3^{k-1}\begin{pmatrix}1 & \frac{1}{2} & \frac{1}{3}\\ 2 & 1 & \frac{2}{3}\\ 3 & \frac{3}{2} & 1\end{pmatrix}$.

3. 略.

4. 3.

5. $6\begin{pmatrix}O & B^{-1}\\ A^{-1} & O\end{pmatrix}\begin{pmatrix}O & 2B^*\\ 3A^* & O\end{pmatrix}$.

6. $Q=\begin{pmatrix}0 & 1 & 1\\ 1 & 0 & 0\\ 0 & 0 & 1\end{pmatrix}$.

7. E.

8. $A=\begin{pmatrix}1 & 0 & 0\\ 2 & 0 & 0\\ 6 & -1 & -1\end{pmatrix}$，$A^5=\begin{pmatrix}1 & 0 & 0\\ 2 & 0 & 0\\ 6 & -1 & -1\end{pmatrix}$.

9. 最小的秩为 2.

10. 当 $a=-8$，$b=-2$ 时，$R(A)=2$；当 $a=-8$，$b\neq -2$ 或 $a\neq -8$，$b=-2$ 时，$R(A)=3$；当 $a\neq -8$，$b\neq -2$ 时，$R(A)=4$.

11. $X=[(A-B)^{-1}]^2=\begin{pmatrix}1 & 2 & 5\\ 0 & 1 & 2\\ 0 & 0 & 1\end{pmatrix}$.

12. $|B|=\frac{1}{9}$.

第3章 线性方程组

练习1

一、选择题

1. (D); **2.** (B); **3.** (C); **4.** (C); **5.** (A).

二、填空题

1. $\lambda \neq 1$; **2.** $r < n$; **3.** 4 .

练习2

一、选择题

1. (B); **2.** (B); **3.** (C).

二、填空题

1. $(3,\ 25,\ -7,\ 8)^{\mathrm{T}}$;

2. 能, $\boldsymbol{\beta} = -\boldsymbol{\alpha}_1 - \boldsymbol{\alpha}_2 + 3\boldsymbol{\alpha}_3$;

3. $a \neq -3$;

4. $R(\boldsymbol{\alpha}_1, \boldsymbol{\alpha}_2) = R(\boldsymbol{\alpha}_1, \boldsymbol{\alpha}_2, \boldsymbol{\beta}_1)$, $R(\boldsymbol{A}) = R(\boldsymbol{B}) = R(\boldsymbol{A}, \boldsymbol{B})$.

练习3

一、选择题

1. (D); **2.** (C); **3.** (A); **4.** (C); **5.** (D); **6.** (B).

二、填空题

1. 无关; **2.** 相关; **3.** 1.

练习4

一、选择题

1. (C); **2.** (D); **3.** (A); **4.** (B).

二、填空题

1. $r \leqslant s$;

2. $R(\boldsymbol{\alpha}_1, \boldsymbol{\alpha}_2, \boldsymbol{\beta}_1) = R(\boldsymbol{\alpha}_1, \boldsymbol{\alpha}_2)$, $R(\boldsymbol{\alpha}_1, \boldsymbol{\alpha}_2) = R(\boldsymbol{\alpha}_1, \boldsymbol{\alpha}_2, \boldsymbol{\beta}_1, \boldsymbol{\beta}_2, \boldsymbol{\beta}_3) = R(\boldsymbol{\beta}_1, \boldsymbol{\beta}_2, \boldsymbol{\beta}_3)$;

3. 2; **4.** 2.

练习5

一、选择题

1. (C); **2.** (B); **3.** (A).

二、填空题

1. $c(1, -1, 2)^{\mathrm{T}} + (1, 2, 3)^{\mathrm{T}} (c \in \mathbf{R})$; **2.** 5;

3. $c\ (1, 5, -2)^{\mathrm{T}} + (1, 4, -1)^{\mathrm{T}} (c \in \mathbf{R})$.

第3章综合练习A

1. (1) $\begin{pmatrix} x_1 \\ x_2 \\ x_3 \\ x_4 \end{pmatrix} = c_1 \begin{pmatrix} 1 \\ -1 \\ 1 \\ 0 \end{pmatrix} + c_2 \begin{pmatrix} 0 \\ -1 \\ 0 \\ 1 \end{pmatrix}, \quad c_1,\ c_2 \in \mathbf{R}$;

（2）$\begin{pmatrix} x_1 \\ x_2 \\ x_3 \\ x_4 \\ x_5 \end{pmatrix} = C\begin{pmatrix} 2 \\ 0 \\ -\frac{5}{6} \\ \frac{1}{3} \\ 1 \end{pmatrix}$，$C \in \mathbf{R}$.

2.（1）$\begin{pmatrix} x_1 \\ x_2 \\ x_3 \end{pmatrix} = C\begin{pmatrix} -1 \\ 2 \\ 1 \end{pmatrix} + \begin{pmatrix} 1 \\ -1 \\ 0 \end{pmatrix}$，$C \in \mathbf{R}$；

（2）$\begin{pmatrix} x_1 \\ x_2 \\ x_3 \\ x_4 \end{pmatrix} = c\begin{pmatrix} 3 \\ -3 \\ 1 \\ -2 \end{pmatrix} + \begin{pmatrix} 1 \\ 0 \\ 1 \\ 0 \end{pmatrix}$，$c \in \mathbf{R}$；

（3）原方程组无解．

3. $a=-1$ 或 $a=3$.

4. $\lambda = \frac{5}{4}$.

5. $\boldsymbol{\alpha} + 3\boldsymbol{\beta} - 5 = 0$．

6. $\boldsymbol{\beta} = \begin{pmatrix} -1 \\ 4 \\ 1 \end{pmatrix}$.

7.（1）$\boldsymbol{\beta} = -11\boldsymbol{\alpha}_1 + 14\boldsymbol{\alpha}_2 + 9\boldsymbol{\alpha}_3$；　（2）$\boldsymbol{\beta} = \boldsymbol{\alpha}_1 + 4\boldsymbol{\alpha}_2 - 6\boldsymbol{\alpha}_3 + 3\boldsymbol{\alpha}_4$.

8. $t=-8$.

9. $r(\boldsymbol{\alpha}_1, \boldsymbol{\alpha}_2, \boldsymbol{\alpha}_3, \boldsymbol{\alpha}_4)=2$ 向量组线性相关．

10. $t=2$.

11. 略．

12. $R(\boldsymbol{\alpha}_1, \boldsymbol{\alpha}_2, \boldsymbol{\alpha}_3, \boldsymbol{\alpha}_4, \boldsymbol{\alpha}_5)=3$.

13. $a=2$，$b=5$.

14.（1）$\boldsymbol{\alpha}_1$，$\boldsymbol{\alpha}_2$，$\boldsymbol{\alpha}_4$为列向量组的一个极大无关组，且 $\boldsymbol{\alpha}_3 = 3\boldsymbol{\alpha}_1 + \boldsymbol{\alpha}_2$，$\boldsymbol{\alpha}_5 = -\frac{1}{2}\boldsymbol{\alpha}_1 + \boldsymbol{\alpha}_2 + \frac{5}{2}\boldsymbol{\alpha}_4$.

（2）$R(\boldsymbol{\alpha}_1, \boldsymbol{\alpha}_2, \boldsymbol{\alpha}_3, \boldsymbol{\alpha}_4)=2$，且 $\boldsymbol{\alpha}_1$，$\boldsymbol{\alpha}_2$ 为其一个极大无关组，且$\boldsymbol{\alpha}_3 = -\boldsymbol{\alpha}_1 + 2\boldsymbol{\alpha}_2$，$\boldsymbol{\alpha}_4 = -\boldsymbol{\alpha}_1 + \boldsymbol{\alpha}_2$.

15. 基础解系为 $\boldsymbol{\eta} = c_1\boldsymbol{\eta}_1 + c_2\boldsymbol{\eta}_2$，$c_1$，$c_2 \in \mathbf{R}$.

16. 通解为 $\boldsymbol{\eta} = c_1\boldsymbol{\eta}_1 + c_2\boldsymbol{\eta}_2 + \boldsymbol{\gamma}$，$c_1$，$c_2 \in \mathbf{R}$.

第 3 章综合练习 B

1.（1）当 $\lambda \neq 0$ 且 $\lambda \neq \pm 1$ 时，原线性方程组有唯一解；

（2）当 $\lambda=0$ 时，所以原线性方程组无解；

（3）当 $\lambda=-1$ 时，$\begin{pmatrix}x_1\\x_2\\x_3\end{pmatrix}=\begin{pmatrix}1\\-1\\0\end{pmatrix}+t\begin{pmatrix}-\frac{3}{5}\\-\frac{3}{5}\\1\end{pmatrix}\quad(t\in\mathbf{R})$；

（4）当 $\lambda=1$ 时，原线性方程组无解.

2. $a=1$，$b=3$ 通解为

$$\begin{pmatrix}x_1\\x_2\\x_3\\x_4\\x_5\end{pmatrix}=\begin{pmatrix}-2\\3\\0\\0\\0\end{pmatrix}+k_1\begin{pmatrix}1\\-2\\1\\0\\0\end{pmatrix}+k_2\begin{pmatrix}1\\-2\\0\\1\\0\end{pmatrix}+k_3\begin{pmatrix}5\\-6\\0\\0\\1\end{pmatrix},\ (k_1,k_2,k_3\in\mathbf{R}).$$

3. 略.

4. 略.

5. 略.

6.（Ⅰ）当 $b\neq2$ 时，此时 $\boldsymbol{\beta}$ 不能由 $\boldsymbol{\alpha}_1$，$\boldsymbol{\alpha}_2$，$\boldsymbol{\alpha}_3$线性表出；

（Ⅱ）当 $b=2$，$a\neq1$ 时，$\boldsymbol{\beta}=-\boldsymbol{\alpha}_1+2\boldsymbol{\alpha}_2$；

当 $b=2$，$a=1$ 时，$\boldsymbol{x}=(x_1,x_2,x_3)^{\mathrm{T}}=\boldsymbol{k}(-2,1,0)^{\mathrm{T}}+(-1,2,1)^{\mathrm{T}}$.

7. $a=1$.

8. 略.

9. 通解是 $k\begin{pmatrix}1\\-2\\1\\0\end{pmatrix}+\begin{pmatrix}1\\1\\1\\1\end{pmatrix}$，其中 k 为任意常数.

10. 略.

11.（Ⅰ）$|\boldsymbol{A}|=1-a^4$；

（Ⅱ）当 $a=-1$ 时，通解为：$\boldsymbol{x}=(0,-1,0,0)^{\mathrm{T}}+k(1,1,1,1)^{\mathrm{T}}$（$k$ 为任意常数）.

12. 如果 $k\neq9$，$\boldsymbol{Ax}=\boldsymbol{0}$ 的通解是 $t_1(1,2,3)^{\mathrm{T}}+t_2(3,6,k)^{\mathrm{T}}$，其中 t_1，t_2为任意实数；如果 $k=9$，则 $\boldsymbol{Ax}=\boldsymbol{0}$ 的通解是 $t(1,2,3)^{\mathrm{T}}$，其中 t 为任意实数.

13.（Ⅰ）略；

（Ⅱ）$a=2$，$b=-3$，通解是 $\alpha+k_1\boldsymbol{\eta}_1+k_2\boldsymbol{\eta}_2$，（其中 k_1，k_2为任意常数）.

14. 当 $a=0$ 时，通解为 $\boldsymbol{x}=k_1\boldsymbol{\eta}_1+k_2\boldsymbol{\eta}_2+\cdots+k_{n-1}\boldsymbol{\eta}_{n-1}$，其中 k_1，k_2，…，k_{n-1}为任意常数；当 $a=-\frac{1}{2}(n+1)n$ 时，通解为 $\boldsymbol{x}=k\boldsymbol{\eta}$，其中 k 为任意常数.

15. 解得$\begin{cases}a=2,\\b=0,\\c=1,\end{cases}$或$\begin{cases}a=2,\\b=1,\\c=2.\end{cases}$

第4章　矩阵的特征值和二次型

练习 1

一、选择题

1. (B)；　**2.** (C)；　**3.** (C)；　**4.** (C).

二、填空题

1. 3；　**2.** 3；　**3.** 7；　**4.** m .

练习 2

一、选择题

1. (B)；　**2.** (A)；　**3.** (B)；　**4.** (D)；　**5.** (B).

二、填空题

1. 0；　**2.** 0 或 1；　**3.** 6；　**4.** -3；　**5.** $\lambda^2-2\lambda+\dfrac{3}{\lambda}$.

练习 3

一、选择题

1. (C)；　**2.** (D)；　**3.** (C)；　**4.** (B)；　**5.** (D).

二、填空题

1. 5；　**2.** 0；　**3.** 3；　**4.** -2，-1.

练习 4

一、选择题

1. (B)；　**2.** (D).

二、填空题

1. 3；　**2.** $\begin{pmatrix}0&2&2\\2&0&-2\\2&-2&0\end{pmatrix}$；　**3.** $\begin{pmatrix}1&0&0\\0&1&0\\0&0&1\end{pmatrix}$.

练习 5

一、选择题

1. (D)；　**2.** (B)；　**3.** (B).

二、填空题

1. $f(x_1,x_2,x_3)=x_1^2+2x_2^2+3x_3^2-8x_1x_2+2x_2x_3$；　**2.** 3；

3. $f(x_1,x_2,x_3)=(x_1,x_2,x_3)\begin{pmatrix}1&-2&0\\-2&-2&3\\0&3&1\end{pmatrix}\begin{pmatrix}x_1\\x_2\\x_3\end{pmatrix}$；

4. $\begin{pmatrix}4&2&8\\2&1&4\\8&4&16\end{pmatrix}$.

练习 6

一、选择题

1. (A); **2.** (D); **3.** (D).

二、填空题

1. $-\frac{\sqrt{2}}{2}<t<\frac{\sqrt{2}}{2}$; **2.** 1, 1, 1, 正定.

第 4 章综合练习 A

1. (1) $\boldsymbol{e}_1=\frac{1}{\sqrt{3}}\begin{pmatrix}1\\-1\\1\end{pmatrix}$, $\boldsymbol{e}_2=\sqrt{42}\begin{pmatrix}\frac{5}{3}\\\frac{4}{3}\\-\frac{1}{3}\end{pmatrix}$; (2) $\boldsymbol{e}_1=\begin{pmatrix}\frac{\sqrt{6}}{6}\\\frac{\sqrt{6}}{3}\\-\frac{\sqrt{6}}{6}\end{pmatrix}$,

$$\boldsymbol{e}_2=-\frac{1}{|\boldsymbol{\beta}_2|}\boldsymbol{\beta}_2=\begin{pmatrix}-\frac{\sqrt{3}}{3}\\\frac{\sqrt{3}}{3}\\\frac{\sqrt{3}}{3}\end{pmatrix},\ \boldsymbol{e}_3=-\frac{1}{|\boldsymbol{\beta}_3|}=\begin{pmatrix}\frac{1}{\sqrt{2}}\\0\\\frac{1}{\sqrt{2}}\end{pmatrix}.$$

2. $\boldsymbol{\alpha}_2=\begin{pmatrix}1\\0\\-1\end{pmatrix}$, $\boldsymbol{\alpha}_3=\frac{1}{2}\begin{pmatrix}-1\\2\\-1\end{pmatrix}$.

3. 略.

4. (1) 特征值为 $\lambda_1=\lambda_2=1$, 特征向量为 $\boldsymbol{x}=k\boldsymbol{P}$, 其中 $\boldsymbol{P}=(1,0)^{\mathrm{T}}$ $(k\neq0)$;

(2) 特征值为 $\lambda_1=-2$, $\lambda_2=\lambda_3=1$. 属于 $\lambda_1=-2$ 的特征向量为 $\boldsymbol{x}=k_1\boldsymbol{P}_1$, $\boldsymbol{P}_1=(0,0,1)^{\mathrm{T}}$ $(k\neq0)$, 属于 $\lambda_2=\lambda_3=1$ 的特征向量 $\boldsymbol{x}=k_2\boldsymbol{P}_2$ $(k_2\neq0)$, $\boldsymbol{P}_2=(1,0,1)^{\mathrm{T}}$;

(3) 特征值为 $\lambda_1=1$, $\lambda_2=\lambda_3=2$. 属于 $\lambda_1=1$ 的特征向量为 $\boldsymbol{x}=k_1\boldsymbol{P}_1$ $(k_1\neq0)$, $\boldsymbol{P}_1=(-1,1,1)^{\mathrm{T}}$ 属于 $\lambda_2=\lambda_3=2$ 的特征向量为 $\boldsymbol{x}=k_2\boldsymbol{P}_2+k_3\boldsymbol{P}_3$ (k_2, k_3 不同时为 0), $\boldsymbol{P}_2=(1,0,1)^{\mathrm{T}}$, $\boldsymbol{P}_3=(0,1,1)^{\mathrm{T}}$;

(4) 特征值为 $\lambda_1=2$, 属于 $\lambda_1=2$ 的特征向量为 $\boldsymbol{x}=k_1\boldsymbol{P}_1$ $(k_1\neq0)$, 其中 $\boldsymbol{P}_1=(1,0,0,0)^{\mathrm{T}}$. $\lambda_2=\lambda_3=\lambda_4=1$ 属于 λ_2 的特征向量为 $\boldsymbol{x}=k_2\boldsymbol{P}_2$ $(k_2\neq0)$, 其中 $\boldsymbol{P}_2=(4,-1,1,0)^{\mathrm{T}}$.

5. $|\boldsymbol{A}^*+3\boldsymbol{A}-2\boldsymbol{E}|=9$.

6. $\boldsymbol{A}$ 的特征值 $\lambda_1=\lambda_2=1$, $\lambda_3=4$, $k=1$ 或 $k=-2$.

7. (1) $a=-2$; (2) 特征值为 2, 2, 6. 当 $\lambda=6$ 时特征向量为 $\boldsymbol{x}_1=\begin{pmatrix}1\\-2\\3\end{pmatrix}k_1$, $k_1\neq0$; 当 $\lambda=2$ 时特征向量为 $\boldsymbol{x}_2=\begin{pmatrix}1\\1\\0\end{pmatrix}$, $\boldsymbol{x}_3=\begin{pmatrix}1\\0\\1\end{pmatrix}$, 则 $\lambda=2$ 的全部特征向量为 $k_2\begin{pmatrix}1\\1\\0\end{pmatrix}+k_3\begin{pmatrix}1\\0\\1\end{pmatrix}$.

8. $a=0$.

9. (1) $\boldsymbol{P}=\begin{pmatrix} -\frac{2}{3} & -\frac{1}{3} & \frac{2}{3} \\ \frac{1}{3} & \frac{2}{3} & \frac{2}{3} \\ \frac{2}{3} & -\frac{2}{3} & \frac{1}{3} \end{pmatrix}$;

(2) $\boldsymbol{P}=\begin{pmatrix} -\frac{1}{\sqrt{2}} & \frac{1}{\sqrt{6}} & \frac{1}{\sqrt{3}} \\ \frac{1}{\sqrt{2}} & -\frac{1}{\sqrt{6}} & \frac{1}{\sqrt{3}} \\ 0 & \frac{2}{\sqrt{6}} & \frac{1}{\sqrt{3}} \end{pmatrix}$.

10 . $\boldsymbol{A}=\begin{pmatrix} -1 & 0 & 2 \\ 0 & 1 & 2 \\ 2 & 2 & 0 \end{pmatrix}$.

11. (1) 略；　(2) $\boldsymbol{A}=\begin{pmatrix} \frac{13}{6} & -\frac{1}{3} & \frac{5}{6} \\ -\frac{1}{3} & \frac{5}{3} & \frac{1}{3} \\ \frac{5}{6} & \frac{1}{3} & \frac{13}{6} \end{pmatrix}$.

12. 略.

13. (1) $\boldsymbol{A}=\begin{pmatrix} 5 & -1 & 3 & 0 \\ -1 & 5 & -3 & 0 \\ 3 & -3 & 3 & 0 \\ 0 & 0 & 0 & 0 \end{pmatrix}$;　(2) $\boldsymbol{A}=\begin{pmatrix} 1 & \frac{5}{2} & 6 \\ \frac{5}{2} & 4 & 7 \\ 6 & 7 & 5 \end{pmatrix}$.

14. (1) $f=y_1^2+4y_2^2-2y_3^2$, $\boldsymbol{Q}=\begin{pmatrix} \frac{2}{3} & \frac{2}{3} & \frac{1}{3} \\ \frac{1}{3} & -\frac{2}{3} & \frac{2}{3} \\ -\frac{2}{3} & \frac{1}{3} & \frac{2}{3} \end{pmatrix}$; 令$\begin{pmatrix} \boldsymbol{x}_1 \\ \boldsymbol{x}_2 \\ \boldsymbol{x}_3 \end{pmatrix}=\boldsymbol{Q}\begin{pmatrix} \boldsymbol{y}_1 \\ \boldsymbol{y}_2 \\ \boldsymbol{y}_3 \end{pmatrix}$;

(2) $f=9y_3^2$, $\boldsymbol{Q}=\begin{pmatrix} \frac{2}{\sqrt{5}} & -\frac{2\sqrt{5}}{15} & \frac{1}{3} \\ \frac{1}{\sqrt{5}} & \frac{4\sqrt{5}}{15} & -\frac{2}{3} \\ 0 & \frac{\sqrt{5}}{3} & \frac{2}{3} \end{pmatrix}$; 令$\begin{pmatrix} \boldsymbol{x}_1 \\ \boldsymbol{x}_2 \\ \boldsymbol{x}_3 \end{pmatrix}=\boldsymbol{Q}\begin{pmatrix} \boldsymbol{y}_1 \\ \boldsymbol{y}_2 \\ \boldsymbol{y}_3 \end{pmatrix}$.

15. (1) $c=3$, $\boldsymbol{A}$ 的特征值为 $\lambda_1=0$, $\lambda_2=4$, $\lambda_3=9$;

（2）方程$f(x_1,x_2,x_3)=1$可化为$4y_2^2+9y_3^2=1$；

（3）它表示椭圆柱面．

16.（1）$2y_1^2-y_2^2-3y_3^2$，$\begin{pmatrix}x_1\\x_2\\x_3\end{pmatrix}=\begin{pmatrix}1&1&2\\0&1&-2\\0&0&1\end{pmatrix}\begin{pmatrix}z_1\\z_2\\z_3\end{pmatrix}$；

（2）$z_1^2-z_1^2-z_3^2$，$\begin{pmatrix}x_1\\x_2\\x_3\end{pmatrix}=\begin{pmatrix}1&1&-1\\-1&0&0\\0&0&1\end{pmatrix}\begin{pmatrix}z_1\\z_2\\z_3\end{pmatrix}$．

17.（1）$f(x_1,x_2,x_3)$是正定的；（2）$f(x_1,x_2,x_3)$是正定的．

18. 当$-\frac{1}{2}<t<\frac{1}{2}$时，$f(x_1,x_2,x_3)$为正定的．

第4章综合练习B

1. 取$\varepsilon_1=\frac{1}{\|\boldsymbol{\beta}_1\|}\boldsymbol{\beta}_1=\frac{1}{\sqrt{15}}(1,1,2,3)^{\mathrm{T}},\varepsilon_2=\frac{1}{\|\boldsymbol{\beta}_2\|}\boldsymbol{\beta}_2=\frac{1}{\sqrt{39}}(-2,1,5,-3)^{\mathrm{T}}$为$B_x=0$的一个标准正交向量组．

2. 特征值为9，9，3；对应特征值9的全部特征向量为$k_1\boldsymbol{\eta}_1+k_2\boldsymbol{\eta}_2=k_1\begin{pmatrix}-1\\1\\0\end{pmatrix}+k_2\begin{pmatrix}-2\\0\\1\end{pmatrix}$，其中$k_1$，$k_2$是全不为零的任意数．对应特征值3的全部特征向量为$k_3\boldsymbol{\eta}_3=k_3\begin{pmatrix}0\\1\\1\end{pmatrix}$，其中$k_3$是不为零的任意数．

3. $k=0$，$\boldsymbol{P}=\begin{pmatrix}1&-1&1\\0&2&0\\1&0&2\end{pmatrix}$，则有$\boldsymbol{PAP}^{-1}=\begin{pmatrix}1&0&0\\0&-1&0\\0&0&-1\end{pmatrix}$．

4. $\lambda_0=1$，$a=2$，$b=-3$，$c=2$.

5. $\boldsymbol{A}^{100}=\frac{1}{4}\begin{pmatrix}3^{101}&2\cdot3^{100}-2&3^{100}-1\\0&4\cdot3^{100}&0\\3^{101}-3&-6\cdot3^{100}+6&3^{100}+3\end{pmatrix}$．

6. 略．

7. 略．

8.（1）$\boldsymbol{A}$有特征值1，-1．对应的特征向量分别为$k_1\begin{pmatrix}1\\0\\-1\end{pmatrix}$，$k_2\begin{pmatrix}1\\0\\1\end{pmatrix}$，$k_1$，$k_2$为任意非零常数；（2）$\boldsymbol{A}=\begin{pmatrix}0&0&1\\0&0&0\\1&0&0\end{pmatrix}$．

9. $a=-2$或$a=-\frac{2}{3}$.

10. 略.

11. 标准形 $f=x^2+y^2-2z^2$，单叶双曲面.

12. $a=2$，所用正交变换 $\boldsymbol{Q}=\begin{pmatrix}0 & 1 & 0\\ \frac{1}{\sqrt{2}} & 0 & \frac{1}{\sqrt{2}}\\ -\frac{1}{\sqrt{2}} & 0 & \frac{1}{\sqrt{2}}\end{pmatrix}$.

13. 略.

14. (1) $\boldsymbol{A}^2=\boldsymbol{O}$;

(2) 矩阵 $\boldsymbol{A}$ 的特征值全为零. $\boldsymbol{A}$ 的特征值 $\lambda=0$ 对应的全部特征向量为 $k_1\boldsymbol{\xi}_1+k_2\boldsymbol{\xi}_2+\cdots+k_{n-1}\boldsymbol{\xi}_{n-1}$，其中 k_1，k_2，$\cdots$，k_{n-1}是不全为零的任意常数.

15. (1) 略；　(2) $\boldsymbol{A}=\begin{pmatrix}0 & 2 & 0\\ -1 & -1 & 0\\ 0 & 0 & -2\end{pmatrix}$.

16. (1) 矩阵 $\boldsymbol{A}$ 的全部特征值为 $\lambda_1=\lambda_2=-2$，$\lambda_1=0$；　(2) 当 $k>2$ 时.

17. $a=1$，$b=2$.

18. (1) $\boldsymbol{A}$ 的特征值为0，0，3. 属于特征值0 的全体特征向量为 $k_1\boldsymbol{\alpha}_1+k_2\boldsymbol{\alpha}_2$（$k_1k_2$不全为0），属于特征值3 的全体特征向量为 $k_3\boldsymbol{\alpha}_3$（$k_3\neq0$）；

(2) $\boldsymbol{Q}=(\boldsymbol{\beta}_1\,\boldsymbol{\beta}_2\,\boldsymbol{\beta}_3)=\begin{pmatrix}-\frac{1}{\sqrt{6}} & -\frac{1}{\sqrt{2}} & \frac{1}{\sqrt{3}}\\ \frac{2}{\sqrt{6}} & 0 & \frac{1}{\sqrt{3}}\\ -\frac{1}{\sqrt{6}} & \frac{1}{\sqrt{2}} & \frac{1}{\sqrt{3}}\end{pmatrix},\boldsymbol{\Lambda}=\begin{pmatrix}0 & & \\ & 0 & \\ & & 3\end{pmatrix}$;

(3) $\boldsymbol{A}=\begin{pmatrix}1 & 1 & 1\\ 1 & 1 & 1\\ 1 & 1 & 1\end{pmatrix}$，$\left(\boldsymbol{A}-\frac{2}{3}\boldsymbol{E}\right)^6=\left(\frac{3}{2}\right)^6\boldsymbol{E}$.

19. (1) $\boldsymbol{B}=\begin{pmatrix}1 & 0 & 0\\ 1 & 2 & 2\\ 1 & 1 & 3\end{pmatrix}$;

(2) 矩阵 $\boldsymbol{A}$ 的特征值为 $\lambda_1=\lambda_2=1$，$\lambda_3=4$；

(3) $\boldsymbol{P}=(-a_1+a_2,-2a_1+a_3,a_2+a_3)$.

20. $a=2$，$b=1$ 或 $b=-2$，$\lambda=1$ 或 $\lambda=4$.

第5章　线性空间与线性变换

练习 1

一、选择题

1. (B)；　**2.** (D)；　**3.** (C).

二、填空题

$L(1,\cos^2 t,\cos 2t)=\{a+b\cos^2 t\,|\,a,b\in\mathbf{R}\}$.

练习 2

一、选择题

1. (B)； **2.** (B)； **3.** (D).

二、填空题

1. 2； **2.** 0； **3.** 2.

练习 3

一、选择题

1. (B)； **2.** (C).

二、填空题

1. $(1,-2,6)^{\mathrm{T}}$； **2.** $(1,1,-1)^{\mathrm{T}}$； **3.** $\begin{pmatrix} 2 & 3 \\ -1 & -2 \end{pmatrix}$.

练习 4

一、选择题

1. (C)； **2.** (A).

二、填空题

$(3a,2b-2a)$.

练习 5

一、选择题

1. (C)； **2.** (D).

二、填空题

1. $\begin{pmatrix} 3 & -2 \\ 1 & 2 \end{pmatrix}$； **2.** $(4,0,0)$, $\begin{pmatrix} 1 & 2 & 3 \\ 0 & 0 & 0 \\ 0 & 0 & 0 \end{pmatrix}$, $\begin{pmatrix} 1 & 1 & 1 \\ 0 & 0 & 0 \\ 0 & 0 & 0 \end{pmatrix}$.

第 5 章综合练习 A

1. (1) 是；(2) 是；(3) 不是；(4) 是.

2. (1) 是；(2) 不是.

3. 略

4. (33, −82, 154)

5. (1) 略；(2) $\begin{pmatrix} a_1-a_2 \\ a_2-a_3 \\ a_3 \end{pmatrix}$.

6. $\begin{pmatrix} 2 & 3 & 4 \\ 0 & -1 & 0 \\ -1 & 0 & -1 \end{pmatrix}$.

7. (1) $\begin{pmatrix} 2 & 1 & -1 & 1 \\ 0 & 3 & 1 & 0 \\ 5 & 3 & 2 & 1 \\ 6 & 6 & 1 & 3 \end{pmatrix}$；(2) $\begin{pmatrix} y_1 \\ y_2 \\ y_3 \\ y_4 \end{pmatrix}=\dfrac{1}{27}\begin{pmatrix} 12 & 1 & 9 & -7 \\ 9 & 12 & 0 & -3 \\ -27 & -9 & 0 & 9 \\ -33 & -23 & -18 & 26 \end{pmatrix}\begin{pmatrix} x_1 \\ x_2 \\ x_3 \\ x_4 \end{pmatrix}$；

(3) $\begin{pmatrix} x_1 \\ x_2 \\ x_3 \\ x_4 \end{pmatrix} = k\begin{pmatrix} -1 \\ -2 \\ 4 \\ 7 \end{pmatrix}$ (k 为任意常数).

8. (1) 关于 y 轴对称；(2) 投影到 y 轴.

9. (1) 不是；(2) 是.

10. $\begin{pmatrix} 1 & 0 & 0 \\ 2 & 1 & 0 \\ 0 & 1 & 1 \end{pmatrix}$.

11. (1) $\begin{pmatrix} -1 & 2 & 0 \\ 1 & 1 & -1 \\ 0 & 1 & -1 \end{pmatrix}$；(2) $\begin{pmatrix} 0 & 1 & 0 \\ 1 & 1 & 1 \\ 0 & -1 & -2 \end{pmatrix}$

第 5 章综合练习 B

1. 维数为 3，$\boldsymbol{\alpha}_1$，$\boldsymbol{\alpha}_2$，$\boldsymbol{\alpha}_3$ 为空间的基.

2. 解空间的维数是 2，一组基是：$\boldsymbol{\xi}_1 = (-3,1,0,0,0)^{\mathrm{T}}$，$\boldsymbol{\xi}_2 = (7,0,-2,0,1)^{\mathrm{T}}$.

3. (1) 略.

(2) 由 $(\boldsymbol{\alpha}_1,\boldsymbol{\alpha}_2,\cdots,\boldsymbol{\alpha}_n)\begin{pmatrix} 1 & 1 & 1 & \cdots & 1 \\ 0 & 1 & 1 & \cdots & 1 \\ 0 & 0 & 1 & \cdots & 1 \\ \vdots & \vdots & \vdots & & \vdots \\ 0 & 0 & 0 & \cdots & 1 \end{pmatrix} = (\boldsymbol{\alpha}_1,\boldsymbol{\alpha}_2,\cdots,\boldsymbol{\alpha}_n)\boldsymbol{P}$，(过渡矩阵为 $\boldsymbol{P}$).

(3) $\begin{pmatrix} y_1 \\ y_2 \\ y_3 \\ \vdots \\ y_n \end{pmatrix} = \boldsymbol{P}^{-1}\begin{pmatrix} x_1 \\ x_2 \\ x_3 \\ \vdots \\ x_n \end{pmatrix} = \begin{pmatrix} 1 & 1 & 1 & \cdots & 1 \\ 0 & 1 & 1 & \cdots & 1 \\ 0 & 0 & 1 & \cdots & 1 \\ \vdots & \vdots & \vdots & & \vdots \\ 0 & 0 & 0 & \cdots & 1 \end{pmatrix}^{-1}\begin{pmatrix} x_1 \\ x_2 \\ x_3 \\ \vdots \\ x_n \end{pmatrix} = \begin{pmatrix} 1 & -1 & 0 & \cdots & 0 \\ 0 & 1 & -1 & \cdots & 0 \\ 0 & 0 & 1 & \cdots & -1 \\ \vdots & \vdots & \vdots & & \vdots \\ 0 & 0 & 0 & \cdots & 1 \end{pmatrix}\begin{pmatrix} x_1 \\ x_2 \\ x_3 \\ \vdots \\ x_n \end{pmatrix}$.

4. 略.

5. $\begin{pmatrix} 1 & 0 & 0 \\ 1 & 1 & 0 \\ 1 & 2 & 1 \end{pmatrix}$.

6. $\begin{pmatrix} 2 & 4 & 4 \\ -3 & -4 & -6 \\ 2 & 3 & 8 \end{pmatrix}$.

参 考 文 献

[1] 钱志强．最新工程数学线性代数教与学参考［M］．2 版．北京：中国致公出版社，2001.
[2] 邱森．线性代数［M］．2 版．武汉：武汉大学出版社，2013.
[3] 马杰．线性代数复习指导［M］．北京：机械工业出版社，2002.
[4] 房宏，陈立新．线性代数学习指南［M］．天津：南开大学出版社，2004.
[5] 陈东升．线性代数与空间解析几何［M］．北京：高等教育出版社，2016.
[6] 黄廷祝，蒲和平．线性代数与空间解析几何（第四版）学习指导教程［M］．北京：高等教育出版社，2015.
[7] 李正元，尤承业．数学历年试题解析（数学一）［M］．北京：中国政法大学出版社，2015.
[8] 李正元，尤承业，范培华．数学复习全书（数学三）［M］．北京：中国政法大学出版社，2016.
[9] 同济大学数学系．线性代数［M］．6 版．北京：高等教育出版社，2016.